ライブラリ・シリーズ
てっとり早く
答えが見つかる

エレクトロニクス
数式事典

値がパッと出る！

馬場清太郎 [著]
Seitaro Baba

CQ出版社

まえがき

　近ごろのほとんどの電子機器は，ハードウェアの制御にマイコンを使います．本書は，マイコンの中でも比較的取り組みやすい，A-Dコンバータを内蔵した1チップ・マイコンの周辺回路（特に，アナログ回路であるセンサ回路とアクチュエータ駆動回路，電源回路など）を設計するときに役立つ，実用的な回路とその定数計算つまり抵抗やコンデンサなどの値を求める数式を集めました．マイコン・システムの周辺回路を設計するときに本書を「虎の巻」として使用いただければ，望外の喜びです．

　電子回路を学校で学んだ人が初めて電子回路を設計するときに戸惑うのは，どのように設計したらよいのかわからないことでしょう．その理由は，教科書に載っているのは回路解析であり，回路設計とは全く逆方向の手法だからです．まず第一に，解析と設計では方向が違うということを理解する必要があります．次に，先輩の設計した回路や出版されている回路集を見て，実用的な設計にはどんな回路を採用したらよいのか理解することです．その後，この回路を設計するにはどのように定数計算を行ったらよいのかを考えながら，回路集や先輩の回路を見るように習慣付けると，設計手法が身に付き初心者から脱出できます．

　電子回路設計とは，「こういうことをさせたい」あるいは「こういう動作をする回路を作りたい」という目的を明確にして，その目的を実現する具体的な電子回路を図面に表すことです．具体的には，自分の必要とする機能を持った回路を組み合わせて一つの機能ブロックとし，いくつかの機能ブロックを組み合わせて，目的の動作を実現させます．

　設計するためには回路動作を理解することが必要です．このとき役に立つのが，半導体メーカのデータシートやアプリケーション・ノート，トランジスタ技術誌でときどき特集されるさまざまな回路集です．回路例を見ながら「この動作をさせるにはこの回路」といろいろな回路を収集しておき，実際の設計のときに，収集した回路から必要な機能を実現する回路を取り出して並べてみます．

　必要な回路の概要を理解したら，定数を再計算して求めます．必要な機能により入力と出力の仕様が異なるため，回路構成は同じでも回路定数は異なり，仕様に従って入力と出力を変更して回路定数を再計算する必要があるからです．設計計算をするためには，式を立てることが必要です．回路集の欠点は，概要の動作の説明はあっても式がなかったり，式はあっても細かい説明がないため，実際の設計には自分で式を立てる必要があることです．

　式を立てるときに必要な電気の法則は最小限で三つ，「オームの法則」と「重ね合わせの理」，「テブナンの定理」です．この三つの法則を理解して，等価回路で考えるときに必要な「電圧源」と「電流源」の概念を把握しておけば，複雑な回路であっても段階的に簡単な回路の組み合わせにブレークダウンできて，式が立てられ設計計算ができるようになります．このとき役に立つのが学校で学んだ「電気回路」の教科書であり，「電子回路」の教科書には具体的な計算の仕方が載っています．

　電気回路や電子回路は，回路で使用する部品の定数が（特に抵抗の場合は抵抗値が）比率で決まることが多く，抵抗値の絶対値については，ある一つの値を決めてほかの抵抗値は比例計算で求めます．ある一つの値の決め方については，経験で決めることが多いです．例えばOPアンプ周辺の抵抗については，OPアンプの許容負荷抵抗が数kΩということから10kΩを使うことが多いです．初めて設計するときには経験がないので，先輩に尋ねるか本書の値を参考にしてください．

　なお，本書の数式を実際に使う場合は，考え方の説明を読んで数式を再計算してください．本書に限らず，技術書や技術資料を見ると誤植が散見されますし，回路図の誤りもあります．自分の使う式を自分で確認するということは非常に重要で，設計した回路を動作させるのは読者の責任です．

2016年初春　筆者

ライブラリ・シリーズ
てっとり早く答えが見つかる

エレクトロニクス数式事典
値がパッと出る！

目次

第1章 電気の基本法則
知っていると便利な電気の公式とその使い方

1-1	オームの法則	011
1-2	直列接続したときの合成インピーダンス	013
1-3	並列接続したときの合成アドミタンス	014
1-4	重ね合わせの理	015
1-5	テブナンの定理	016
1-6	ノートンの定理	018
1-7	電圧源と電流源の等価交換	018
1-8	ミルマンの定理と全電流の定理	019
1-9	キルヒホッフの法則	020
1-10	供給電力最大の法則	021
1-11	ミラーの定理	022
1-12	交流信号の実効値，平均値，波高率	023
1-13	交流信号の電力	024
1-14	デシベル（dB）	025

コラム

2端子素子の電圧-電流特性	013
実績のある定数から試すのが近道	014
電圧源と電流源の理想と現実	017
抵抗，コンデンサ，コイルの使い方	019
可変抵抗器の使い方	024
エレキのエンジニアはデシベルで会話する	025

第2章 ドライブ回路
LEDやリレー，モータなどをマイコンとつなぐ

2-1	LEDの電流制限抵抗	029
2-2	プルアップ/プルダウン抵抗	030
2-3	トランジスタによるドライブ回路…電源（V_+）に接続された負荷用	031
2-4	トランジスタによるドライブ回路…接地された負荷用	033
2-5	パワー MOSFETのドライブ回路…電源に接続された負荷用	034
2-6	パワー MOSFETのドライブ回路…接地された負荷用	035
2-7	電力用パワー MOSFETドライブ回路…12V/24V電源用	036
2-8	リレーのドライブとOFF時の電圧	037

コラム	トランジスタの飽和動作…h_{FE}でなくI_C/I_Bを使う理由	032
	パワーMOSFETの入力容量…知りたいのはC_{iss}じゃなくC_{GS}	035
	スナバとは	037

第3章　入出力保護回路
マイコン・システムを破壊から守る

3-1	半導体の保護用抵抗	039
3-2	A-Dコンバータの入力保護	040
3-3	アナログICの入出力保護	040
3-4	ディジタルICの入出力保護	042
3-5	OPアンプ出力のリミット電圧	044

| コラム | リミッタ回路 | 043 |

第4章　減衰・整合・共振
高速・高周波信号に対応する

4-1	分圧回路の出力電圧	045
4-2	T型減衰回路の減衰率	046
4-3	π型減衰回路の減衰率	046
4-4	T型減衰回路とπ型減衰回路の変換式	047
4-5	T型/π型減衰回路を縦続接続したときの減衰率	047
4-6	L型減衰回路の入出力電圧比	048
4-7	Δ-Y変換公式	049
4-8	定抵抗回路	050
4-9	信号のダンピング抵抗	051
4-10	コイルやコンデンサのリアクタンス純度を表すクオリティ・ファクタQ	052
4-11	コイルやコンデンサと抵抗を組み合わせた回路のインピーダンス変換式	053
4-12	LC共振回路の共振周波数	054
4-13	温度センサ「サーミスタ」の抵抗値と温度	055

コラム	スイッチの接点は弱い…コンデンサの放電による破損を防ぐ回路	047
	チップ部品のサイズと特性	048
	抵抗，コンデンサ，コイルの誤差の大きさを表す記号	049

第5章　OPアンプによる信号増幅
直流ぶんを含むアナログ信号を正確に増幅する

| 5-1 | 理想OPアンプの入出力インピーダンスとゲイン | 057 |

5-2	反転増幅回路のゲイン	057
5-3	単電源反転増幅回路の出力電圧	060
5-4	交流反転増幅回路の出力電圧	061
5-5	T型帰還反転増幅回路のゲイン	062
5-6	非反転増幅回路のゲイン	063
5-7	単電源非反転増幅回路の出力電圧	063
5-8	交流非反転増幅回路のゲイン	064
5-9	基本差動増幅回路の出力電圧	065
5-10	2アンプ型インスツルメンテーション・アンプのゲインとCMRR	067
5-11	3アンプ型インスツルメンテーション・アンプのゲインとCMRR	068
5-12	交流結合差動増幅回路のゲイン	069
5-13	両電源から単電源差動増幅回路への変換	070
5-14	単電源差動増幅回路のバイアス電圧	071
5-15	ゲイン±1倍の差動出力回路	072

コラム

OPアンプの端子	060
任意の2点間の電圧差を取り出して正確に増幅する差動増幅回路	064
回路図ではパスコンと電源が省略されている	067
パッケージ内で使わないOPアンプの端子処理	070

第6章 高性能アンプの設計
OPアンプICを使いこなしてアナログ信号を正確に増幅する

6-1	入力オフセット電圧と入力バイアス/オフセット電流	073
6-2	反転増幅回路のオフセット調整方法	074
6-3	非反転増幅回路のオフセット調整方法	075
6-4	単電源増幅回路のオフセット調整方法	075
6-5	差動増幅回路のオフセット調整方法	077
6-6	OPアンプ回路と雑音	078
6-7	抵抗器から生じる熱雑音の大きさ	079
6-8	反転増幅回路の出力雑音レベル	081
6-9	非反転増幅回路の出力雑音レベル	082
6-10	多段増幅回路の出力雑音レベル	083
6-11	OPアンプを並列につないで雑音を減らす	084
6-12	OPアンプは負帰還をかけて使う	085
6-13	負帰還をかけた後のゲインと入出力インピーダンス	086
6-14	ゲイン平坦部の広域化と帰還量	087
6-15	反転増幅回路のゲイン	087
6-16	T型帰還反転増幅回路のゲイン	088
6-17	反転型加算回路のゲイン	089

	6-18	1次遅れ回路のゲインGとカットオフ周波数f_C	089
	6-19	1次進み回路のゲインGとカットオフ周波数f_C	090
	6-20	位相余裕とゲイン余裕	091
	6-21	スルー・レートと大振幅周波数特性	093

コラム		
	オフセット調整機能付きOPアンプ	076
	OPアンプICは種類によって雑音の出方が違う	080
	両電源OPアンプを単電源で使うときには位相反転に注意	083
	どのくらい安定に働くかが見えるゲインと位相の周波数特性の描き方	090
	不安定なアンプへの四つの治療薬	092

第7章　アナログ演算回路
微分/積分から加減算，圧縮，検波，インピーダンス変換まで

	7-1	抵抗とコンデンサによる微分回路の周波数特性	095
	7-2	抵抗とコンデンサによる積分回路の時定数と周波数特性	096
	7-3	コンデンサの充放電電圧の時間変化	098
	7-4	コイルの充放電電流の時間変化	100
	7-5	加算回路の出力電圧	101
	7-6	単電源加算回路の出力電圧	101
	7-7	加減算回路の出力電圧	102
	7-8	微分回路の出力電圧	102
	7-9	積分回路の出力電圧	103
	7-10	圧縮回路の信号レベル変化率	104
	7-11	伸長回路の信号レベル変化率	105
	7-12	両電源で動作する絶対値回路の抵抗値	106
	7-13	単電源で動作する絶対値回路の抵抗値	107
	7-14	単電源動作のRMS-DCコンバータ	108
	7-15	ピーク・ホールド回路の値	109
	7-16	OPアンプと抵抗，コンデンサで作るインピーダンス素子	111
	7-17	IC 1個で作るOPアンプ・コイル	112
	7-18	IC 2個で作るOPアンプ・コイル	112
	7-19	IC 1個で作るOPアンプ・コンデンサ	113
	7-20	IC 2個で作るOPアンプ・コンデンサ	113
	7-21	OPアンプで作る高抵抗	114

コラム		
	先人の知恵袋！E6やE12系列だけ使って在庫を節約	099
	絶対値回路の用途	106
	「グラウンドが浮いている」とは	110
	小容量コンデンサを大容量化！「容量マルチプライア」	114

第8章 フィルタ回路
不要な雑音を除いて必要な信号を取り出す

8-1	2次ローパス・フィルタの値①	115
8-2	2次ローパス・フィルタの値②	116
8-3	2次ローパス・フィルタの周波数特性	117
8-4	3次ローパス・フィルタの値①	118
8-5	3次ローパス・フィルタの値②	118
8-6	4次ローパス・フィルタの値	119
8-7	PWM信号平滑用5次ローパス・フィルタの値	121
8-8	2次ハイパス・フィルタの値	122
8-9	2次ハイパス・フィルタの周波数特性	122
8-10	2次バンドパス・フィルタの値	123
8-11	2次バンドパス・フィルタの周波数特性	123
8-12	2次バンドエリミネート・フィルタの値	124
8-13	2次バンドエリミネート・フィルタの周波数特性	125
8-14	1次オールパス・フィルタの値と周波数特性	125
8-15	LCで作る2次ローパス・フィルタの値と周波数特性	126
8-16	多重帰還型2次ローパス・フィルタの値	127
8-17	n次ローパス・フィルタの設計	127
8-18	n次ハイパス・フィルタの設計	130
8-19	状態変数（ステート・バリアブル）型フィルタの値	132
8-20	バイカッド（双2次）型フィルタの値	133
8-21	騒音測定用JIS-A特性フィルタの値と周波数特性	134

コラム

フィルタの種類	116
アクティブ・フィルタの定数の求め方	119
アクティブ・フィルタの型の種類	120
アクティブ・フィルタを使うときの当たり前	131
2次フィルタの伝達関数と周波数特性	132

第9章 コンパレータ回路
入力信号の大小を高速に判別する

9-1	反転型と非反転型コンパレータの入力基準電圧	135
9-2	単電源反転型と非反転型コンパレータの入力基準電圧	137
9-3	ヒステリシス付き反転型コンパレータの入力基準電圧	138
9-4	ヒステリシス付き非反転型コンパレータの入力基準電圧	138
9-5	ゼロ・クロス・コンパレータのヒステリシス幅	139
9-6	パルス発生回路の出力周波数	140
9-7	リセット信号発生回路の出力波形	140

	9-8	ウィンドウ・コンパレータの入力基準電圧	142
	9-9	レベル検出回路の入力基準電圧	143

コラム		オープン・コレクタ出力の高速化	136

第10章 ゲートICの応用回路
波形発生から立ち上がり/立ち下がり検出まで

	10-1	水晶/セラミック発振回路	145
	10-2	LC発振回路の発振周波数	146
	10-3	無安定マルチバイブレータの発振周波数①…シュミット・トリガIC使用	146
	10-4	無安定マルチバイブレータの発振周波数②…インバータIC使用	147
	10-5	チャタリング防止回路の時定数	147
	10-6	パルス信号の立ち上がり/立ち下がり検出回路の出力波形	148
	10-7	ウイーン・ブリッジ型発振回路の発振周波数	150
	10-8	ブリッジドT型発振回路の発振周波数	151
	10-9	バイカッド型発振回路の発振周波数	152

第11章 パワー回路
マイコンで大電流アナログ出力を実現する

	11-1	片極性電流ブースタの出力電流	153
	11-2	両極性電流ブースタの出力電流	154
	11-3	双極性反転型電圧-電流変換回路の出力電流①	155
	11-4	双極性反転型電圧-電流変換回路の出力電流②	155
	11-5	双極性非反転型電圧-電流変換回路の出力電流	156
	11-6	片極性吸い込み型定電流回路の出力電流	156
	11-7	双極性定電流回路の出力電流増大	157
	11-8	片極性吐き出し型定電流回路の出力電流	158
	11-9	高精度基準電圧回路の出力電圧	158
	11-10	低消費電流基準電圧回路の出力電圧	159
	11-11	低消費電流基準電流回路の出力電流	160
	11-12	双極性定電圧回路の出力電流増大	161
	11-13	ORingダイオードの逆電圧と順方向電圧	161
	11-14	レール・スプリッタの設計	162
	11-15	ロード・スイッチの設計	163
	11-16	反転型電流-電圧変換回路の出力電圧	164
	11-17	電流検出回路の出力電圧	165

コラム		放熱器の選び方	157

第12章 電源回路
リニア・レギュレータからDC-DCコンバータまで

12-1	リニア・レギュレータの損失	167
12-2	LDOレギュレータの損失	168
12-3	ツェナー・ダイオードとトランジスタで作る大電力ツェナー・ダイオード	169
12-4	シャント・レギュレータの出力電圧	170
12-5	シャント・レギュレータの大電流化と高電圧化	171
12-6	出力電圧可変のシリーズ・レギュレータ	172
12-7	DC-DCコンバータの入力電力	173
12-8	降圧型DC-DCコンバータの出力コンデンサとリプル電圧	175
12-9	昇圧型DC-DCコンバータの出力コンデンサとリプル電圧	175
12-10	SEPICコンバータのコイルとコンデンサの値	176
12-11	Cukコンバータのコイルとコンデンサの値	177
12-12	コイルの抵抗ぶんを利用した電流検出回路の設計	179
12-13	低損失リプル・フィルタの設計	180
12-14	大容量電源用の微小消費電流測定回路の保護	181

コラム

直流電源の種類	169
3端子レギュレータの保護	173
5大DC-DCコンバータ設計早見図	174
リニア・レギュレータICの選び方	176
数W以上ならSEPICよりも昇降圧型DC-DCコンバータ	178
DC-DCコンバータのノイズ除去	178

付録 基本関数や基本単位
信号のふるまいや特性を数値で表すツール

三角関数	183
微分公式	184
積分公式	184
フーリエ級数	185
テイラー展開と近似公式	186
よく使う物理定数	186
電気・磁気量の単位と対応関係	188
SI単位の接頭語とギリシャ文字	188

参考文献	190
著者略歴	192

本書は，月刊「トランジスタ技術」2012年5月号特集「ホントに使える電子回路教科書」，2013年8月号特集「エレキ数式辞典」を編集，加筆，修正したものです．

第1章 電気の基本法則
知っていると便利な電気の公式とその使い方

マイコン・システムは電気で動いています．電気で動いている以上，設計や調整，トラブル対策に電気の公式の理解は必須です．これだけは覚えて使いこなしたい電気の公式といえば，オームの法則と重ね合わせの理，テブナンの定理の三つです．他の公式は覚えていなくても三つの公式から簡単に導くことができます．

必要な電気の基本としては，電圧源と電流源の意味とその動作，L（コイル/インダクタ）C（コンデンサ/キャパシタ）R（抵抗）を含むインピーダンス素子の意味と動作です．

ここでは，実用的な電気の基本を簡単に紹介します．

1-1 オームの法則　**超重要！**

直流電流 I_{DC} [A] $= \dfrac{V_{DC}}{R} = GV_{DC}$

直流電圧 V_{DC} [V] $= I_{DC}R = \dfrac{I_{DC}}{G}$

抵抗 R [Ω] $= \dfrac{1}{G} = \dfrac{V_{DC}}{I_{DC}}$

コンダクタンス G [S] $= \dfrac{1}{R} = \dfrac{I_{DC}}{V_{DC}}$

直流電力 P_{DC} [W] $= V_{DC}I_{DC} = I_{DC}^2 R = \dfrac{V_{DC}^2}{R}$

$\qquad = \dfrac{I_{DC}^2}{G} = V_{DC}^2 G$

■ 計算例
$V_{DC} = 5$V，$R = 4.7$kΩ とすると，
$I_{DC} = \dfrac{V_{DC}}{R} = \dfrac{5}{4.7 \times 10^3} \fallingdotseq 1.06$mA

$G = \dfrac{1}{R} = \dfrac{1}{4.7 \times 10^3} \fallingdotseq 213\ \mu$S

$P_{DC} = \dfrac{V_{DC}^2}{R} = \dfrac{5^2}{4.7 \times 10^3} \fallingdotseq 5.32$mW

図1-1　直流回路のオームの法則

電気回路の法則の中でオームの法則は，最も基本的な法則で応用範囲も広くなっています．

図1-1に示す直流回路のオームの法則と，図1-2に示す交流回路のオームの法則の違いは，直流では抵抗またはコンダクタンスと電圧，電流の関係のところが，交流ではインピーダンスまたはアドミタンスと電圧，電流の関係になっているところです．

直流回路のオームの法則では，抵抗（またはコンダクタンス）と電圧，電流のうちどれか二つがわかれば，ほかの一つは図1-1中の式に示すように計算することができます．複雑に見える回路でも，抵抗と電圧，電流のどれか二つがわかる場合がほとんどで，オームの法則の適用範囲は広いです．抵抗とコンダクタンスの関係は互いに逆数になっているので，どちらかがわかれば逆数計算で値は簡単に求められます．

交流回路のオームの法則では，インピーダンス（またはアドミタンス）と電圧，電流のうちどれか二つがわかれば，ほかの一つは図1-2中の式に示すように計算することができます．インピーダンスとアドミタンスの関係は互いに逆数になっているので，どちらかがわかれば逆数計算で値は簡単に求められます．なお，図中に直流の場合と違って電力 P の式がないのは，交流電力には有効電力と無効電力，皮相電力があるからです（詳細は1-13を参照）．

インピーダンスまたはアドミタンスは，図1-3に示すように複素数で与えられます．抵抗 R とコンダク

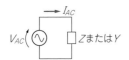

交流電流 I_{AC} [A] $= \dfrac{V_{AC}}{Z} = YV_{AC}$

交流電圧 V_{AC} [V] $= I_{AC}Z = \dfrac{I_{AC}}{Y}$

インピーダンス Z [Ω] $= \dfrac{1}{Y} = \dfrac{V_{AC}}{I_{AC}}$

アドミタンス Y [S] $= \dfrac{1}{Z} = \dfrac{I_{AC}}{V_{AC}}$

■ 計算例
- $V_{AC}=100\text{V}$,Zはコイル$L=1\text{H}$,周波数$f=50\text{Hz}$とすると,
  $\omega=2\pi f=100\pi$ rad/sより
  $Z=j\omega L=j100\pi\fallingdotseq j314\ \Omega$
  $I_{AC}=\dfrac{V_{AC}}{Z}=\dfrac{100}{j100\pi}=\dfrac{1}{j\pi}\fallingdotseq -j318\text{mA}$
- Zをコンデンサ$C=100\ \mu\text{F}$とし,ほかは同様とすると,
  $Y=j\omega C=j\pi\times 10^{-2}\fallingdotseq j31.4\text{mS}$
  $Z=\dfrac{1}{Y}=\dfrac{1}{j\pi\times 10^{-2}}\fallingdotseq -j31.8\ \Omega$
  $I_{AC}=YV_{AC}=j\pi\times 10^{-2}\times 100=j\pi\fallingdotseq j3.14\text{A}$

図1-2 交流回路のオームの法則

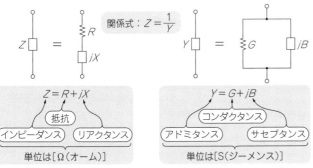

図1-3 インピーダンスとアドミタンスは複素数で与えられる

タンスGは直流から交流までそのままですが,リアクタンスとサセプタンスは**表1-1**に示すように,インダクタンスLと容量(キャパシタンス)C,周波数で与えられます.なお直流においては,インダクタンスは短絡($0\ \Omega$),容量は開放($\infty\ \Omega$)となります.

基本的な電気の計算では,微分方程式を解いて必要な解を求めることはほとんどありません.定常状態の正弦波交流では「$j\omega$」を使い,過渡現象ではラプラス変数の「s」を使って,四則演算で必要な解を求めます.

$j\omega$とsは,d/dtを意味する微分演算子です.**表1-2**に,基本受動素子である抵抗器(値は抵抗値)とコイル(値はインダクタンス),コンデンサ(値は容量またはキャパシタンス)の,オームの法則による端子電圧と電流の関係を示します.**表1-2**を見れば,$j\omega$とsがd/dtを意味する微分演算子であることを理解できます.

表1-1 抵抗器,コイル,コンデンサのインピーダンスとアドミタンス

コイルとコンデンサは,インピーダンス(リアクタンス)とアドミタンス(サセプタンス)で極性が異なる.リアクタンスはインピーダンスの虚数部,サセプタンスはアドミタンスの虚数部

項目＼素子	抵抗器	コイル	コンデンサ
インピーダンス (impedance)	R (抵抗と同じ)	$j\omega L$	$\dfrac{1}{j\omega C}=-j\dfrac{1}{\omega C}$
リアクタンス (reactance)	−	ωL	$-\dfrac{1}{\omega C}$
アドミタンス (admittance)	$\dfrac{1}{R}$ (コンダクタンスと同じ)	$\dfrac{1}{j\omega L}=-j\dfrac{1}{\omega L}$	$j\omega C$
サセプタンス (susceptance)	−	$-\dfrac{1}{\omega L}$	ωC

ωは角周波数で,周波数fとは$\omega=2\pi f$の関係がある.

表1-2 抵抗器,コイル,コンデンサの端子電圧と電流の関係

コイルとコンデンサを使った回路は,オームの法則で電圧と電流の関係を求めると,時間領域と周波数領域では式の形が異なる.
両者を比較すると,$j\omega$とsは微分d/dtを表していることがわかる.言い換えれば$j\omega$とsは微分演算子である.
$1/j\omega$と$1/s$は微分の逆演算である積分$\int dt$を表す.ただし,表は定常状態を表しているため,過渡現象を求めるときは初期値を入れる必要がある

項目＼素子	抵抗器	コイル	コンデンサ
端子電圧と電流	i_R, v_R	i_L, v_L	i_C, v_C
時間領域 (t)	$v_R=Ri_R$	$v_L=L\dfrac{d}{dt}i_L$	$v_C=\dfrac{1}{C}\displaystyle\int i_C dt$
周波数領域 $(j\omega)$	$V_R=RI_R$	$V_L=j\omega LI_L$	$V_C=\dfrac{I_C}{j\omega C}$
周波数領域 (s)	$V_R=RI_R$	$V_L=sLI_L$	$V_C=\dfrac{I_C}{sC}$

1-2 直列接続したときの合成インピーダンス

オームの法則の応用①

図1-4に，オームの法則を適用してインピーダンスを直列接続したときの合成値の求め方を示します．直列接続のときは，インピーダンスで計算するのが簡単です．

インピーダンスを直列接続すると，合成インピーダンスは大きくなります．アドミタンスでいえば，合成アドミタンスは小さくなります．

N個のインピーダンス（Z_1, Z_2, …Z_N）を直列に接続したときの合成値Z_Tは，抵抗器やコイルのインピーダンスであれば，単なる加算で求まります．一方，コンデンサのインピーダンスは，逆数の加算で求まります．

コンデンサのインピーダンスは逆数になっているため，式の形としては抵抗やコイルを並列接続したときの合成インピーダンスと同じですが，合成容量は小さくなり，インピーダンスの値自体は大きくなります．

なお，図1-4中の計算例にて，コンデンサ2個の場合の合成値の式を示しました．この式は逆数の和から簡単に計算できますが，覚えておくと実際の回路解析・設計のときにいちいち逆数の和を計算する必要がないので非常に役立ちます．

このような直列回路では電圧源を採用すると計算が簡単になります．

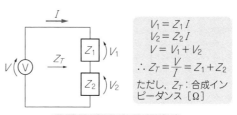

$V_1 = Z_1 I$
$V_2 = Z_2 I$
$V = V_1 + V_2$
$\therefore Z_T = \dfrac{V}{I} = Z_1 + Z_2$

ただし，Z_T：合成インピーダンス［Ω］

- インピーダンスがN個のとき
  $Z_T = Z_1 + Z_2 + \cdots + Z_N$
- RがN個のとき
  $R_T = R_1 + R_2 + \cdots + R_N$
- LがN個のとき
  $L_T = L_1 + L_2 + \cdots + L_N$
- CがN個のとき
  $\dfrac{1}{C_T} = \dfrac{1}{C_1} + \dfrac{1}{C_2} + \cdots + \dfrac{1}{C_N}$

■ 計算例
2個のときの合成値
$R_T = R_1 + R_2$
$L_T = L_1 + L_2$
$C_T = \dfrac{1}{\dfrac{1}{C_1} + \dfrac{1}{C_2}} = \boxed{\dfrac{C_1 C_2}{C_1 + C_2}}$

覚えておくと計算が楽！

図1-4 インピーダンスを直列に接続したときの合成値の求め方
直列接続はインピーダンスで考えるとカンタン．複雑な直列回路の場合は電圧源を使ったほうが計算が楽なことが多い

2端子素子の電圧-電流特性

コラム

オームの法則は，図1-A(a)のような印加電圧・電流で抵抗値が変化する2端子素子に対しても成立しますが，加える電圧や電流が変化すれば，等価的な抵抗は変化します．

2端子素子の電圧-電流特性は主として抵抗性，定電圧性，定電流性の三つがあります．図1-A(b)のように，定電圧性素子は電圧源でドライブすると過電流が流れて壊れてしまいます．定電流性素子も同様に電流源でドライブできません．

例えば，定電圧性素子と考えられるLEDに対して，電圧源での直接ドライブはできず，直列に抵抗を入れるか，電流源でドライブします．

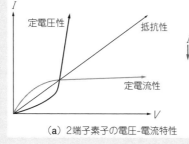

図1-A 2端子素子の直流特性
定電圧性素子を電圧源でドライブすると，過電流が流れて壊れる

(a) 2端子素子の電圧-電流特性

		電圧源駆動	電流源駆動
回路			
素子	抵抗性	○	○
	定電圧性	駆動不可	○
	定電流性	○	駆動不可

(b) 2端子素子と駆動回路

1-3 並列接続したときの合成アドミタンス

オームの法則の応用②

図1-5に，オームの法則を適用してアドミタンスを並列接続したときの合成値の求め方を示します．並列接続のときは，アドミタンスで計算するのが簡単です．

アドミタンスを並列接続すると，合成アドミタンスは大きくなります．インピーダンスでいえば，合成インピーダンスは小さくなります．

N個のアドミタンス(Y_1, Y_2, …Y_N)を並列に接続したときの合成値Y_Tは，コンデンサのアドミタンスであれば，単なる加算で求まります．一方，抵抗器やコイルのアドミタンスは，逆数の加算で求まります．

抵抗やコイルのアドミタンスは逆数になっているため，合成アドミタンスの式の形はコンデンサを直列接続したときと同じですが，合成抵抗やインダクタンスは小さくなります．合成インピーダンスの値自体も小さくなって，合成アドミタンスは大きくなります．

なお，図1-5中の計算例にて，抵抗器2個やコイル2個の場合の合成値の式を示しました．この式は逆数の和から簡単に計算できますが，覚えておくと実際の回路解析・設計のときにいちいち逆数の和を計算する必要がないので非常に役立ちます．

このように単純な回路の場合の電源は電圧源と電流源どちらでもかまいませんが，複雑な並列回路では電流源を使用したほうが計算が簡単になることが多いです．

合成インピーダンスを求めたいときは，最後に合成アドミタンスの逆数を計算して求めます．

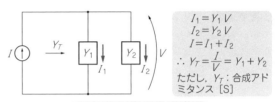

$I_1 = Y_1 V$
$I_2 = Y_2 V$
$I = I_1 + I_2$
∴ $Y_T = \dfrac{I}{V} = Y_1 + Y_2$

ただし，Y_T：合成アドミタンス [S]

- アドミタンスがN個のとき
  $Y_T = Y_1 + Y_2 + \cdots + Y_N$
- RがN個のとき
  $\dfrac{1}{R_T} = \dfrac{1}{R_1} + \dfrac{1}{R_2} + \cdots + \dfrac{1}{R_N}$
- LがN個のとき
  $\dfrac{1}{L_T} = \dfrac{1}{L_1} + \dfrac{1}{L_2} + \cdots + \dfrac{1}{L_N}$
- CがN個のとき
  $C_T = C_1 + C_2 + \cdots + C_N$

■ 計算例
2個のときの合成値

$R_T = \dfrac{1}{\dfrac{1}{R_1} + \dfrac{1}{R_2}} = \boxed{\dfrac{R_1 R_2}{R_1 + R_2}}$

$L_T = \dfrac{1}{\dfrac{1}{L_1} + \dfrac{1}{L_2}} = \boxed{\dfrac{L_1 L_2}{L_1 + L_2}}$

$C_T = C_1 + C_2$

覚えておくと計算が楽！

図1-5 アドミタンスを並列に接続したときの合成値の求め方
並列接続はアドミタンスで考えるとカンタン．複雑な並列回路の場合は電流源を使ったほうが計算が楽なことが多い

実績のある定数から試すのが近道　　　　コラム

抵抗の定数は比率で決まることが多いです．したがって抵抗値は，ある一つの値を決めて他の抵抗値は比例計算で求めます．

定数は，経験で決めることが多いです．例えばOPアンプ周辺の抵抗は，OPアンプの許容負荷抵抗が数kΩなので，たいてい10kΩを使います．初めて設計するときには経験がないので，先輩に尋ねるか本書の値を参考にしてください．

回路によっては，部品点数が多すぎたり，動作条件が変動しすぎて定数の算出式が立てられない（立てられるかもしれないが複雑になりすぎる）こともあります．その場合にも経験値と経験則が役に立ちます．

経験値と経験則による手法を親指の法則(rule of thumb)ともいいます．親指の法則とは，親指で計る意味から大ざっぱなやり方や経験から得た方法のことです．

ベテラン設計者はこの親指の法則を活用するので仕事が早いのです．ただし，きちんと計算する必要のあるところまで親指の法則を適用すると，思わぬ落とし穴に嵌ります．適用できる限界があることを心得るべきです．

1-4 重ね合わせの理　　激重要!

図1-6に示すように，多数の電圧源（ないし電流源）をもつ線形回路において，一つの岐路に生じる電圧は，電圧源が個々に一つずつ存在する（ほかの電圧源は短絡して0Vとする）として求めた電圧を全電圧源について足し合わせた電圧に等しい，というのが「重ね合わせの理」です．これは定理ではなく原理で，線形回路の性質です．

線形回路というのは入出力の関係が1次関数（直線）で表される回路で，この場合には電圧源と一つの岐路に生じる電圧の関係が1次関数（直線）で表されることを意味します．

● 使いどころ

OPアンプ増幅回路のような線形回路に重ね合わせの理を適用すると，回路解析が簡単になります．

図1-7にOPアンプ回路の解析・設計のときによく出てくる2電源の分圧回路を示します．2電源の分圧回路の式を覚えておくと，いちいち重ね合わせの理から計算しなくてもすむため，実際の回路解析・設計のときに非常に役立ちます．

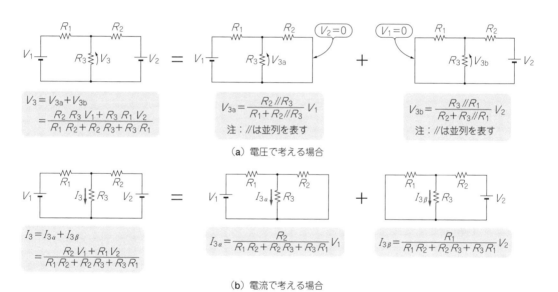

図1-6　重ね合わせの理
電圧源または電流源が多数あるときに使える．OPアンプを使った増幅回路（第3章参照）などで使う

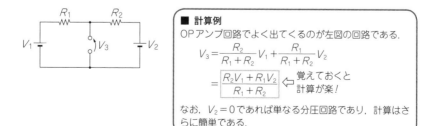

図1-7　重ね合わせの理の計算例
2電源の分圧回路の式を覚えておくと計算が楽

1-5 テブナンの定理

メチャ重要!

図1-8に示すように,「電圧源(ないし電流源)を含む回路(イ)の任意の2点間において,この2点間の開放端電圧と出力インピーダンスがわかればこの回路(イ)は(ロ)と等価である」というのが「テブナンの定理」です. 単純ですが実際の回路解析や回路設計において非常に有用な定理です.

● 応用1

図1-9にテブナンの定理を適用した, 教科書でおなじみのホイートストン・ブリッジの解析を示します. これをキルヒホッフの法則(1-9を参照)で解くと非常に面倒なことになります. 図中で示したように, テブナンの定理を適用するときには, 同一電圧源に接続する回路は電圧源を分置して描いても同じです. 分置した各電圧源は, 電圧値と, 交流では位相も等しいことが必要です.

● 応用2

図1-10にテブナンの定理を適用した, 単電源OPアンプのバイアス電圧やコンパレータの基準電圧(参照電圧)を与える分圧回路の設計を示します. OPアンプやコンパレータの入力バイアス電流による誤差を無視できるような抵抗値にします.

図1-9はこうすれば計算が簡単にできるといういわば演習問題ですが, 図1-10は非常に使用頻度の高い回路ですから, 覚えておいて損はないです.

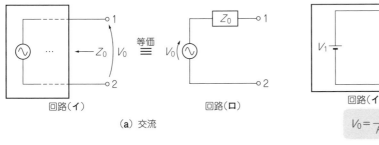
(a) 交流

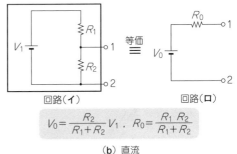

$$V_0 = \frac{R_2}{R_1 + R_2} V_1, \quad R_0 = \frac{R_1 R_2}{R_1 + R_2}$$

(b) 直流

図1-8 テブナンの定理
手計算するならキルヒホッフを使うよりもこれ

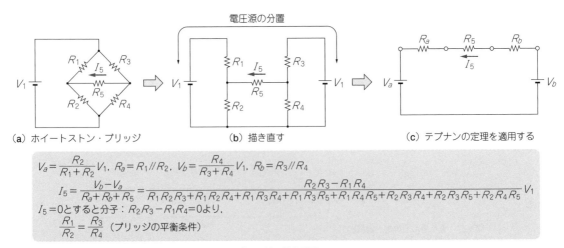

(a) ホイートストン・ブリッジ　(b) 描き直す　(c) テブナンの定理を適用する

$$V_a = \frac{R_2}{R_1+R_2} V_1, \quad R_a = R_1 /\!/ R_2, \quad V_b = \frac{R_4}{R_3+R_4} V_1, \quad R_b = R_3 /\!/ R_4$$

$$I_5 = \frac{V_b - V_a}{R_a + R_b + R_5} = \frac{R_2 R_3 - R_1 R_4}{R_1 R_2 R_3 + R_1 R_2 R_4 + R_1 R_3 R_4 + R_1 R_3 R_5 + R_1 R_4 R_5 + R_2 R_3 R_4 + R_2 R_3 R_5 + R_2 R_4 R_5} V_1$$

$I_5 = 0$とすると分子：$R_2 R_3 - R_1 R_4 = 0$より,

$$\frac{R_1}{R_2} = \frac{R_3}{R_4} \quad \text{(ブリッジの平衡条件)}$$

図1-9 テブナンの定理の応用例1：ホイートストン・ブリッジの値を確認

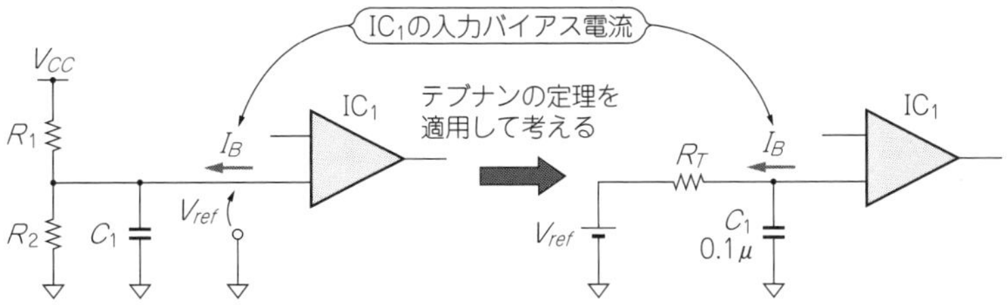

$V_{ref} = \dfrac{R_2}{R_1+R_2} V_{CC}$ より分圧比 $K = \dfrac{V_{ref}}{V_{CC}}$

$R_T = R_1 // R_2 = \dfrac{R_1 R_2}{R_1+R_2}$

C_1 はノイズ低減用.0.1μF程度にする.
I_B による誤差電圧 V_{err} が V_{ref} の1%以下となる抵抗値 R_A は,
$V_{err} = R_A\, I_B \leq 0.01(1\%) V_{ref}$

∴ $R_A \leq 0.01 \times \dfrac{V_{ref}}{I_B}$

分圧比 $K = V_{ref}/V_{CC}$ を与えて,
$R_1 = \dfrac{R_A}{K}$, $R_2 = \dfrac{R_A}{1-K}$

■ 計算例
$V_{CC} = 12V$, $V_{ref} = 3V$, $I_B = 500nA$, IC_1をNJM2903(新日本無線)とすると,

$K = \dfrac{3}{12} = \dfrac{1}{4} = 0.25$

$R_A \leq 0.01 \times \dfrac{3}{500 \times 10^{-9}} = 60k\Omega$

$R_A = 32.5k\Omega$ とすると,
$R_1 = 130k\Omega$, $R_2 = 43.33k\Omega \fallingdotseq 43k\Omega$
R_1 と R_2 はE24シリーズの値となる.
このとき,基準電圧 V_{ref} の値は次のようになる.
$V_{ref} \fallingdotseq 2.983V \fallingdotseq 3V$
正確な値が必要なら R_1 か R_2 を可変抵抗にする.

図1-10 テブナンの定理の応用例2:入力バイアス電流による誤差を無視できるように基準電圧回路の値を決める

電圧源と電流源の理想と現実　　　コラム

● 理想の特性
電圧源と電流源の等価回路を描く場合は,図1-B(a)のように表記します.これは理想的な電圧源と電流源です.電圧源は内部抵抗0Ω,電流源は内部抵抗が無限大と考えます.

● 現実の特性
現実の電圧源と電流源は図1-B(b)のように内部抵抗を含んでいます.実際に回路を作るときは,必ず存在する内部抵抗を意識します.

● 3種類ある
電圧源と電流源には3種類あります.交流,直流ないし両者の合成信号です.交流の定義は1周期の平均値がゼロの信号です.交流と直流の合成信号では1周期の平均値が直流ぶんです.純粋な直流信号は周期が無限大と考えます.交流と直流の合成信号から直流ぶんを取り出すには平均化処理を行います.具体的にはローパス・フィルタで交流ぶんを減衰させます.交流ぶんを取り出すにはハイパス・フィルタで直流ぶんを減衰させます.

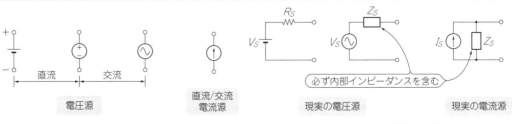

(a) 理想の電圧源と電流源　　　(b) 現実の電圧源と電流源

図1-B 電圧源と電流源
実際の電圧源と電流源には,負荷抵抗や周囲温度などの条件で値が変わる内部抵抗が含まれる

1-6 ノートンの定理

テブナンの定理の親戚

テブナンの定理を電圧源ではなく電流源で表したのが，等価電流源の定理とも呼ばれているノートンの定理です．図1-11のように「電圧源（ないし電流源）を含む回路（イ）の任意の2点間において，この2点間の短絡電流と開放端アドミタンスがわかればこの回路（イ）は（ロ）と等価である」ということです．

テブナンの定理を使うか，ノートンの定理を使うかは，等価回路を描いて式を立てたとき，どちらが簡単な式になるかで決めます．一般的な指針としては，直列回路ではテブナンの定理を使い，並列回路ではノートンの定理を使う場合が多いですが，計算間違いの少ない簡単な式になるほうを使います．

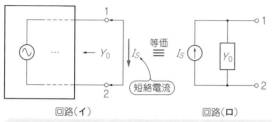

電圧源ないし電流源を含む回路（イ）の任意の2点において，この2点間の短絡電流I_Sと，開放端アドミタンスY_0がわかれば，回路（イ）は（ロ）と等価である．

（a）交流

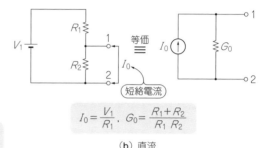

$$I_0 = \frac{V_1}{R_1}, \quad G_0 = \frac{R_1 + R_2}{R_1 R_2}$$

（b）直流

図1-11 ノートンの定理
テブナンの定理を電圧源ではなく電流源で示したもの

1-7 電圧源と電流源の等価変換

ノートンとテブナンの定理の応用

電圧源と電流源は仮想的な信号源です．電圧源は，どのような負荷を接続しても電圧を一定に維持し，電流源は，どのような負荷を接続しても電流を一定に維持します．電圧源を短絡すると無限大の電流が流れ，電流源を開放すると無限大の電圧が発生します．

実際には電圧源が供給できる電流には制限があり，電流源の開放端子電圧には上限があります．回路解析や回路設計で電圧源と電流源を使用する場合は，この上限を考慮して制限内で動作するようにします．

電圧源と電流源自体は等価変換できませんが，現実の電圧源と電流源は内部にインピーダンスを含むため図1-12のように等価変換できます．

基本的に直列回路では電圧源とインピーダンスで考え，並列回路では電流源とアドミタンスで考えて，式を簡単にし計算を楽にします．

式を簡単にして計算を楽にするのは，解析や設計のとき間違いを少なくするために非常に重要なことです．

$V = IR$ または $I = V/R$

電圧源と電流源を含む回路に，テブナンの定理とノートンの定理を適用すれば，二つの回路は等価である．

注：電圧源Vは電流Iが大きくなっても（$I \to \infty$まで）一定の電圧を維持し，電流源Iは電圧Vが大きくなっても（$V \to \infty$まで）一定の電流を維持する仮想的な電源である．現実の電源では適用範囲に注意すること．

図1-12 電圧源と電流源の等価回路
計算を楽にするため，直列回路は電圧源とインピーダンスで，並列回路は電流源とアドミタンスで考えられるようにする

1-8 ミルマンの定理と全電流の定理

図1-13に示すミルマンの定理と図1-14に示す全電流の定理は、先述した電圧源と電流源の等価変換の応用です。回路を描き直すことでA-B間の電圧や、A, Bを還流する電流を簡単に求められます。

トランジスタ回路の解析や多相交流回路の解析に適用すると便利なことが多いです。

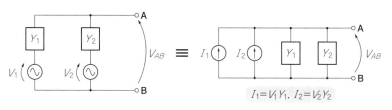

$$V_{AB} = \frac{I_1 + I_2}{Y_1 + Y_2} = \frac{Y_1 V_1 + Y_2 V_2}{Y_1 + Y_2}$$

これを一般化して n 個の電圧源とアドミタンスを有する回路では、

$$V_{AB} = \frac{\sum_{k=1}^{n} Y_k V_k}{\sum_{k=1}^{n} Y_k}$$

となる。これをミルマンの定理と呼ぶ。

図1-13 ミルマンの定理
図1-12(電圧源と電流源の等価変換)の応用。トランジスタ回路や多相交流回路の解析に使うと便利

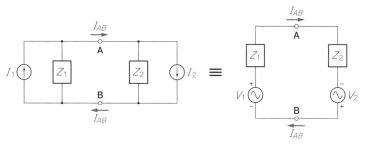

$$V_1 = I_1 Z_1, \quad V_2 = I_2 Z_2$$
$$I_{AB} = \frac{V_1 + V_2}{Z_1 + Z_2} = \frac{Z_1 I_1 + Z_2 I_2}{Z_1 + Z_2}$$

これを一般化して n 個の電流源とインピーダンスを有する回路では、

$$I_{AB} = \frac{\sum_{k=1}^{n} Z_k I_k}{\sum_{k=1}^{n} Z_k}$$

となる。これを全電流の定理と呼ぶ。

図1-14 全電流の定理
図1-12(電圧源と電流源の等価変換)の応用。トランジスタ回路や多相交流回路の解析に使うと便利

抵抗, コンデンサ, コイルの使い方　　　［コラム］

● **データシートは隅々までチェック**

抵抗、コンデンサ、コイルを実際に使うときは、メーカのデータシートを読んで使用法や特徴を把握してからにします。値の許容差と使用温度範囲を確認するのは必須です。抵抗なら定格電力と最大使用電圧を確認します。セラミック・コンデンサでは、直流電圧を加えたときの容量変化を確認して使わないと、動作に支障が出る場合もあります。電解コンデンサではリプル電流を超えて使うと、寿命が極端に短くなります。インダクタに最大電流以上の電流が流れると、インダクタンスが急激に低下することがあります。

● **最大定格ギリギリでは使わない**

データシートには載っていないけれど重要な点として、使用時のディレーティング(定格低減)があります。ディレーティングとは、例えば定格電力1Wの抵抗は1/3W以下で使うとか、定格電圧25Vのコンデンサを12V以下で使うとか、データシートの定格に対しそれよりも低い値で使うことをいいます。

ディレーティングは信頼性に関係します。ディレーティングすると故障率が低下するため、長時間安定に動作させるためには必要です。ディレーティングと故障率の関係は部品ごとに異なるため、メーカに問い合わせます。

ディレーティングの例として、抵抗は、消費電力を定格の1/3以下で使います。コンデンサに加える電圧は、定格の80%以下にします。

1-9 キルヒホッフの法則

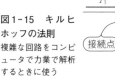

図1-15 キルヒホッフの法則
複雑な回路をコンピュータで力業で解析するときに使う

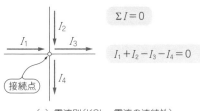

(a) 電流則(KCL, 電流の連続性)

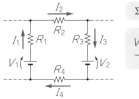

(b) 電圧則(KVL, 電圧の平衡性)

キルヒホッフの法則には，図1-15のように電流則(KCL：Kirchhoff's Current Law)と，電圧則(KVL：Kirchhoff's Voltage Law)の二つがあります．

電流則は，任意の1接続点に流入する電流の総和は零であるというもので，電流の連続性を表しています．ただし，電流の符号は流入を「＋」，流出を「－」とします．

電圧則は，任意の1閉路において同一方向にすべての電圧降下を加えると零になるというもので，電圧の平衡性を表しています．

● 複雑な回路をコンピュータで解析するときに向く

実際の回路解析にキルヒホッフの法則を適用すると，多元連立方程式が立てられます．後はこれを解けばよいわけです．3元連立方程式程度は何とか手計算でも解けますが，それ以上になると手計算では間違いが多くなります．また結果が出るまで検算できません．

重ね合わせの理とテブナンの定理を適用して回路を単純化しながら解いていくと，見通しも良く動作原理の理解も早くその都度検算できることから，手計算の場合はそちらを薦めます．キルヒホッフの法則はコンピュータによる計算向きです．

● 計算例

重ね合わせの理を適用して求めた図1-6の回路のI_3を，キルヒホッフの法則を適用して求めた例を図1-16に示します．連立方程式の解法としてクラメルの公式があり，それを適用すれば機械的に解けますが，2元連立方程式程度とはいえ手計算で行うのは大変で，重ね合わせの理を適用した解析のほうが簡単です．

複雑な回路の解析では，重ね合わせの理とテブナンの定理を適用して回路を単純化しながら解いていくのは煩雑になりすぎるので，キルヒホッフの法則を適用して多元連立方程式を立て，コンピュータを用いて解くほうがよいでしょう．

OPアンプ回路のなかにはものすごく複雑な回路があります．具体的に言うとOPアンプ回路が単純な従属接続になっていないで，多重のループになっている回路です．このような回路を手計算する手法(SFG, シグナル・フロー・グラフ)もあります．しかし新たな手法の習得には時間がかかるので，素直にキルヒホッフの法則を適用し，多元連立方程式を立て数式計算ソフトを用いて解くか，連立方程式も立てずにシミュレーションで解くか，どちらかを利用します．シミュレーションで解いた場合の欠点は，正しい定数が理論的に求められないことです．

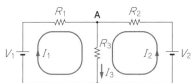

キルヒホッフの電流則を点Aに適用すれば，

$$I_3 = I_1 + I_2$$

キルヒホッフの電圧則から，

$$V_1 - R_1 I_1 - R_3(I_1 + I_2) = 0$$
$$V_2 - R_2 I_2 - R_3(I_1 + I_2) = 0$$

整理して行列で表せば，

$$\begin{bmatrix} V_1 \\ V_2 \end{bmatrix} = \begin{bmatrix} (R_1 + R_3) & R_3 \\ R_3 & (R_2 + R_3) \end{bmatrix} \begin{bmatrix} I_1 \\ I_2 \end{bmatrix}$$

クラメルの公式を適用して，

$$I_1 = \frac{1}{\Delta} \begin{vmatrix} V_1 & R_3 \\ V_2 & (R_2 + R_3) \end{vmatrix} = \frac{1}{\Delta}\{(R_2 + R_3)V_1 - R_3 V_2\}$$

$$I_2 = \frac{1}{\Delta} \begin{vmatrix} (R_1 + R_3) & V_1 \\ R_3 & V_2 \end{vmatrix} = \frac{1}{\Delta}\{(R_1 + R_3)V_2 - R_3 V_1\}$$

$$\Delta = \begin{vmatrix} (R_1 + R_3) & R_3 \\ R_3 & (R_2 + R_3) \end{vmatrix} = R_1 R_2 + R_2 R_3 + R_3 R_1$$

$$I_3 = I_1 + I_2 = \frac{1}{\Delta}\{(R_2 + R_3)V_1 - R_3 V_2 + (R_1 + R_3)V_2 - R_3 V_1\}$$
$$= \frac{R_2 V_1 + R_1 V_2}{R_1 R_2 + R_3 R_2 + R_3 R_1}$$

図1-16 キルヒホッフの法則で図1-6のI_3を解いた例
多元連立方程式が立って手計算だと大変

(I_3を求めたいが大変！)

1-10 供給電力最大の法則

太陽電池の電源設計などに

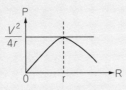

内部抵抗rをもつ電源において，負荷抵抗Rを接続したとき，Rに供給される電力Pの最大値P_{max}は，次の式で求まる．

$$P = I^2 R = \frac{R}{(r+R)^2} V^2 = \frac{1}{\frac{r}{R} + 2 + \frac{R}{r}} \frac{V^2}{r}$$

$$\frac{dP}{dR} = \frac{d}{dR}\left(\frac{R}{r + 2R + \frac{R^2}{r}} V^2\right)$$

$$= \frac{V^2}{r} \cdot \frac{\left(r + 2R + \frac{R^2}{r}\right)\frac{d}{dR}(R) - R\frac{d}{dR}\left(r + 2R + \frac{R^2}{r}\right)}{\left(r + 2R + \frac{R^2}{r}\right)^2}$$

$$= \frac{V^2(r+R)}{r^2\left(r + 2R + \frac{R^2}{r}\right)}(r-R)$$

$r, R > 0$により増減表は次のようになる．

R	$\frac{dP}{dR}$	P
$R < r$	+	↗
$R = r$	0	$\frac{V^2}{4r}$
$R > r$	−	↘

よってグラフは右図のようになり，$R = r$のとき最大となる．

$$P_{max} = \frac{V^2}{4r}$$

つまり負荷抵抗が内部抵抗に等しいとき，負荷には最大の電力が供給される．P_{max}を電源の固有電力といい，電源が負荷に供給できる最大の電力である．

効率ηは電圧源の供給電力P_Sと負荷の消費電力P_Rの比である．

$$\eta = \frac{P_R}{P_S} = \frac{I^2 R}{V \cdot I} = \frac{IR}{V} = \frac{R}{r+R}$$

$$\frac{d\eta}{dR} = \frac{(r+R)\frac{d}{dR}(R) - R\frac{d}{dR}(r+R)}{(r+R)^2} = \frac{r}{(r+R)^2}$$

$r, R > 0$だから

$$\frac{d\eta}{dR} > 0$$

となり，効率はRが大きいほど高く，$R \to \infty$のとき最大効率となる．

図1-17　供給電力最大の法則
負荷に供給される電力が最大になるのは，負荷抵抗と電源の内部抵抗が等しいとき．太陽電池から常に最大電力を取り出すための回路MPPTなどに使う

内部抵抗がある電源から供給される電力は図1-17に示すように，負荷抵抗が内部抵抗に等しいときに最大となります．

なお，供給電力最大のときに効率が最大になるわけではありません．図1-17中に示したように，直流回路では供給電力最大のときの効率は50％です．効率最大は無負荷のときです．

● 応用例

化学電池の場合，放電電流の上限があり，温度と供給可能残量によって内部抵抗が大幅に変化するため，実験的にこの法則を確認することは難しいでしょう．この法則の適用例としては太陽電池のMPPT（Maximum Power Point Tracking：最大電力点追従制御）があります．太陽電池の場合，太陽光の入射角度や雲の状態によって大幅に供給可能電力が変動するだけでなく，内部抵抗も変化します．供給電力最大の法則を利用して計算しながら，太陽電池から常に最大電力を取り出しています．

太陽電池の場合，太陽光→電力変換効率は十数％程度（メーカによっては20％程度）が多いため，内部抵抗での損失を問題にせず，MPPT制御により最大出力を取り出しています．しかし，化学電池を含めた一般的な電源では（効率）＝（出力電力）÷（内部抵抗での損失も含めた入力電力）が問題になります．内部抵抗と負荷抵抗が等しいときの効率は50％になって著しく低効率ですから，一般に負荷抵抗は内部抵抗よりもできるだけ大きくしています．

図1-17は直流電圧源ですが，rとRが抵抗ならば交流電源のときにもこの法則は成立します．rとRがインピーダンスの場合に，内部インピーダンス$z = r + jx$と負荷インピーダンス$Z = R + jX$とすると，供給電力が最大になる条件は次のとおりです．

$$r = R, \quad x = -X$$

つまりzとZは互いに共役の関係のとき，負荷に供給される電力は最大になり，最大値P_{max}は図1-17と同じになります．

1-11 ミラーの定理

容量の増幅性能への影響を計算できる

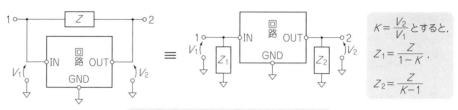

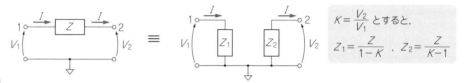

図1-18 ミラーの定理
ミラー効果を一般化した
線形回路の入出力間にインピーダンス Z を接続するのは，入力と出力にそれぞれ Z_1, Z_2 を接続するのと等価である

図1-18に示すのがミラー効果を一般化したミラーの定理です．ミラーの定理は電子回路（増幅回路）の定理で，回路の解析や設計に非常に有用です．

● 応用例

図1-19にミラーの定理を応用した可変容量回路を示します．これは図1-18の Z がコンデンサの場合です．

図1-19のアンプは $K (= V_2/V_1)$ がマイナスになっていて，図中の可変抵抗器 V_{R1} で K を設定すると，入力から見た容量を調節できます．

ここでOPアンプは理想OPアンプとして，入力インピーダンスは無限大，出力インピーダンスはゼロ，オープン・ループ・ゲインは無限大として図中のゲインを計算しています．ただし，図1-19で入力端子は抵抗またはインダクタンスを用いて直流的にグラウンドに接続しないと，OPアンプ IC_1 の非反転入力バイアス電流帰路が確保できないため，この回路は動作しません．

OPアンプ回路では，出力インピーダンスをゼロとして考えるので，出力に接続される Z_2 が無視されるため，ミラーの定理を利用することは少ないです．

ミラーの定理を利用して回路設計や回路解析を行うのは，ほとんどがトランジスタやFETを使用したディスクリート回路です．パワーMOSFETのゲート入力電荷量 Q_g の特性は，能動状態のときに，ドレイン-ゲート間にある帰還容量 C_{rss} が入力側（ゲート側）で（1＋ゲイン）倍されて非常に大きくなります．ディスクリート・トランジスタ増幅回路に関する知識は，低雑

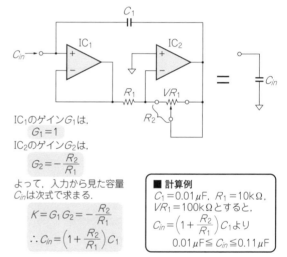

IC_1のゲインG_1は，
$G_1 = 1$
IC_2のゲインG_2は，
$G_2 = -\dfrac{R_2}{R_1}$

よって，入力から見た容量 C_{in} は次式で求まる．

$K = G_1 G_2 = -\dfrac{R_2}{R_1}$

$\therefore C_{in} = \left(1 + \dfrac{R_2}{R_1}\right) C_1$

■ 計算例
$C_1 = 0.01\mu F$, $R_1 = 10k\Omega$, $VR_1 = 100k\Omega$ とすると，
$C_{in} = \left(1 + \dfrac{R_2}{R_1}\right) C_1$ より
$0.01\mu F \leqq C_{in} \leqq 0.11\mu F$

図1-19 ミラーの定理の応用例
可変容量回路

音増幅回路や高周波増幅回路を設計するときに必要となります．

OPアンプでミラーの定理を利用するのは，OPアンプ内部回路の解析のときです．バイポーラICのOPアンプ内部回路を見ると，初段の差動増幅回路，2段目のエミッタ接地電圧増幅段，終段のエミッタ・フォロワとなっていることが多いです．2段目のエミッタ接地電圧増幅段では，ベース-コレクタ間に位相補償容量が付加されています．この位相補償容量によって起きる現象を「極分離（pole splitting）」といいます．OPアンプの内部位相補償といえば「極分離」です．

1-12　交流信号の実効値，平均値，波高率

形の違う信号レベルを比べたいなら

図1-20に示すのが，各種波形の実効値，平均値，絶対平均値，波高率です．交流信号は平均値がゼロの周期波と定義されているので，交流信号の平均値と言えば波形の絶対値の平均値つまり絶対平均値を指すこともあります．

白色雑音のようなガウス雑音は理論的なピーク値は無限大ですが，その確率は非常に小さいため，オシロスコープで観測する場合には，統計ではよくいわれる「3σ限界」から，観測できたピーク値の1/3が実効値と考えても実用上は問題ありません．

統計用語のσ（標準偏差）は，電気では実効値になります．

名　称	波　形	実効値 V_{RMS}	平均値 V_{AV}	絶対平均値 V_{MAD}	波高率 CF
正弦波	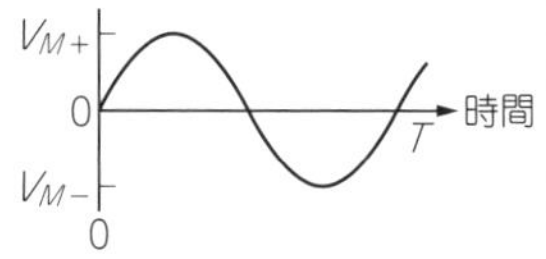	$\dfrac{V_M}{\sqrt{2}} \fallingdotseq 0.707 V_M$	0	$\dfrac{2}{\pi}V_M \fallingdotseq 0.637 V_M$	$\sqrt{2} \fallingdotseq 1.414$
方形波	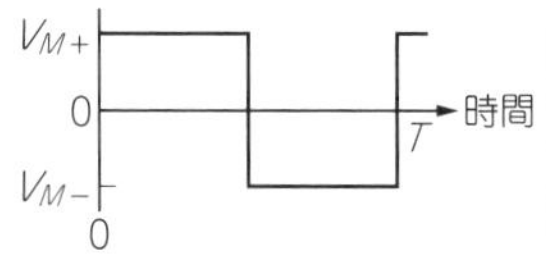	V_M	0	V_M	1
三角波	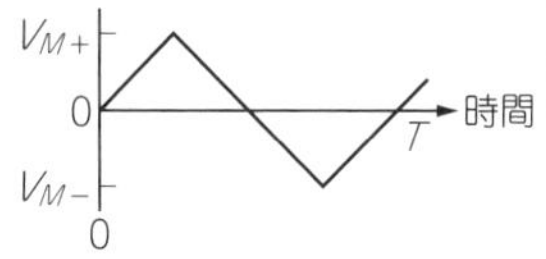	$\dfrac{V_M}{\sqrt{3}} \fallingdotseq 0.557 V_M$	0	$\dfrac{V_M}{2} = 0.5 V_M$	$\sqrt{3} \fallingdotseq 1.732$
全波整流波	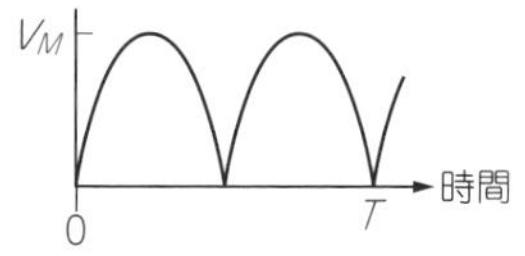	$\dfrac{V_M}{\sqrt{2}} \fallingdotseq 0.707 V_M$	$\dfrac{2}{\pi}V_M \fallingdotseq 0.637 V_M$	$\dfrac{2}{\pi}V_M \fallingdotseq 0.637 V_M$	$\sqrt{2} \fallingdotseq 1.414$
片極性パルス波	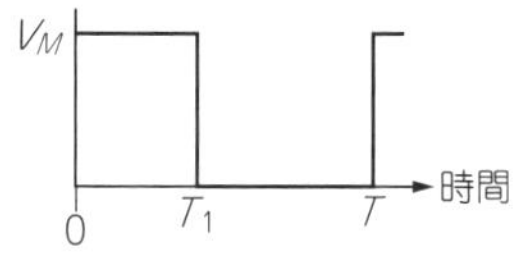	$V_M\sqrt{D}$ ($D=T_1/T$)	$V_M D$	$V_M D$	$\dfrac{1}{\sqrt{D}}$
ガウス雑音	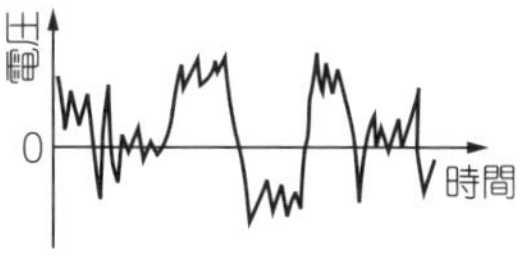	V_{RMS}	—	$\sqrt{\dfrac{2}{\pi}}V_{RMS} \fallingdotseq 0.798 V_{RMS}$	CF: 2.6, 3.3, 3.9, 4.4／確率[%]: 1, 0.1, 0.01, 0.001

注：のこぎり波は三角波と同じ．ガウス雑音の理論的波高率は無限大であるが，表の波高率を超える時間の確率は表のとおり

周期関数 $v(t)$ の実効値 V_{RMS} と平均値 V_{AV}，絶対平均値 V_{MAD} は，周期を T として，以下のようになる．

$$V_{RMS} = \sqrt{\frac{1}{T}\int_0^T v^2(t)dt}$$

$$V_{AV} = \frac{1}{T}\int_0^T v(t)dt \text{（交流信号では定義から } V_{AV}=0\text{）}$$

$$V_{MAD} = \frac{1}{T}\int_0^T |v(t)|dt$$

波高率 CF（Crest Factor）は次式で表され，波形の尖鋭度を表す．

$$CF = \frac{V_M}{V_{RMS}}$$

ガウス雑音をオシロスコープで観測したときの目視のピーク値が V_M なら実効値はその1/3程度と考えてよい．ピーク・ツー・ピーク値の場合は，実効値をピーク値のときの半分つまり約1/6とする．

図1-20　交流信号の実効値，平均値，波高率

1-13 交流信号の電力

電源回路を作るときに必須

図1-21に交流信号の電力を求める数式を示します．直流電力と異なるのは，交流電力には力率の問題があり，$V\,[V_{RMS}] \times I\,[A_{RMS}]$ は有効電力 [W] とはならず，皮相電力 [VA] となることです．

力率 PF は一般に $\cos\phi$ と呼ばれていますが，最近多いひずみ波交流の場合の ϕ は電圧と電流の位相差を表さず，皮相電力ベクトルと有効電力ベクトルの仮想的な位相差になります．遅れ力率とか進み力率といわれていますが，ひずみ波交流の場合は相差率で決定され，コンデンサ入力型整流回路の場合は進み力率になります．

● 応用

全部の式を直接使うことは理論解析のとき以外には考えられませんが，式を覚えておくと電力測定で何を測定すべきかわかります．実効値電圧計と実効値電流計，有効電力計を用意し（専用電力測定器はすべての機能を有する），電圧・電流から皮相電力を計算し，皮相電力と有効電力から，無効電力と力率が計算できます．

交流電圧 V を負荷に加えたときに流れる電流を I として，単位時間当たりの電圧と電流は次式で求まる．

$$v(t)=\sqrt{2}V\sin\theta,\ i(t)=\sqrt{2}I\sin(\theta-\phi)$$

1周期 2π rad の平均電力は，次式で求まる．

有効電力 $P_e = \dfrac{1}{2\pi}\displaystyle\int_0^{2\pi}\sqrt{2}V\sin\theta\sqrt{2}I\sin(\theta-\phi)d\theta$
$\qquad\qquad\ = VI\cos\phi$ [W]
無効電力 $P_r = VI\sin\phi$ [var]
皮相電力 $P_s = VI = \sqrt{P_e^2+P_r^2}$ [VA]
力率 $\quad PF = \dfrac{P_e}{P_s} = \cos\phi$

ひずみ波交流の場合は，電圧 V が正弦波，電流 I がひずみ波として，高調波ひずみ率と力率は次式で求まる．

$$R_{HD} = \dfrac{\sqrt{I_2^2+I_3^2+\cdots+I_n^2+\cdots}}{I_1}$$

ただし，I_1：基本波，I_n：高調波，R_{HD}：高調波ひずみ率
力率 $\quad PF = \dfrac{\cos\gamma}{\sqrt{1+R_{HD}^2}}$

ただし，$\cos\gamma$ は相差率といい，基本波の力率

DC-DCコンバータの直流入力電力は，電圧 V 一定，電流 $i(t)$ は脈動，1周期を T として，次式となり，電流実効値とは無関係である．

$$\text{直流入力電力}\,P_{in} = \dfrac{1}{T}\int_0^T Vi(t)dt = V\times(\text{電流平均値})$$

図1-21 交流信号の電力
DC-DCコンバータの入力電力を算出するときは入力電流の平均値を測定する

可変抵抗器の使い方　　コラム

可変抵抗器の故障率は，固定抵抗の約100倍です．可動端子（スライダと呼ぶ）が開放したときに安全に故障するように，図1-Cに示す抵抗を接続します．スライダに電流を流す場合は，スライダを高電位側に接続します．そうしないと，湿度により陽極酸化して抵抗値が大きくなることがあります．

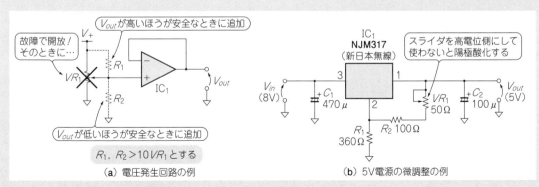

図1-C　可変抵抗器の使い方は教科書にはもちろんデータシートにも載っていない

1-14 デシベル(dB)

dB(desiBel, デシベルまたはデービーと読む)は,比率を表す無次元の単位であり, もともとは通信線の損失を表す単位として作られました. 単位の名前は電話の発明者ベルから採っています.

電圧ゲインk[倍]と電圧比のデシベル値n[dB]の間には, 次のような関係があります.

$n = 20 \log|k|$

電力ゲインB[倍]と電力比のデシベル値G[dB]は, 次のような関係になります.

$G = 10 \log B$

電圧や電流の2乗が電力に比例することから, 電力比のデシベル値は電圧比や電流比のデシベル値の半分になります.

図1-22に, デシベルの計算例を示します. 増幅率[倍]を対数[dB]に変換することで, 桁数が圧縮されるばかりでなく, ゲイン同士の乗算は加算で, 除算は減算で求めることができます.

■ 計算例
$\sqrt{2}$倍 = 1.4142…倍 ≒ 3.0103dB ≒ 3dB
$\sqrt{10}$倍 = 3.1623…倍 ≒ 20dB ÷ 2 = 10dB
4倍 = 2 × 2倍 = 6dB + 6dB = 12dB
5倍 = 10 ÷ 2倍 = 20dB − 6dB = 14dB
$\frac{1}{A}$倍 = −A [dB], A^n倍 = $n \times A$ [dB]
$\frac{A_1}{A_2}$倍 = A_1 [dB] − A_2 [dB]
$A_1 A_2$倍 = A_1 [dB] + A_2 [dB]

図1-22 デシベルの計算例
アンプやフィルタの周波数特性の確認にも使う

表1-3 倍率とデシベルの対比表
この表を丸覚えすると仕事が少し早くなる

倍	[dB]	倍	[dB]
1	0	−	−
$\sqrt{2}$	3	$1/\sqrt{2}$	−3
2	6	1/2	−6
3	9.5	1/3	−9.5
4	12	1/4	−12
5	14	1/5	−14
6	15.5	1/6	−15.5
7	17	1/7	−17
8	18	1/8	−18
9	19	1/9	−19
10	20	1/10	−20
100	40	1/100	−40
1000	60	1/1000	−60

エレキのエンジニアはデシベルで会話する　　コラム

dBは比率を表す無次元の単位ですが, 文字を添えて特定の単位を表すことがあります. そのなかで電気・電子回路でよく使われるものを挙げます.

▶dBm

1mWを0dBとして電力の大きさをdBで表したものです. オーディオ帯域でよく使われる600Ωの負荷抵抗に1mWの電力を供給するのに必要な交流電圧は約0.7746V_{RMS}であることから, 0dBm ≒ 0.7746V_{RMS}(600Ω)となります. 高周波でよく使われる50Ωの負荷抵抗に1mWの電力を供給するのに必要な交流電圧は約0.2236V_{RMS}であることから, 0dBm ≒ 0.2236V_{RMS}(50Ω)となります.

電圧レベルが負荷抵抗によって異なることから, 使用する場合は負荷抵抗の値を明示することが望ましいです.

▶dBVまたはdBs

1Vを0dBとして電圧レベルをdBで表したものです. 負荷インピーダンスには無関係で低周波関係で使われます.

▶dBvまたはdBu

0.7746V_{RMS}を0dBとして電圧レベルをdBで表したものです. 負荷インピーダンスには無関係で低周波関係で使われますが, 上記dBVと紛らわしいので注記したほうがよいでしょう.

▶dBμ

1μV_{RMS}を0dBとして, 電圧レベルをdBで表したものです. 主として高周波関係で使われます.

▶dBc

高調波ひずみ率をdBで表したものです. cはキャリア(搬送波の基本波のこと)を意味しています. 主として高周波関係で使われます.

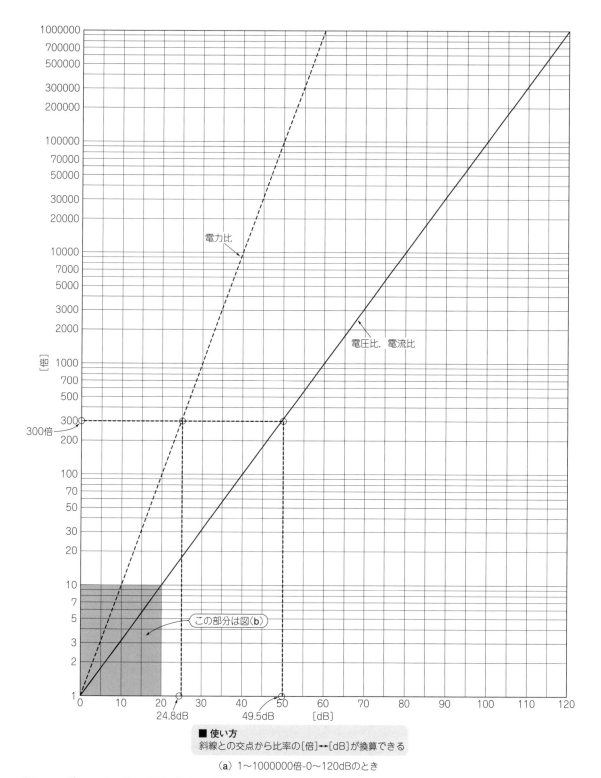

図1-23 デシベルと,電圧,電流,電力の比率とdBの換算図

(a) 1〜1000000倍-0〜120dBのとき

■ 使い方
斜線との交点から比率の[倍]↔[dB]が換算できる

いちいち対数に変換するのは面倒ですから,代表的な換算値を覚えておけば,仕事の効率が上がります.**表1-3**に覚えておくと便利な換算表を示します.

アンプの周波数特性やフィルタのカットオフ周波数は,理論値では$1/\sqrt{2}$倍すなわち-3.0103 dBの点ですが,一般に丸めて-3 dBと言います.厳密な理論計算

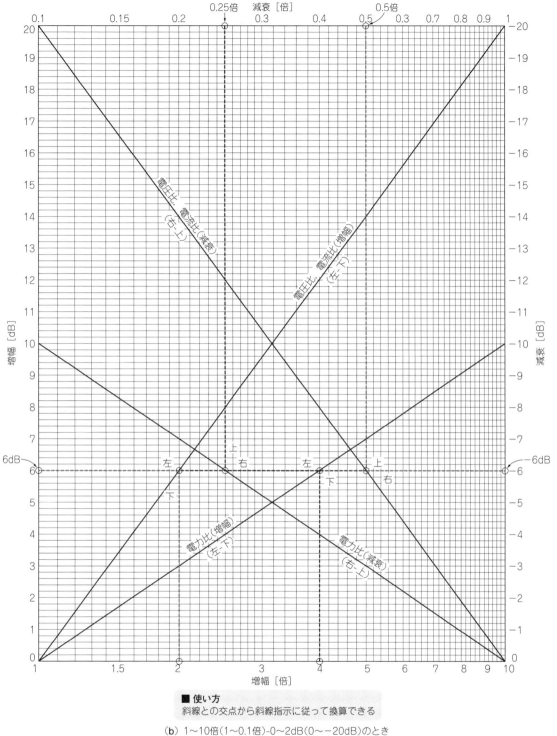

■ 使い方
斜線との交点から斜線指示に従って換算できる

(b) 1〜10倍(1〜0.1倍)-0〜2dB(0〜-20dB)のとき

では，-3dBすなわち0.7079倍ではなく，$1/\sqrt{2} ≒ 0.7071$倍にします．

図1-22中の数値も丸めた値で，厳密な値は1倍，10倍，100倍と1000倍だけです．

図1-23に電圧，電流，電力の比率とdBの換算図表を示します．

1-14 デシベル(dB)

第2章 ドライブ回路
LEDやリレー，モータなどをマイコンとつなぐ

マイコン・システムを考えた場合，マイコンだけで構成されることはほとんどありません．入力にはスイッチを含む各種センサが接続され，出力にはLEDなどの表示器やリレー，モータ，プランジャなどの各種アクチュエータが接続されています．

出力に接続される各種アクチュエータのドライブにはパワーが必要であり，マイコンの出力ポートで直接ドライブすることはまれです．

ここでは，各種アクチュエータのドライブ回路を紹介します．

2-1 LEDの電流制限抵抗

LEDを安全に点灯する

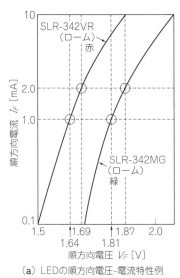

(a) LEDの順方向電圧-電流特性例

■ 数式
$V_F + R_1 I_F = V_{CC}$

■ 計算例
$V_{CC} = 3.3V$とする．
SLR-342VRを$I_F = 2mA$で使用すると
(a)より$V_F = 1.69V$なので，
LEDの電流制限抵抗R_1は次式で求まる．
$$R_1 = \frac{V_{CC} - V_F}{I_F} = \frac{3.3 - 1.69}{2 \times 10^{-3}} = 805\Omega$$
$\fallingdotseq 820\Omega$（E12系列）

このLEDのV_Fの温度特性は約$-2mV/℃$であるが，ここではI_Fが最大定格の1/10以下と小さいので無視している．I_Fが最大定格に近いときには考慮する必要がある．

照明用LEDの場合は大電流を流すため，V_F以外に内部抵抗の温度特性も考慮する必要があり，データシートでの確認が必要である．

(b) LEDの電流制限抵抗値の求め方

図2-1 回路と数式

図2-1にマイコンの出力ポートでLEDを直接ドライブする回路を示します．

LEDは定電圧性素子なので電圧源では直接ドライブできません．電圧源でドライブすると過電流が流れ，LEDが焼損します．

図2-1(a)に示す順方向電圧-電流特性をもつ高輝度LED SLR-342VR/MG（ローム）を，3.3V電源で動作するマイコンの出力ポートに接続したのが，図2-1(b)です．

高輝度LEDの順方向電流I_Fは4mA程度でも明るすぎることが多いので，これ以下に抑えて使います．

マイコンによってはLED駆動ポート内蔵品もあります．LED駆動ポートを使えば大きな順方向電流を流せます．

マイコン内蔵のA-Dコンバータを同時に使う場合は，2-3項のように外部トランジスタを使ってLEDを駆動し，マイコンやIC内部のグラウンドに大電流を流さないようにします．LEDの大きな順方向電流がマイコンに流れ込むと，マイコンやIC内部のグラウンド配線の電圧降下が増加し，A-D変換誤差が大きくなることがあるためです．

2-2 プルアップ/プルダウン抵抗

マイコンの入出力端子の電位を固定

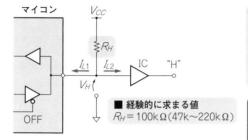

■ 数式
ICの入力"H"の電圧をV_H，マイコンとICの入力リーク電流をI_{L1}, I_{L2}とすると，次のようになる．
$$V_H \leq V_{CC} - R_H(I_{L1} + I_{L2})$$
$$\therefore R_H \leq \frac{V_{CC} - V_H}{I_{L1} + I_{L2}}$$

■ 経験的に求まる値
$R_H = 100\text{k}\Omega$ （47k～220kΩ）

■ 計算例
$V_{CC}=5\text{V}$, $V_H=3.5\text{V}$, $I_{L1}=I_{L2}=1\mu\text{A}$とすると次のようになる．
$R_H \leq 750\text{k}\Omega$

(a) プルアップ抵抗

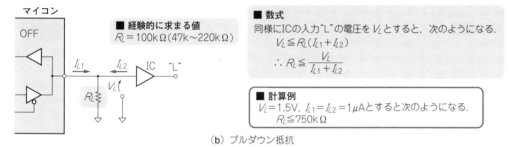

■ 経験的に求まる値
$R_L = 100\text{k}\Omega$ （47k～220kΩ）

■ 数式
同様にICの入力"L"の電圧をV_Lとすると，次のようになる．
$$V_L \leq R_L(I_{L1} + I_{L2})$$
$$\therefore R_L \leq \frac{V_L}{I_{L1} + I_{L2}}$$

■ 計算例
$V_L=1.5\text{V}$, $I_{L1}=I_{L2}=1\mu\text{A}$とすると次のようになる．
$R_L \leq 750\text{k}\Omega$

(b) プルダウン抵抗

図2-2 回路と数式

図2-2にマイコン出力端子のプルアップ/プルダウン抵抗の接続を示します．

マイコンの入出力端子(I/O)は，出力端子として働くようにプログラムで設定しても，リセット直後は一時的に入力端子になっていることが多いです．もし，この出力に設定する予定の端子に他の回路の入力端子が接続されていると，リセット直後にこの端子の電位が定まりません．電位が定まっていないと，IC内部で大きな貫通電流が流れるばかりでなく，外部への出力電位が定まらず，システムに思わぬ不具合をもたらします．

そこで，マイコンの入出力端子には，必ずプルアップ/プルダウン抵抗を入れて，"H"状態（ほぼ電源電圧）か"L"状態（ほぼ0V）に電位を固定します．

抵抗値は，基本的に入力端子へのリーク電流（図2-2中のI_{L1}とI_{L2}）による電圧降下の影響を無視できる程度に決めます．基板の汚れによるリーク電流の増加と省エネにも考慮して，100kΩを中心に47k～220kΩ程度にします．抵抗値が高すぎると感じるかもしれませんが，短時間で正常動作に戻り，出力インピーダンスはCMOS出力のオン抵抗になるため，不具合はほとんど起きません．

リセット直後に電位が定まらないマイコンのCMOS出力も，システムが誤動作しないようにプルアップまたはプルダウンします．システムの出力にリレーやソレノイドが接続されている場合，プルアップ/プルダウンの選択を誤ると，電源投入時に一瞬誤動作することもあります．

オープン・ドレイン（コレクタ）構造の出力端子を持つICの場合は，出力の状態がオープンとON（一般に0V）となるため，オープンのとき"H"状態を与えるプルアップ抵抗が必要です．

オープン・ドレイン（コレクタ）出力では図2-3のようにプルアップします．出力が"H"状態になるときのターン・オフ時間は抵抗R_{PU}と容量値（寄生容量＋浮遊容量）の時定数で決まります．少ない消費電流で高速化するには，10kΩを中心に2.2k～47kΩが適切です．

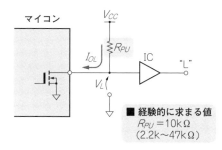

■ 数式
マイコンの出力"L"の最大電流をI_{OL}, ICの入力"L"の電圧をV_Lとすると、次のようになる.
$$V_L \leq V_{CC} - R_{PU} I_{OL}$$
$$\therefore R_{PU} \geq \frac{V_{CC} - V_L}{I_{OL}}$$

■ 経験的に求まる値
$R_{PU} = 10\text{k}\Omega$
（2.2k〜47kΩ）

■ 計算例
$V_{CC} = 5\text{V}$, $V_L = 1.5\text{V}$, $I_{OL} = 5\text{mA}$とすると次のようになる.
$R_{PU} \geq 700\Omega$

図2-3 オープン・ドレインまたはオープン・コレクタ構造のICの出力端子にはプルアップ抵抗が必要

2-3 トランジスタによるドライブ回路…電源（V_+）に接続された負荷用

出力ポートのドライブ能力をUP 1

$V_{CE}=6V$の状態はONしているとは言えない！

ここに着目して$\frac{I_C}{I_B}$を計算する
$\frac{I_C}{I_B} = 10$

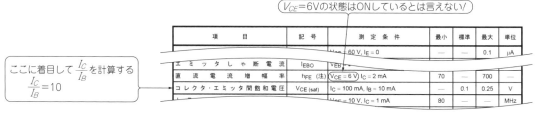

（a）トランジスタの電気的特性例
2SC2712（東芝），周囲温度25℃のとき．データシートより

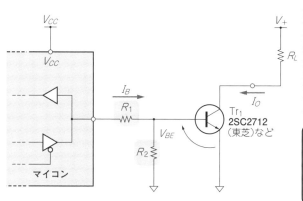

■ 数式
$\frac{I_C}{I_B} = \frac{I_O}{I_B} = 20$とすると，次のようになる．
$$I_B = \frac{I_O}{\frac{I_O}{I_B}} < 4\text{mA}$$
$$R_1 = \frac{V_{CC} - V_{BE}}{I_B} = \frac{V_{CC} - V_{BE}}{I_O} \cdot \frac{I_O}{I_B} = 20 \times \frac{V_{CC} - V_{BE}}{I_O}$$
R_2は100kΩ（$V_+ < 10V$）または，47kΩ（$V_+ \geq 10V$）

■ 計算例
$V_{CC} = 5\text{V}$, $I_O = 10\text{mA}$, $V_+ = 12\text{V}$, $V_{BE} = 0.7\text{V}$とすると次のようになる．
$I_B = 0.5\text{mA} < 4\text{mA}$, $R_2 = 47\text{k}\Omega$
$R_1 = 20 \times \frac{5 - 0.7}{10 \times 10^{-3}} = 8.6\text{k}\Omega \fallingdotseq 8.2\text{k}\Omega$（E12系列）

（b）ドライブ回路

図2-4 回路と数式

図2-4に，電源に接続された負荷のトランジスタによるドライブ回路を示します．

マイコンの出力ポートに直結できる負荷はディジタルICぐらいです．また，マイコンの出力電流は，仕様上，全出力ポートで合計10 mA程度のことがあります．出力ポートの電流を減らして数mA以上の電流が必要な負荷をドライブするには，トランジスタで電流増幅する図2-4（b）の回路を出力ポートと負荷の間に入れる必要があります．

NPNトランジスタをON/OFF動作のスイッチングで使うときは，図2-4（a）のようなデータシートの直流電流増幅率h_{FE}は無視してかまいません．スイッチング動作では，ONさせたときのV_{CE}を飽和状態の0.1 V以下にしたいのに，データシートに示されている測定条件では6Vで，トランジスタが能動状態になっています［図2-4（a）］．スイッチング動作ではこの

データは全く使えません．スイッチング動作のときは，データシートのh_{FE}ではなく，コレクタ-エミッタ間飽和電圧$V_{CE(sat)}$のところを見て，I_C/I_Bを求めます．

小信号用トランジスタを最大定格電流の50 %以下で使うときは，I_C/I_Bを10～20程度に設定します．言い換えればI_BをI_Cの1/10～1/20にすると，オン電圧は0.1 V以下になります．

図2-4(b)に設計例を示します．図中でV_{BE}は0.7 Vとしていますが，数mA以下のときは0.6 Vとします．

またR_2はプルダウン抵抗で，V_+が10 V以上のため，漏れ電流(Tr_1のI_{CB0})の温度上昇による増加とV_+の上昇による増加を考慮し，R_2は47 kΩにします．漏れ電流が大きくなったときにR_2が数百kΩだと，漏れ電流とR_2の積が0.6 Vを超え，トランジスタには漏れ電流の約h_{FE}倍の電流が流れてOFFできません．

負荷電流が大きくて出力ポートの電流が1 mA以上になるときは，後述する2-5項に従いNチャネル・パワーMOSFETを使用します．

トランジスタの飽和動作…h_{FE}でなくI_C/I_Bを使う理由　　コラム

トランジスタのスイッチング動作では，飽和させたときがONであり，遮断させたときがOFFです．図2-Aに2SC2712(東芝製，2SC1815の面実装品)のコレクタ電流対コレクタ-エミッタ間電圧特性と，I_C/I_B=10のときのコレクタ-エミッタ間飽和電圧対コレクタ電流特性を示します．図2-A(a)で動作が「飽和領域」にあるときがONです．「活性領域」は増幅作用で使用します．

活性領域では$h_{FE}=I_C/I_B$ですが，飽和領域ではI_C/I_Bと表記して，h_{FE}は使いません．その理由は，h_{FE}の計算で使用するI_Bが，活性領域でベースから直接エミッタに流れる電流だからです．

微視的に見ると，飽和領域ではI_Bの一部が直接エミッタに流れず，コレクタ-ベース間の接合部分にある空乏層に流れ込んで空乏層を消滅させ，オン電圧を低下させます．空乏層にはキャリアがほとんどなく絶縁体と考えられます．空乏層は，リニア動作ではコレクタの電圧振幅を確保して活性領域で信号を増幅するために必要です．スイッチング動作では，ONのときには不要，OFFのときには必要です．

図2-A(a)の「飽和領域」を見ると，V_{CE}が低下すると同一I_Bに対しI_Cが顕著に低下するのがわかります．また低電流領域では，仕様上，$V_{CE}<0.2$ Vでよければ$I_C/I_B \approx h_{FE}/2$としてもよいことがわかります．

図2-A(b)を見ると，飽和電圧$V_{CE(sat)}$は温度が下がると低くなり，上がると高くなることがわかります．

以上のことから，I_Cを最大定格よりも大幅に低いところで使用するときは，$V_{CE(sat)}$の上昇が許される範囲でI_C/I_Bは10よりも大きくしてもよいと言えます．一般には，I_Cが数mAであれば，$I_C/I_B \approx 10～40 \ll h_{FE}/2$程度で使用します．

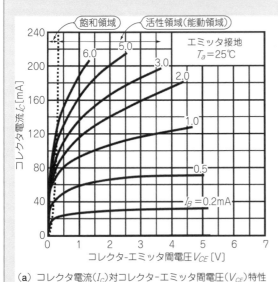

(a) コレクタ電流(I_C)対コレクタ-エミッタ間電圧(V_{CE})特性

(b) コレクタ-エミッタ間飽和電圧($V_{CE(sat)}$)対コレクタ電流(I_C)特性

図2-A　2SC2712の電気的特性

2-4 トランジスタによるドライブ回路…接地された負荷用

出力ポートのドライブ能力をUP 2

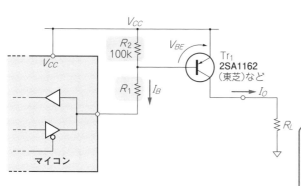

(a) V_EがV_{CC}と等しいとき

■ 数式

$\dfrac{I_C}{I_B}=\dfrac{I_O}{I_B}=20$とすると次のようになる.

$I_B=\dfrac{I_O}{\dfrac{I_O}{I_B}}<4$mA

$R_1=\dfrac{V_{CC}-V_{BE}}{I_B}=\dfrac{V_{CC}-V_{BE}}{\dfrac{I_O}{\dfrac{I_O}{I_B}}}=20\times\dfrac{V_{CC}-V_{BE}}{I_O}$

$R_2=100$kΩ

■ 計算例

$I_O=10$mA, $V_{CC}=5$V, $V_{BE}=0.7$Vとすると次のようになる.

$I_B=0.5$mA<4mA, $R_2=100$kΩ

$R_1=20\times\dfrac{5-0.7}{10\times10^{-3}}=8.6$kΩ$\fallingdotseq 8.2$kΩ(E12系列)

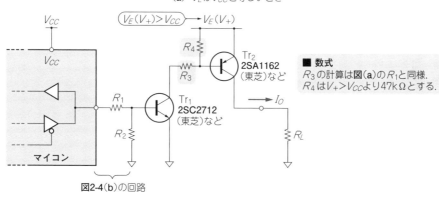

(b) V_EがV_{CC}より高いとき

■ 数式

R_3の計算は図(a)のR_1と同様.
R_4は$V_+>V_{CC}$より47kΩとする.

図2-5 回路と数式

図2-5に,接地された負荷のトランジスタによるドライブ回路を示します.

負荷に印加する最大電圧がマイコンのV_{CC}と等しいときは,図2-5(a)のようにマイコンの電源V_{CC}にPNPトランジスタのエミッタを接続して行います.PNPトランジスタをマイコンの出力ポートから直接ドライブするときは2-3項と同様にベース電流を設定します.データシートのh_{FE}は無視し,コレクタ-エミッタ間飽和電圧$V_{CE(\text{sat})}$のところを見て,I_C/I_Bからh_{FE}を計算します.

小信号用トランジスタを最大定格電流の50%以下で使うときは,I_C/I_Bを10〜20程度に設定します.言い換えればI_BをI_Cの1/10〜1/20にすると,オン電圧は0.1V以下になります.

トランジスタのエミッタ電圧がマイコンのV_{CC}よりも高いときは,図2-5(b)のように前述した図2-4(b)と組み合わせます.その場合は,漏れ電流(Tr$_1$のI_{CE0}とTr$_2$のI_{CB0})の,温度上昇による増加と$V_E(V_+)$の上昇による増加を考慮し,R_4は47kΩにします.マイコンの出力ポートは出力抵抗(インピーダンス)が数十Ω以下で非常に小さく,Tr$_1$のスイッチング・スピードも数μs以下です.R_4を47kΩ以上にするとOFF時のスイッチング・スピードが低下します.ある程度の中速スイッチングが必要なときは,R_4を小さくします.高速スイッチングが必要なときは,後述の2-7項に従います.

負荷電流が大きくて出力ポートの電流が1mA以上になるときは,2-6項に従いPチャネル・パワーMOSFETを使います.

2-5 パワーMOSFETのドライブ回路 …電源に接続された負荷用

小信号パワーMOSFETをドライブ 1

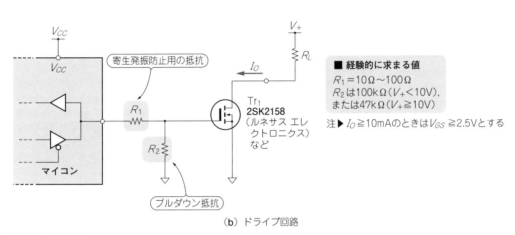

(a) 小信号パワーMOSFETの電気的特性例
2SK2158(ルネサス エレクトロニクス),周囲温度25℃のとき.データシートより

(b) ドライブ回路

図2-6 回路と値

図2-6に,電源に接続された負荷のパワーMOSFETによるドライブ回路を示します.

2-3項のバイポーラ・トランジスタのスイッチング回路は,ONしたときにベースにキャリア(正孔)が蓄積されます.OFFさせようとすると蓄積されたキャリアを引き抜く必要があり,これに時間がかかります.この時間を蓄積時間といいます.

バイポーラ・トランジスタはこの蓄積効果のため高速スイッチングしにくいのですが,パワーMOSFETはキャリアの蓄積がないので高速にスイッチングできます.ただ,パワーMOSFETは入力容量が大きいので,高速スイッチングのためには,マイコン出力ポートのインピーダンスとR_1をできるだけ小さくする必要があります.

パワーMOSFETをON/OFF動作のスイッチングで使うときは,図2-6(a)のようにオン抵抗$R_{DS(ON)}$を規定しているゲート-ソース間電圧V_{GS}以上の電圧を加えて,図2-6(b)のように使います.ゲート直列抵抗R_1は寄生発振防止用で10Ω〜100Ωとします.R_2は2-2項で説明したプルダウン抵抗です.

ゲート直列抵抗R_1のない回路もよく見かけます.使用するパワーMOSFETとパターン設計によっては不要になる場合もありますが,寄生発振を起こす可能性が高いので,入れておいたほうが無難です.

図2-6で例示した2SK2158は最大ドレイン電流が100 mAの小信号スイッチング用です.100 mA以上のパワー・スイッチングが必要で,ON⇔OFFの遷移期間が長い低速スイッチングでもよい場合は,パワーMOSFETの大きな入力容量への充放電電流に対する出力ポート保護のために,ゲート直列抵抗R_1を1 kΩ程度にします.

高速スイッチングが必要な場合は,専用のパワーMOSFETドライバICを使うか,後述する2-7項を参照してください.

2-6 パワーMOSFETのドライブ回路…接地された負荷用

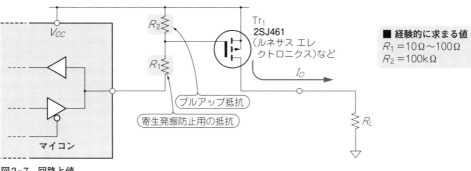

図2-7 回路と値

図2-7に, 接地された負荷のパワー MOSFETによるドライブ回路を示します.

2-4項のバイポーラ・トランジスタのスイッチング回路は, ONしたときベースにキャリアが蓄積されるため低速ですが, パワー MOSFETのスイッチング回路は, 2-5項と同様にキャリアの蓄積がなく高速になります.

Pチャネル・パワー MOSFETをマイコンの出力ポートで直接ドライブするときは, 図2-7のようにマイコンの電源V_{CC}にパワー MOSFETのソースを接続します. パワー MOSFETのソース電圧がマイコンのV_{CC}よりも高いときは2-7項の回路を使います.

コラム　パワーMOSFETの入力容量…知りたいのはC_{iss}じゃなくC_{GS}

誤解されやすいパワー MOSFETのパラメータとしてC_{iss}があります.

C_{iss}の測定は$V_{GS}=0\,\mathrm{V}$で行われていますが, このときにはパワー MOSFETはOFFしています. 知りたいのはONさせるときのゲート入力容量C_{GS}ですが, データシートに記載はありません.

データシートの特性グラフの中に「ダイナミック入出力特性」(図2-B)があり, この中のゲート入力電荷量Q_Gとゲート-ソース間電圧V_{GS}に, 次のコンデンサの基本式を適用すれば, C_{GS}を求められます.

$$C=Q/V \rightarrow C_{GS}=\Delta Q_G/\Delta V_{GS}$$

一例として, TK8S06K3L(東芝製, 60V・8A)のドレイン電圧12VのときのC_{GS}を求めて図2-B中に追記しました. これを見ると, C_{GS}は三つの状態をとることがわかります.

(1) 傾きからC_{GS}は480pFです. 規格値の$C_{iss}=400\,\mathrm{pF}$よりも大きい値です.

(2) 傾きからC_{GS}は無限大です. これはパワー MOSFETが能動状態になり, ミラー効果でC_{GS}が非常に大きくなっていることを表しています.

(3) パワー MOSFETがON(飽和)すると, 傾きからC_{GS}は811pFになります.

C_{GS}は一定ではないため, ゲート・ドライブ回路設計のパラメータとしては使いにくく, Q_GとV_{GS}で設計を行うのが簡単です.

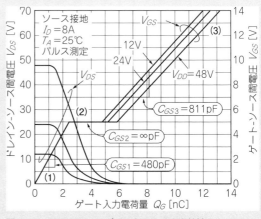

図2-B　TK8S06K3Lのダイナミック入出力特性

2-7 電力用パワーMOSFETドライブ回路 …12 V/24 V電源用

電力用パワーMOSFETをドライブ

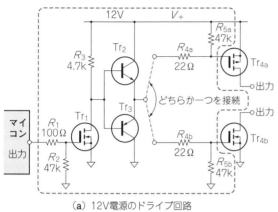

(a) 12V電源のドライブ回路

(b) 24V電源のドライブ回路

図2-8 回路と数式

Tr$_1$：2SK2158(ルネサス エレクトロニクス)，
Tr$_2$：2SC2655(東芝)，Tr$_3$：2SA1020(東芝)，
Tr$_{4a}$，Tr$_{4b}$：電力用パワーMOSFET

■ 数式
R_1，R_2と図(a)のR_{4b}，R_{5b}は図2-6(b)のR_1，R_2と同じ．
図(a)のR_{4a}，R_{5a}は図2-7のR_1，R_2と同じ．
R_3はTr1がONしたときに約2.5 mAを流す値にする．

$$R_3 = \frac{V_+}{2.5 \times 10^{-3}}$$

図(b)のR_5は約1 mAを流す値にする．

$$R_5 = \frac{V_+ - V_{ZD1}}{1 \times 10^{-3}}$$

ゲート入力容量C_{GS}によるツェナー・ダイオードの電力損失p_{ZD}[J]は，電荷量Qの定義式より
$Q = \int i\,dt$
$p_{ZD} = \int i_G V_{ZD1}\,dt = Q_G V_{ZD1}$
となる．全損失P_{ZD}[W]は，スイッチング周波数をf_sとして次式になる．
$P_{ZD} = p_{ZD} f_s$
$\quad\quad = Q_G V_Z f_s$ [W]

■ 計算例
図(a)

$$R_3 = \frac{12\,\text{V}}{2.5 \times 10^{-3}\,\text{A}} = 4.8\,\text{k}\Omega \fallingdotseq 4.7\,\text{k}\Omega$$

図(b)

$$R_3 = \frac{24\,\text{V}}{2.5 \times 10^{-3}\,\text{A}} = 9.6\,\text{k}\Omega \fallingdotseq 10\,\text{k}\Omega$$

$$R_5 = \frac{V_+ - V_{ZD1}}{1 \times 10^{-3}\,\text{A}} = 12\,\text{k}\Omega \fallingdotseq 10\,\text{k}\Omega$$

図2-8に示すのは，モータ，プランジャなどの各種アクチュエータの電源として多い12 V/24 Vに対応した，ディスクリート素子によるドライブ回路です．

電力用パワーMOSFETをスイッチング駆動するときは，ゲートの入力容量を急速に充放電する必要があります．このとき，ピーク・ゲート電流が数100 mA以上流れます．2-5項と2-6項の回路はピーク・ゲート電流が数mA以下なので高速なドライブはできません．

電力用パワーMOSFETを使うには，マイコンの出力ポートに専用のパワーMOSFETドライバICを使うのが簡単です．専用ICは「Power MOSFET Driver」とネット上で検索すると，各社から多種類が出されていることがわかります．

図2-8(a)は電源電圧が12 Vのときのドライブ回路で，ハイ・サイドかロー・サイドどちらか一つのパワーMOSFETをドライブします．両方ドライブしたいときは，ドライブ回路を二つ用意します．回路は図2-6(b)の出力にコンプリメンタリ・エミッタ・フォロワを入れて電流増幅し，その出力でパワーMOSFETをドライブします．

図2-8(b)は電源電圧24 Vのときのドライブ回路で，12 Vのときと同様にハイ・サイドかロー・サイドのどちらか一方のパワーMOSFETをドライブします．電力用低圧パワーMOSFETの多くは，V_{GS}の最大定格が±20 Vです．24 Vでは最大定格を超えるため，12 Vのツェナー・ダイオードを直列に入れて，±12 Vに制限します．R_{5a}とR_{5b}はツェナー・ダイオードに約1 mAの電流を流すため，図2-8(a)の47 kΩから10 kΩに変更しています．

ピーク・ゲート電流が数百mA以上流れても，大部分はC_{1a}またはC_{1b}に流れるので，ツェナー・ダイオードの電力損失はほとんど問題になりません．これはR_{5a}またはR_{5b}により流れる電流による損失と，パワーMOSFETのゲート入力容量による損失を計算して足し合わせればわかります．

2-8 リレーのドライブとOFF時の電圧

逆起電力による破損を防ぐ

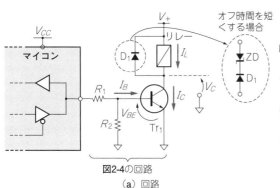
（a）回路

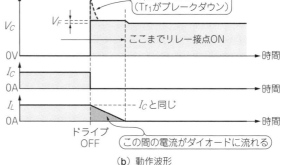
（b）動作波形

図2-9 回路と数式

図2-9に示すのは，リレーのドライブ回路です．

リレーをマイコンの出力ポートで直接ドライブすると，リレーOFF時にコイルに逆起電力が発生して，出力ポートの電圧が最大定格$V_{CC}+0.3$ Vを超え，最悪の場合，出力ポートが破損します．リレーをドライブするときは，図2-9のように外部トランジスタにより行います．

リレー・コイルに図2-9(a)のようなダイオード（スナバとして働く）を付けると，コレクタの電圧波形V_Cは図2-9(b)のように逆起電力発生期間だけ$V_{CC}+V_F$と，ダイオードのV_Fぶん高くなります．この期間はコイルに電流が流れているため，リレー接点はONしたままです．そのときのコイル電流の最大値はONしていたときと同じです．

ドライブがOFFしたらできるだけ速く接点をOFFしたい場合は，ダイオードへ直列にツェナー・ダイオード（ツェナー電圧V_Z）を入れて，逆起電力発生期間のコレクタ電圧（$V_{CC}+V_F+V_Z$）をトランジスタの耐圧の80％程度まで上げます．

■ 数式

$h_{FE}=\dfrac{I_C}{I_B}=20$とすると次のように求まる．

$I_B=\dfrac{I_C}{\dfrac{I_C}{I_B}}<4$ mA（マイコン出力ポート制限の例）

$R_1=\dfrac{V_{CC}-V_{BE}}{I_B}=\dfrac{V_{CC}-V_{BE}}{I_C}\dfrac{I_C}{I_B}=20\times\dfrac{V_{CC}-V_{BE}}{I_L}$

（$\because I_L=I_C$）

R_2は100 kΩ（$V_+<10$V）または，47 kΩ（$V_+\geqq 10$ V）

■ 計算例

$V_{CC}=5$ V，$V_{BE}=0.7$ V，$V_+=12$ V，$I_L=30$ mAとすると

$R_1=20\times\dfrac{5-0.7}{30\times10^{-3}}\fallingdotseq 2.87$ kΩ$\fallingdotseq 2.7$ kΩ

$R_2=47$ kΩ

コラム　スナバとは

スナバ（snubber）とは「急停止させるもの」という意味で，インダクタの逆起電力によるサージ（スパイク）電圧を抑えるための回路です．

図2-Cに主なスナバ回路の一覧を示します．スナバ回路は，急激な電圧の上昇をスイッチング素子の耐圧以下に抑えることによってサージ電圧を抑制し，スイッチング素子の破壊を防止します．LC共振回路に損失を付加してサージ電圧を抑える「ダンパ型」と，サージ電圧を一定の電圧にクランプする「クランパ型」があります．

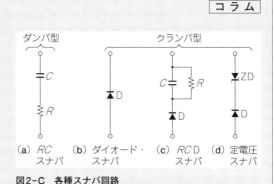

図2-C 各種スナバ回路

第3章　入出力保護回路
マイコン・システムを破壊から守る

マイコン・システムをプリント基板に組み込んだとき，外部入出力を必要としない場合はごくまれで，ほとんどの場合は外部入出力を必要とし，外部にセンサやアクチュエータが接続されます．マイコン入出力端子の配線を外部に引き出すと，外来サージによりマイコンが誤動作するばかりでなく，破損することもあります．また出力端子の配線がグラウンドやほかの出力端子と短絡することもあります．

ここでは，マイコンなどのICの破損を防止する，抵抗やダイオードを使用した入出力保護回路を紹介します．

3-1　半導体の保護用抵抗

ノイズや短絡による破損を防ぐ

図3-1に半導体の保護用抵抗を示します．

マイコン出力を基板外(ただし装置内)に引き出すときは，サージ・ノイズによる破壊や，電源またはグラウンドに短絡しての破壊を防止するため，図3-1(a)のように直列抵抗を入れます．

OPアンプ出力を基板外に引き出すときにも，図3-1(b)のように発振防止を兼ねた直列抵抗を入れます．

マイコンの出力ポートにつなぐ直列抵抗の値は経験上100Ω程度にします．マイコンの最大定格上100Ωでは保護しきれないはずですが，正常動作時の波形の乱れなどとの兼ね合いでこの値の採用が多く，実際に破壊防止に効果があります．

OPアンプの場合は，内部で短絡保護されています．外付け抵抗は，外部からのサージ・ノイズに対する保護と，出力に浮遊容量を含むコンデンサが接続されたときの発振を防止する意味合いが強いです．

マイコンのディジタル出力を装置外に引き出すときは，外部からのサージ・ノイズによる破壊の危険が増すため，バス・ドライバやバス・トランシーバを抵抗で終端します．抵抗終端の回路はプルアップ/プルダウン抵抗と同じですが，抵抗値が大幅に小さくなります．バス・ドライバやバス・トランシーバの負荷駆動能力を超えて抵抗値を小さくしたいときは，プルアップ抵抗とプルダウン抵抗の両方を出力に接続する「テブナン終端」とします．

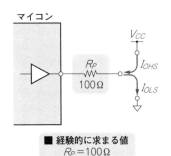

■ 数式
V_{CC}に流れる短絡電流をI_{OHS}，グラウンドに流れる短絡電流をI_{OLS}とすると次のようになる．
$$I_{OHS} = I_{OLS} < \frac{V_{CC}}{R_P}$$

■ 計算例(マイコン)
$V_{CC}=5V$，$R_P=100\Omega$とすると次のようになる．
$$I_{OHS} = I_{OLS} < 50mA$$

■ 経験的に求まる値
$R_P = 100\Omega$

(a) マイコン出力

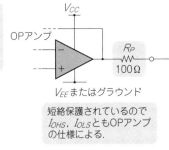

短絡保護されているのでI_{OHS}，I_{OLS}ともOPアンプの仕様による．

(b) OPアンプ出力

図3-1　回路と数式

3-2 A-Dコンバータの入力保護

入力電圧を電源とグラウンド間に制限

図3-2に示すのは，低速のA-Dコンバータの入力部を過電圧から保護する回路です．マイコンに内蔵されている低速のA-Dコンバータに，違う電源電圧で動作するOPアンプの出力を接続するときなどに使います．

電流を制限する抵抗(R_1)，電源(V_{CC})とグラウンド(GND)に入力電圧をクランプするダイオード(D_1)，ノイズ低減用のコンデンサ(C_1)で構成されています．

ダイオードにはパッケージに直列接続された2個入りのチップ(東芝の1SS226など)を使うと，実装面積を小さくできます．

高速A-Dコンバータを使う場合は，A-Dコンバータと電源電圧が同じ高速OPアンプが適しています．

A-Dコンバータ入力部分にはサンプル&ホールド回路があり，サンプリング動作のときに小さくない電流が流れます．R_1は，A-Dコンバータの許容入力抵抗よりも十分に低い値にします．抵抗値を大きくすると，A-D変換の誤差が増加します．

D_{1a}，D_{1b}は小信号用のダイオードがよいでしょう．D_{1a}とD_{1b}をショットキー・バリア・ダイオードにすると，順方向電圧が低いため過電圧保護の目的には適していますが，漏れ電流が大きいため使えないこともあります．

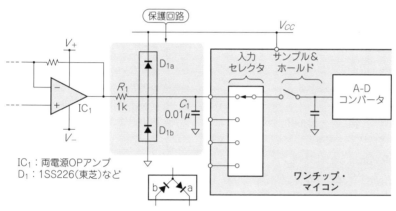

■ 数式
$R_1 \ll R_{in max}$
ただし，$R_{in max}$はA-Dコンバータの入力許容抵抗

図3-2 回路と数式
A-Dコンバータに過大な電圧が加わらないように保護できる

3-3 アナログICの入出力保護

静電気が加わるのを防ぐ

アナログ回路の入出力を外部の装置とつなぐ場合は，静電気放電(ESD：electrostatic discharge)を受けても壊れないように，サージ・ノイズ保護回路を追加する必要があります．

● 入力の保護

図3-3(a)に示すのは，実際の装置に使われている入力保護回路です．

アナログ入力部に流れ込むダイオードの漏れ電流は，特性に影響を与えることが多いため，漏れ電流の多いタイプ(ショットキー・バリア・ダイオードなど)は使えないことが多いです．一般の小信号スイッチング・ダイオードの漏れ電流が問題になるときは，図3-3(b)，(c)に示したように，J-FETか低雑音バイポーラ・トランジスタ(PNP)のコレクタ-ベース間の接合を利用します．

図3-4に示す構成で，小信号NPNトランジスタのエミッタ-ベース間のダイオード特性を利用すると，

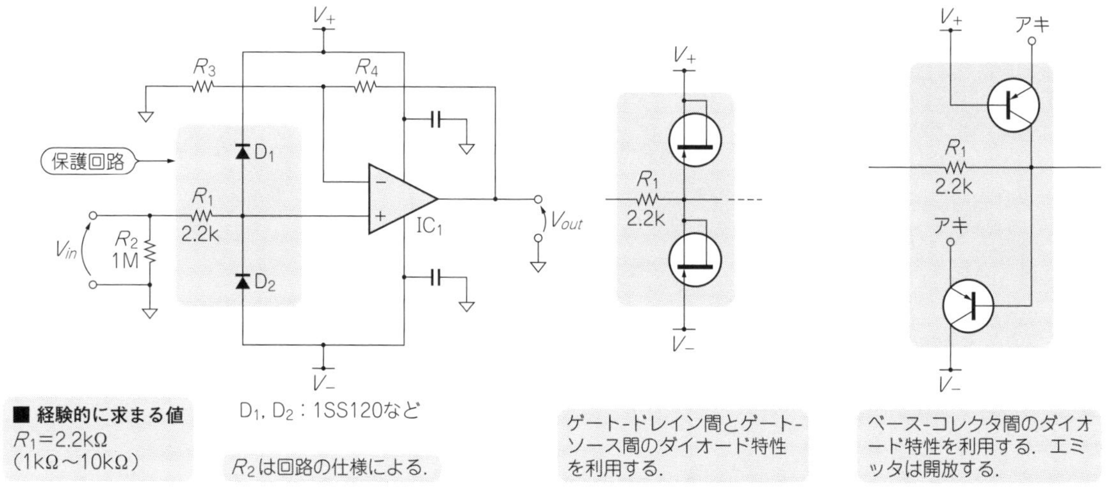

V+
R3
R4
保護回路
D1
R1
2.2k
R2
1M
Vin
D2
IC1
Vout
V−
■ 経験的に求まる値
R1=2.2kΩ
(1kΩ〜10kΩ)
D1, D2：1SS120など
R2は回路の仕様による.
V+
R1
2.2k
V−
ゲート-ドレイン間とゲート-ソース間のダイオード特性を利用する.
V+
アキ
R1
2.2k
アキ
V−
ベース-コレクタ間のダイオード特性を利用する．エミッタは開放する.

(a) ダイオードで保護 (b) JFET(Nチャネル)で保護 (c) バイポーラ・トランジスタ(PNP)で保護

図3-3 回路と数式1…非反転増幅回路の入力を保護

R1
2.2k
Vin
R2
1M
アキ
アキ
等価
2.2k
1M
ZD 7V
ZD 7V
低容量，低漏れ電流の7Vツェナー・ダイオードを組み合わせた回路と等価

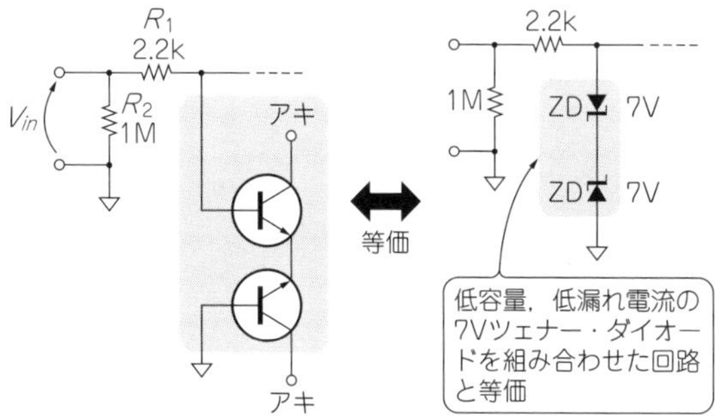

図3-4 クランプ用の電源がない場合の対策

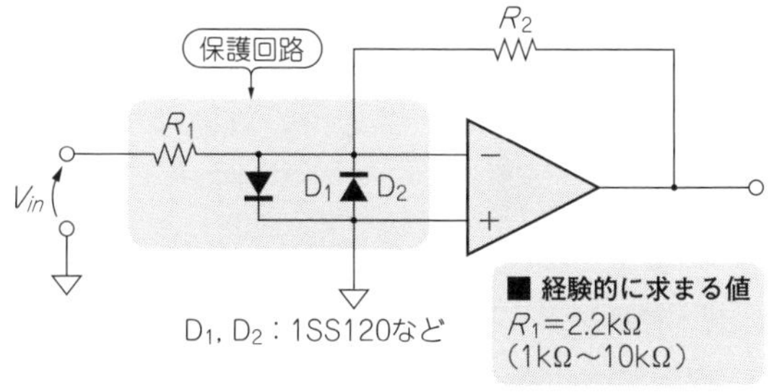

R2
保護回路
R1
Vin
D1
D2
D1, D2：1SS120など
■ 経験的に求まる値
R1=2.2kΩ
(1kΩ〜10kΩ)

図3-5 回路と数式2…反転増幅回路の入力を保護

約7Vの漏れ電流が非常に少ないツェナー・ダイオードと等価になるため，外部のクランプ用電源が不要になります.

図3-5に示すように，反転増幅回路の入力回路は簡単に保護できます.

クランプ用電源にはOPアンプの±電源を使うことが多く，保護回路が動作するとOPアンプが飽和します．正常動作に戻ったとき，OPアンプは飽和から回復するのに時間がかかります．これがシステム上問題になるときは，クランプ用電源にはOPアンプ用±電源よりも4〜5V低い電源をツェナー・ダイオードで作ります．クランプ用電源電圧が低くなるとダイオードの漏れ電流も低下しますが，漏れ電流は温度による変化(約10℃上昇で2倍増加)のほうが大きいため，電圧低下による漏れ電流低下の変化は無視できます.

V+
保護回路
D1 1SS120など
R1
10Ω
IC1
Vout
D2 1SS120など
V−

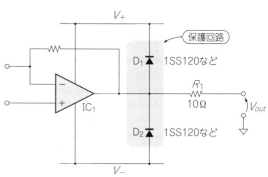

図3-6 回路…増幅回路の出力を保護

● 出力の保護

図3-6に示すのは，出力側を保護する回路です．R_1は誤差にならないようにできるだけ小さくし，D_1とD_2でサージ・ノイズを±電源にクランプします.

3-4 ディジタルICの入出力保護

ディジタル基板をつなぐときに

ディジタル回路の入出力を外部の装置とつなぐ場合は，アナログ入出力と同様に，静電気放電から守るサージ・ノイズ保護回路を追加する必要があります．

● 二つの装置をつなぐときの静電気対策

図3-7(a)に示すのは，低速のディジタル回路が搭載された2枚の基板の接続です．オープン・コレクタでインターフェースされています．

このように，ツェナー電圧が電源電圧よりも約1Vほど高いツェナー・ダイオード(ZD_1とZD_2)を追加するのが簡単です．アナログ入出力と同様にダイオードを2個使用して信号ラインと電源(V_{CC})，またはグラウンド(GND)に入れてもかまいません．

使用するツェナー・ダイオードはESD保護用として市販されているものが最適です．ESD保護用ツェナー・ダイオードは，一般のツェナー・ダイオードに比べて電極間寄生容量が少ないので信号波形の立ち上がり／立ち下がり時間に与える影響が少なく，高速にサージ電圧をクランプします．

高速ディジタル回路のインターフェース部の保護には，専用ICが使われています．この場合も図3-7(a)と同様にESD保護用のツェナー・ダイオードが入れてあります．

● 操作パネルのスイッチと基板をつなぐときの静電気対策

図3-7(b)に示すように，装置の操作パネル面に取り付けたスイッチ類と基板を接続する場合にも，保護回路を入れないと破損することがあります．市場での不良発生は乾燥した冬季にまれに起きます．

それを防止するため，機器のパネル面で操作用の部品には，必ず静電気放電試験が行われます．静電放

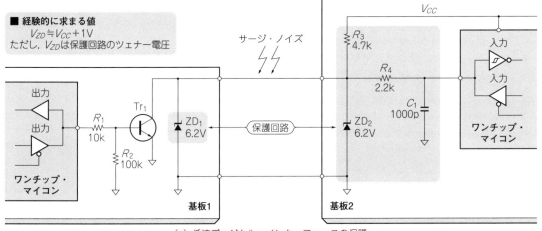

(a) 低速ディジタル・インターフェースの保護

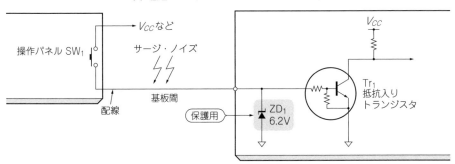

(b) 抵抗入りトランジスタのベース保護

図3-7 回路と数式
低速ディジタル回路のインターフェース部を過電圧から保護

電試験は，国際規格が「IEC61000-4-2」，日本規格が「JIS C 61000-4-2」で定められています．試験は規格に適合した試験機器を使用して行います．静電気放電試験は市場不良を防止するために必須の試験ですから，商品開発においては必ず行います．

● 抵抗入りトランジスタは壊れやすい

図3-7(b)のように，装置の操作パネル面に取り付けたスイッチ類に接続する基板入力部に，抵抗入りトランジスタを使用するときは，必ずESD保護用のツェナー・ダイオードで保護します．

抵抗入りトランジスタは，内部の抵抗がサージに弱いため，基板外に抵抗が接続されたベースを直接引き出すとESDで故障することがよくあります．特に静電気放電試験を行ったときに破壊することが多く，対策は必須です．

抵抗の入っていない一般のトランジスタと外付け抵抗で，抵抗入りトランジスタと同等の回路を構成すると，トランジスタを破壊することはありませんが，ESDでトランジスタのエミッタ-ベース間電圧(V_{EBO})の最大定格(5 Vが多い)を超える可能性が高いです．この場合は，ベース-エミッタ間に小信号ダイオードを接合とは逆方向になるように並列に入れます．V_{EBO}の最大定格を超えるとトランジスタは破壊しなくても劣化するため，ダイオードによる対策は行ったほうがよいでしょう．

リミッタ回路

コラム

リミッタ回路は信号レベルの最大値を一定の値にクランプする回路です．ほとんどの電子機器で入出力端子のサージ電圧保護として使用されています．

最も簡単なクランプ素子はツェナー・ダイオードですが，クランプ・レベルの精度が良くありません．その上「切れ」と呼ぶ，クランプする直前からクランプするまでのレベル変化が緩やかです．

図3-Aはよく使われているリミッタ回路です．

● 直流電源を使用

一般的には直流電源を使うことが多く，電源をOFFすると，グラウンド・レベル±V_Fでクランプされます．ほかの機器の電源をOFFしない使い方では，Rの値によってほかの機器の出力端子から過電流が流れることがあります．

● ツェナー・ダイオードを使用

上記の過電流がシステムの不具合につながる場合は，ツェナー・ダイオードを使います．

電源をOFFしたときの入力端子にV_H〜V_Lの電圧が印加されても支障がないことを確認しておきましょう．

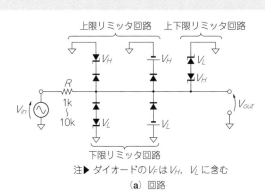

(a) 回路

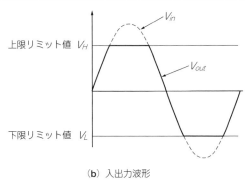

(b) 入出力波形

図3-A 汎用リミッタ回路
一般的には直流電源を使うが電源OFF時にグラウンド・レベル±V_Fでクランプされる．問題がある場合はツェナー・ダイオードを使う

3-5 OPアンプ出力のリミット電圧

OPアンプの飽和を防ぐ

図3-8に示すのは，OPアンプ出力の電圧リミッタ回路です．

● OPアンプは飽和させてはいけない

OPアンプに過大な電圧が入力されると出力が飽和します．そしていったん飽和したOPアンプは，復帰するまでに予想以上の時間がかかります．

単純な増幅回路は，出力が飽和してもほかに悪影響を与えることは少ないです．しかし，何種類かの回路が縦続接続されている場合は，どれか一つの回路の出力が飽和すると，思わぬ不具合が発生することがあります．特に位相反転が起きると，システムとしての動作が逆転します．出力電圧を上げようとして入力電圧を上げると，出力は飽和したままになります．

このような不具合に対し，出力電圧リミッタ回路は非常に有益です．

● 対策回路

図3-8(a)に示すのは，OPアンプの出力電圧を一定値以下にする電圧リミッタです．波形は飽和したときと同じようになりますが，OPアンプ自体は飽和していないため，高速に動作します．

図3-8(b)はツェナー・ダイオードの漏れ電流の影響を防止する回路です．

ツェナー・ダイオードは，一定電圧になるまでに大きな漏れ電流が流れます．この漏れ電流をR_3にバイパスさせます．このようにすることで，出力電圧が制限されるまで，漏れ電流による悪影響（ゲイン低下など）を避けることができます．R_2が高抵抗のときにも有効で，特に漏れ電流による誤差が発生しやすい積分回路では非常に有効な手法です．

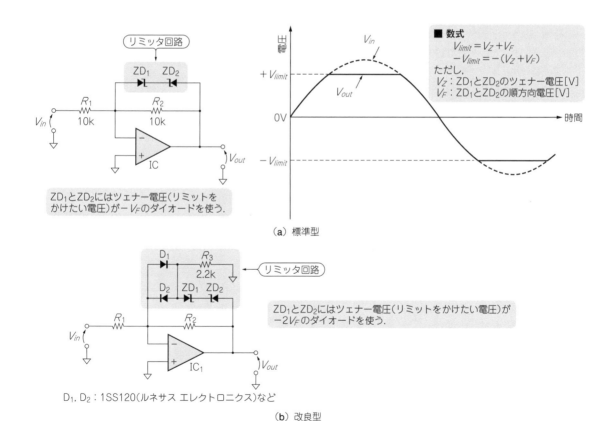

図3-8 回路と数式
過大な電圧が入力されたときにOPアンプの出力を飽和させない

第4章 減衰・整合・共振
高速・高周波信号に対応する

　一般的なマイコン・システムでは数十MHz以下の信号を扱い，プリント基板のパターン設計では，高周波対応をそれほど意識しませんが，部分的に高速信号に対応せざるを得ないこともあります．高速・高周波回路ではインピーダンスを整合（マッチング）させないと，大きなオーバーシュートやアンダーシュート，リンギングが発生し，誤動作の原因になるばかりでなく，破損に至ることもあります．
　ここでは，インピーダンスを整合させた減衰回路やダンピング抵抗と，LC共振回路やそれを利用した回路を紹介します．

4-1 分圧回路の出力電圧

必要な電圧を取り出す

　図4-1に分圧回路を示します．電源などの電圧源から必要な電圧を取り出すときに使います．
　定数は，テブナンの定理を適用すれば簡単に求まります．
　測定用途では被測定個所に影響を与えないよう高い抵抗値にします．測定信号の周波数が高いと，R_1とR_2の浮遊容量と受け側回路の入力容量の影響で分圧比が下がるため，図4-1(b)に示すように並列にコンデンサを入れて，抵抗だけでなくコンデンサでも分圧します．浮遊容量はバラツキがあるため，半固定コンデンサで分圧比を調整します．
　C_1を半固定コンデンサにしないのは，高耐圧の半固定コンデンサは耐圧を確保するために形状が非常に大きく，高価で入手性に難があるからです．

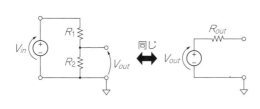

■ 数式
$$V_{out} = \frac{R_2}{R_1 + R_2} V_{in}$$
$$R_{out} = R_1 // R_2 = \frac{R_1 R_2}{R_1 + R_2}$$

■ 計算例
$V_{in}=10V$, $V_{out}=1V$, $R_1=10k\Omega$
とするとR_2とR_{out}は次のように求まる．
$$R_2 = \frac{V_{out}}{V_{in} - V_{out}} R_1 \approx 1.111k\Omega$$
$$R_{out} = 1k\Omega$$

(a) 入力信号が低周波のとき

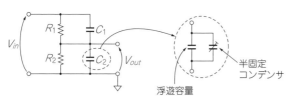

■ 数式
並列に入れるコンデンサC_1, C_2は次式で求まる．
$$\frac{R_2}{R_1} = \frac{\frac{1}{j\omega C_2}}{\frac{1}{j\omega C_1}} = \frac{C_1}{C_2}$$

(b) 入力信号が高周波のとき

図4-1　回路と数式

4-2　T型減衰回路の減衰率

図4-2にT型の減衰回路（アッテネータ）を示します．分圧回路と違って，信号源と負荷のインピーダンスが規定された回路です．インピーダンス・マッチング（整合）して使います．整合させる特性インピーダンスは低周波では600Ω，高周波では50Ωが多いです．減衰率はデシベル［dB］で与えられることが多いです．

分圧回路をそのまま数珠つなぎの縦続接続としても正しい分圧比は得られませんが，同一の整合インピーダンスを持った減衰回路は何個でもそのまま縦続接続可能で，正しい減衰率が得られます．

減衰率は，規定されたインピーダンスを持つ負荷を接続したときの値です．負荷を開放すると出力電圧は2倍（減衰率は－6 dB）になります．

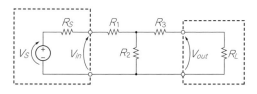

■ 計算例
$R_A = 50Ω$，$n = 20dB$とすると次のようになる．
　$K = 0.1$
　$R_1 = R_3 ≒ 40.9 Ω$
　$R_2 ≒ 10.1 Ω$

■ 数式
電圧源の内部抵抗R_S，負荷抵抗R_L，減衰率Kは次のように表されるとする．
$$R_S = R_L = R_A, \frac{V_{out}}{V_{in}} = K$$
$R_1 \sim R_3$は，次のように求まる．
$$R_1 = R_3 = \frac{1-K}{1+K} R_A$$
$$R_2 = \frac{2K}{1-K^2} R_A$$
減衰率が$n[dB]$というようにデシベルで与えられれば，次のように計算する．
$$K = 10^{-\frac{n}{20}}$$

図4-2　回路と数式

4-3　π型減衰回路の減衰率

図4-3にπ型の減衰回路（アッテネータ）を示します．
T型減衰回路と同様に，インピーダンスが規定されています．規定されたインピーダンスを持つ信号源で駆動されることを想定しています．100 MHz以上の高周波ではπ型減衰回路が使用されています．これは入出力端子の浮遊容量が並列抵抗（R_1, R_3）でシャントされて，周波数特性の暴れが少なくなるためです．

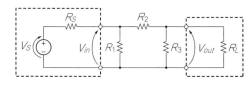

■ 計算例
$R_A = 50Ω$，$n = 20dB$とすると次のようになる．
　$K = 0.1$
　$R_1 = R_3 ≒ 61.1 Ω$
　$R_2 ≒ 248 Ω$

■ 数式
電圧源の内部抵抗R_S，負荷抵抗R_L，減衰率Kは次のように表されるとする．
$$R_S = R_L = R_A, \frac{V_{out}}{V_{in}} = K$$
$R_1 \sim R_3$は，次のように求まる．
$$R_1 = R_3 = \frac{1+K}{1-K} R_A$$
$$R_2 = \frac{1}{2} \frac{1-K^2}{K} R_A$$
減衰率が$n[dB]$というようにデシベルで与えられれば，次のように計算する．
$$K = 10^{-\frac{n}{20}}$$

図4-3　回路と数式

4-4 T型減衰回路とπ型減衰回路の変換式

T型減衰回路とπ型減衰回路は，図4-4のような変換を施せば等価になります．

数十MHz以下ならばダイアル・つまみで減衰率を設定する可変減衰回路も構成でき，スイッチでT型減衰回路の抵抗を切り替えられます．高周波ではπ型減衰回路を必要段数用意して，同軸スイッチで各段を接続するか外すかして切り替えます．

なお，低周波の可変減衰回路では，抵抗を1段当たり4本使用するブリッジドT型減衰回路が使われることもあります［図4-6(c)を参照］．なぜ可変減衰回路で部品の多いブリッジドT型が使用されるかと言えば，Z_1とZ_2は固定抵抗になり，可変抵抗はZ_3とZ_4の2個ですむからです．

■ 数式
Δ-Y変換公式によりT型とπ型は交互に変換できる．

$$R_{11} = \frac{R_1 R_2 + R_2 R_3 + R_3 R_1}{R_3} = R_1 + 2R_2 \ (\because R_1 = R_3)$$

$$R_{12} = \frac{R_1 R_2 + R_2 R_3 + R_3 R_1}{R_2} = R_1 + R_3 + \frac{R_3 R_1}{R_2}$$

$$R_{13} = \frac{R_1 R_2 + R_2 R_3 + R_3 R_1}{R_1} = R_1 + 2R_2 = R_{11}$$

$$R_1 = \frac{R_{11} R_{12}}{R_{11} + R_{12} + R_{13}} = \frac{R_{11} R_{12}}{2R_{11} + R_{12}} \ (\because R_{11} = R_{13})$$

$$R_2 = \frac{R_{11} R_{13}}{R_{11} + R_{12} + R_{13}} = \frac{R_{11}^2}{2R_{11} + R_{12}}$$

$$R_3 = \frac{R_{12} R_{13}}{R_{11} + R_{12} + R_{13}} = \frac{R_{11} R_{12}}{2R_{11} + R_{12}} = R_1$$

▶図4-4 回路と数式

4-5 T型/π型減衰回路を縦続接続したときの減衰率

T型減衰回路とπ型減衰回路の長所は，規定インピーダンスが等しければ何個でも縦続接続できることです．

dB表記の減衰率は，図4-5に示すように，各段の減衰率を加算することで得られます．

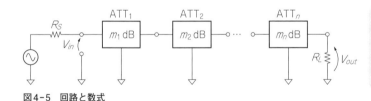

■ 数式
$R_S = R_L$は規定インピーダンス．
合計の減衰率は次式のように各段の減衰率の和となる．

$$20\log\left|\frac{V_{out}}{V_{in}}\right| = -(m_1 + m_2 + \cdots + m_n)\,[\text{dB}]$$

図4-5 回路と数式

コラム　スイッチの接点は弱い…コンデンサの放電による破損を防ぐ回路

マイコン回路のスイッチ入力にノイズ対策用のコンデンサを入れた回路を図4-Aに示します．

R_2がないとき，C_1は数千pF以下ならスイッチの不良は起きたことがありません．しかし，それ以上にするとスイッチの不良が起きました．観測できなくてもスイッチ内部で極部的に熔着している可能性があります．信頼性上，R_2は必ず付けるようにします．C_1の値は0.01 μF～0.1 μF程度で，R_2の値は10Ω～10kΩ程度にすればよいでしょう．

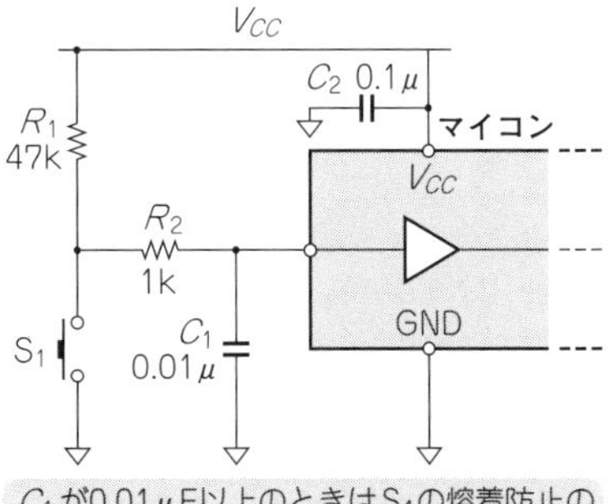

▶図4-A マイコンのスイッチ入力回路

C_1が0.01 μF以上のときはS_1の熔着防止のため必ずR_2(10Ω～10kΩ)を付ける

4-6 L型減衰回路の入出力電圧比

OPアンプの応用回路を解析するとき便利な入出力電圧比の計算例を図4-6に示します．このL型回路を用いれば伝達関数の計算が簡単になります．

一般にOPアンプ回路の簡易解析では，OPアンプは理想OPアンプ（入力インピーダンスは無限大，出力インピーダンスはゼロ，オープン・ループ・ゲインは無限大）とします．図4-6の回路は，出力インピーダンス・ゼロの電圧源で駆動することを想定しています．このため，π型回路の入力側抵抗は電圧源でショートされ無意味になります．これがL型回路を取り上げた理由です．

ブリッジドT型回路は使用例は少ないのですが，いちいち入出力電圧比を求めなくてもすむようにここに示しました．

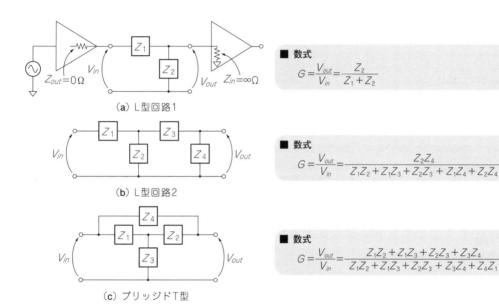

■ 数式

$$G = \frac{V_{out}}{V_{in}} = \frac{Z_2}{Z_1 + Z_2}$$

■ 数式

$$G = \frac{V_{out}}{V_{in}} = \frac{Z_2 Z_4}{Z_1 Z_2 + Z_1 Z_3 + Z_2 Z_3 + Z_1 Z_4 + Z_2 Z_4}$$

■ 数式

$$G = \frac{V_{out}}{V_{in}} = \frac{Z_1 Z_2 + Z_1 Z_3 + Z_2 Z_3 + Z_3 Z_4}{Z_1 Z_2 + Z_1 Z_3 + Z_2 Z_3 + Z_3 Z_4 + Z_4 Z_1}$$

図4-6　回路と数式

チップ部品のサイズと特性　［コラム］

表4-Aに示すのは，よく使われているチップ部品の形状と，一般的なチップ抵抗（KOA製RK73B）の特性例です．日本と海外ではサイズの呼称が違います（同じ呼称でもサイズが異なる）．

チップ抵抗の選択で注意すべき点は，端子をはんだ付けした基板のランド部分の温度が最大周囲温度のときでも105℃を超えない許容損失の抵抗を選択することと，許容損失だけではなく最高使用電圧に対して十分な余裕（80％以下）を持った抵抗を選択することです．コンデンサと違い，抵抗は，許容損失と最高使用電圧の制限の両方を忘れずに確認します．

表4-A　チップ部品のサイズとチップ抵抗器の仕様

サイズ			KOA製RK73B特性例	
呼称		寸法	許容損失	最高使用
[mm]	[mil]	[mm]	[W]	電圧 [V]
0402	01005	0.4×0.2	0.03	15
0603	0201	0.6×0.3	0.05	25
1005	0402	1.0×0.5	0.063	50
1608	0603	1.6×0.8	0.1	50
2012	0805	2.0×1.25	0.125	150
3216	1206	3.2×1.6	0.25	200
3225	1210	3.2×2.5	0.33	200

（日本）（海外）

4-7 Δ-Y変換公式

三相交流電源回路では必須

図4-7にΔ(デルタ)-Y(スター)回路の等価変換公式を示します．電気回路で三相交流回路を扱うとき大活躍する公式です．図4-4で紹介したT型/π型減衰回路の等価変換も，このΔ-Y変換公式によるものです．

図4-8にブリッジドT型回路の入出力電圧比(伝達関数)をΔ-Y変換公式を用いて求める例を示します．

Δ-Y変換公式を用いてT型をπ型に変換すると，π型回路の入力側抵抗は電圧源でショートされ計算が簡単になります．

Δ型/Y型回路は三相交流回路以外ではあまり見かけませんが，変形したT型/π型回路はいろいろなところで出てくるため，この公式を知っていると便利です．

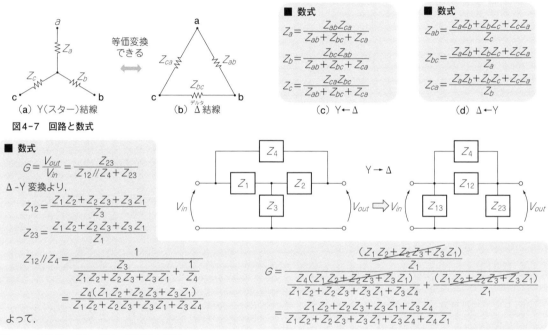

(a) Y(スター)結線 (b) Δ結線

■ 数式

$$Z_a = \frac{Z_{ab}Z_{ca}}{Z_{ab}+Z_{bc}+Z_{ca}}$$

$$Z_b = \frac{Z_{bc}Z_{ab}}{Z_{ab}+Z_{bc}+Z_{ca}}$$

$$Z_c = \frac{Z_{ca}Z_{bc}}{Z_{ab}+Z_{bc}+Z_{ca}}$$

(c) Y ← Δ

■ 数式

$$Z_{ab} = \frac{Z_aZ_b+Z_bZ_c+Z_cZ_a}{Z_c}$$

$$Z_{bc} = \frac{Z_aZ_b+Z_bZ_c+Z_cZ_a}{Z_a}$$

$$Z_{ca} = \frac{Z_aZ_b+Z_bZ_c+Z_cZ_a}{Z_b}$$

(d) Δ ← Y

図4-7 回路と数式

■ 数式

$$G = \frac{V_{out}}{V_{in}} = \frac{Z_{23}}{Z_{12}//Z_4+Z_{23}}$$

Δ-Y変換より，

$$Z_{12} = \frac{Z_1Z_2+Z_2Z_3+Z_3Z_1}{Z_3}$$

$$Z_{23} = \frac{Z_1Z_2+Z_2Z_3+Z_3Z_1}{Z_1}$$

$$Z_{12}//Z_4 = \frac{1}{\frac{Z_3}{Z_1Z_2+Z_2Z_3+Z_3Z_1}+\frac{1}{Z_4}}$$

$$= \frac{Z_4(Z_1Z_2+Z_2Z_3+Z_3Z_1)}{Z_1Z_2+Z_2Z_3+Z_3Z_1+Z_3Z_4}$$

よって，

$$G = \frac{\frac{(Z_1Z_2+Z_2Z_3+Z_3Z_1)}{Z_1}}{\frac{Z_4(Z_1Z_2+Z_2Z_3+Z_3Z_1)}{Z_1Z_2+Z_2Z_3+Z_3Z_1+Z_3Z_4}+\frac{(Z_1Z_2+Z_2Z_3+Z_3Z_1)}{Z_1}}$$

$$= \frac{Z_1Z_2+Z_2Z_3+Z_3Z_1+Z_3Z_4}{Z_1Z_2+Z_2Z_3+Z_3Z_1+Z_3Z_4+Z_4Z_1}$$

図4-8 応用例…ブリッジドT型回路の解析

コラム：抵抗，コンデンサ，コイルの誤差の大きさを表す記号

表4-Bに抵抗，コンデンサ，コイルの許容差記号を示します．

よく使う抵抗の許容差はF(±1％)とJ(±5％)です．精密な用途にはB(±0.1％)も使われています．

コンデンサの場合は，J(±5％)とK(±10％)が，アルミ電解コンデンサはM(±20％)が一般的です．パスコン用途のセラミック・コンデンサはZ(+80％，-20％)を使うこともありましたが，最近はKかMが多いようです．

コイルは，値がEシリーズに従っていない場合もあります．許容差もコア材質がフェライトの場合はK～Mが多いのですが，ダスト・コアの場合は電流によって大幅に変動することが多く，詳しい特性はデータシートで確認する以外にありません．

表4-B 許容差記号

記号	許容差	記号	許容差
E	±0.025%	G	±2%
A	±0.05%	J	±5%
B	±0.1%	K	±10%
C	±0.25%	M	±20%
D	±0.5%	Z	+80%，-20%
F	±1%		

4-8 定抵抗回路

広い帯域で抵抗値が一定になる

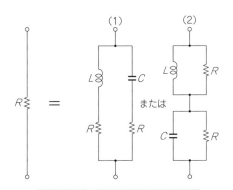

回路(1)(2)がRとなる条件：$\dfrac{L}{C}=R^2$

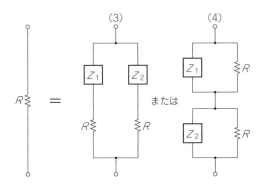

回路(3)(4)がRとなる条件：$Z_1 Z_2 = R^2$

■ 数式

回路(3)で全体のインピーダンスZは次式で求まる．

$$Z=(Z_1+R)//(Z_2+R)=\dfrac{(Z_1+R)(Z_2+R)}{(Z_1+R)+(Z_2+R)}$$

ここで$Z_1 Z_2 = R^2$とすると，次のように回路(1)も成立する．

$$Z=\dfrac{Z_1+Z_2+2\sqrt{Z_1 Z_2}}{Z_1+Z_2+2\sqrt{Z_1 Z_2}}\sqrt{Z_1 Z_2}=\sqrt{Z_1 Z_2}=R$$

$Z_1 = j\omega L$, $Z_2 = \dfrac{1}{j\omega C}$とおくと，

$$Z_1 Z_2 = \dfrac{L}{C}=R^2$$

同様に回路(4)が成立し回路(2)も成立する．

■ 計算例

回路(1)で$R=8\,\Omega$，$L=6\,\mu H$とすると，
全体のインピーダンス$Z=8\,\Omega$とするためには，

$$C=\dfrac{L}{R^2}=\dfrac{6\times 10^{-6}}{8^2}=9.375\times 10^{-8}\,F\fallingdotseq 0.1\,\mu F$$

よって$C=0.1\,\mu F$と$R=8\,\Omega$の直列回路を並列に接続すれば，Zは$8\,\Omega$の純抵抗となる．

注：パワー・アンプ測定用負荷として使用する場合は，付加するRの電力損失を考慮する．

図4-9 回路と数式

図4-9に定抵抗回路を示します．

定抵抗回路とは，LCを含む2端子回路で特定の条件を満足すれば，外部から見て周波数が変わっても定抵抗に見えるという回路です．

図4-9の回路(1)で考えると，LRとCRの合成インピーダンスZは，次式のようになります．

$$Z=R\dfrac{(j\omega)^2 LC + j\omega\left(CR+\dfrac{L}{R}\right)+1}{(j\omega)^2 LC + j\omega\,2CR + 1}$$

$Z=R$となるためには，分数式の分子と分母が等しくなる必要があります．つまり分子の実数部分と分母の実数部分，分子の虚数部分と分母の虚数部分が同時に等しくなる必要があるわけです．分子の実数部分と分母の実数部分は等しいので，次のようになる必要があります．

$$CR+\dfrac{L}{R}=2CR$$

定抵抗になる条件は

$$\therefore \dfrac{L}{C}=R^2$$

ですが，あくまでもコイルとコンデンサは理想的なものとして考えているので，コイルの浮遊容量とコンデンサのリード・インダクタンスが問題になる高周波では定抵抗にはなりません．

ほかの回路も同様にインピーダンスを表す分数関数の分子と分母が等しいとすれば条件を求められます．

応用例として最も多いのはスピーカの帯域分割ネットワークです．例えば，高域不足を補うためツイータと呼ばれる高域用スピーカを追加するとします．メインのスピーカには直列にコイルを入れ，ツイータには直列にコンデンサを入れて定抵抗回路で接続します．これにより，アンプから見たインピーダンスを例えば$8\,\Omega$一定にします．

そのほかには巻き線抵抗のインダクタンスぶんの打ち消しや，スナバ回路に利用されます．

4-9 信号のダンピング抵抗

リンギングの振幅を小さくする

図4-10にダンピング抵抗の効果を示します.

基板設計にもよりますが, 信号の周波数が20 MHz以上のとき, 配線の特性インピーダンスとICの出力インピーダンスの整合が取れていないと, 図4-10(a)のようなオーバーシュート, アンダーシュートとリンギングが出ます. これらの振幅が大きくなりすぎると, ICの入力電圧範囲の最大定格を超えたり, 誤動作したりします.

図4-11に整合の考え方を示します.

マイコンの入出力信号の周波数は, たいてい動作クロック(10 MHzなど)の数分の1(1 MHz以下)です. しかし, 最近ではUSBなどの高速インターフェースICが使われることがあります. USB 1.0では12 Mbpsを実現するため24 MHz以上の高速の信号が重畳しています.

インピーダンスの整合が取れていないことが原因で生じるオーバーシュートとアンダーシュートは, 図4-10(b)に示すようにICの出力側に直列抵抗を入れて対策をします.

抵抗値は, 波形を実測して, リンギングがなく, 大きなオーバーシュートやアンダーシュートが出ない値にします. 直列抵抗は経験的に33 Ωを中心に22 Ω～47 Ωになることが多いです.

● 特性インピーダンスとは

高周波回路の伝送線路(配線)のインピーダンスを特性インピーダンスと呼びます.

● インピーダンス整合とは

高周波回路において, 信号源インピーダンスと伝送線路のインピーダンス, 受け側回路の入力インピーダンスを等しくすれば, 最も効率的に伝送できて反射が起こらないため, 波形の乱れがありません. これをインピーダンス・マッチングまたはインピーダンス整合と呼びます.

ただし, 信号電圧が半分になるためロジック回路では使用できないことが多いです. そこで負荷を開放すれば, 図4-11(b)のように信号電圧はそのままで, 波形の乱れも少なくできます.

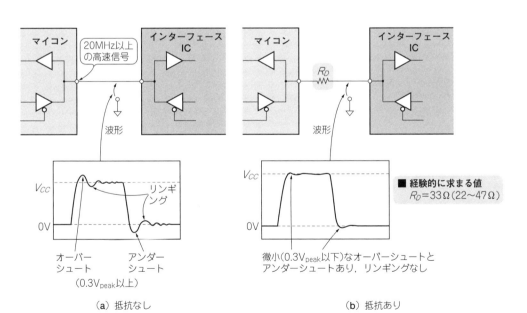

(a) 抵抗なし　　　　　(b) 抵抗あり

図4-10 回路

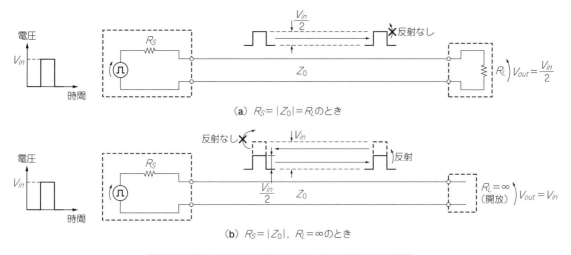

(a) $R_S = |Z_0| = R_L$ のとき

(b) $R_S = |Z_0|$, $R_L = \infty$ のとき

始端を整合させ，終端を開放すると V_{in} と等しい電圧が得られる

図4-11 片側整合の考え方

4-10 コイルやコンデンサのリアクタンス純度を表すクオリティ・ファクタ Q

発振回路やフィルタ回路作りに欠かせない

■ 数式

LC 部品の良さを表す Q は，次のように定義される．

$$Q = \frac{無効電力}{損失} = \frac{リアクタンス分}{抵抗分}$$

理想的な L, C は無損失のため，Q は無限大となる．

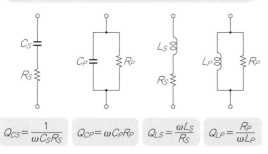

$Q_{CS} = \dfrac{1}{\omega C_S R_S}$　$Q_{CP} = \omega C_P R_P$　$Q_{LS} = \dfrac{\omega L_S}{R_S}$　$Q_{LP} = \dfrac{R_P}{\omega L_P}$

■ 数式

損失率 D は Q の逆数であり，コンデンサでは $\tan\delta$ とも呼ばれる．

$$D = \frac{1}{Q} = \tan\delta$$

一般に電解コンデンサ以外のコンデンサの Q は非常に高く，コイル(インダクタ)の Q は低い．

図4-12 回路と数式

図4-12に，LC 部品の良さを表す Q と D を示します．

Q は Quality factor の意味です．訳すと「品質係数」となり，そのまま Q と書きます．その逆数の D は Dissipation factor の意味です．DF と略記されるか，損失率とか誘電正接($\tan\delta$，タンデルと呼ぶことも多い)と呼ばれています．

LC 部品の良さを表すには，コイルの場合は Q が使われます．Q の定義は次のとおりです．

$$Q = \frac{無効電力分}{損失分} = \frac{リアクタンス分}{直列抵抗分}$$

高いほうが良いことを表します．D は Q の逆数です．

コンデンサの場合は，Q または誘電正接(DF)がよく使われます．

リアクタンス分には角周波数が含まれるため，データを見るときには測定周波数に注意し，選択するときは同一周波数での測定結果から判断することが必要です．

4-11 コイルやコンデンサと抵抗を組み合わせた回路のインピーダンス変換式

直列⇔並列 自由自在

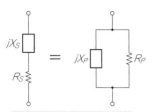
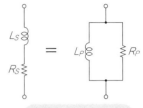

■ 数式
$$R_S + jX_S = \frac{R_P X_P^2 + jR_P^2 X_P}{R_P^2 + X_P^2}$$

Qが低いときには，等価回路によってCやLの値が大幅に変わる

■ 例1
$$R_S = \frac{R_P}{1+\omega^2 C_P^2 R_P^2}$$
$$C_S = \frac{1+\omega^2 C_P^2 R_P^2}{C_P \omega^2 R_P^2}$$

■ 計算例1
図4-12より，$Q=1$とすると，
$$Q_C = \frac{1}{\omega C_S R_S} = \omega C_P R_P = 1$$
$$R_S = \frac{R_P}{2}, \ C_S = 2C_P$$
$Q \gg 1$ ならば，
$$C_S = C_P = C$$
$$R_S R_P = \frac{1}{(\omega C_S)(\omega C_P)} = \frac{1}{\omega^2 C^2}$$

■ 例2
$$R_S = \frac{\omega^2 L_P^2 R_P}{R_P^2 + \omega^2 L_P^2}$$
$$L_S = \frac{L_P R_P^2}{R_P^2 + \omega^2 L_P^2}$$

■ 計算例2
図4-12より，$Q=1$とすると，
$$Q_L = \frac{\omega L_S}{R_S} = \frac{R_P}{\omega L_P} = 1$$
$$R_S = \frac{R_P}{2}, \ L_S = \frac{L_P}{2}$$
$Q \gg 1$ ならば，
$$L_S = L_P = L$$
$$R_S R_P = (\omega L_S)(\omega L_P) = \omega^2 L^2$$

図4-13 回路と数式

図4-13に同一周波数におけるCRおよびLR回路の直列・並列接続の等価変換を示します．

Qが高ければコンデンサやコイルの値は直列でも並列でもほぼ等しくなります．コンデンサのQは一般に高いので問題ありませんが，コイルのQは周波数によっては低くなりすぎることもあるので要注意です．低インダクタンスのコイルでは，測定周波数を低くすると巻き線抵抗の影響でQが1に近づき，正確にインダクタンスを測定できません．また，巻き線抵抗はインダクタンスと直列に入りますが，Qが低いときに等価回路を並列にすると，図4-13の計算例2のように測定されるインダクタンスは大きくなります（$Q=1$のとき，$L_P = 2L_S$）．

コイルの正しい測定は非常に難しい場合があります．測定信号レベルによってインダクタンスが大きく変動したり，測定周波数が低すぎてQが低くなったり，測定等価回路が不適切だったりして，間違った値を測定しがちです．測定条件を確認しながら行う必要があります．

● LCRメータの測定原理

コイルやコンデンサの値を測定するときは，一般に「LCRメータ」を使用します．LCRメータは供試素子（LやC）に電圧または電流を印加し，素子に流れる電流または素子の電圧降下を同期検波器［一般に，PSD（Phase Sensitive Detector）と呼ぶ］により測定します．素子に加わる電圧・電流の位相と大きさがわかれば，抵抗ぶんとリアクタンスぶんが計算できて，測定周波数からLまたはCとRの値が計算できます．これがLCRメータの測定原理です．

抵抗ぶんとリアクタンスぶんは$\pm 90°$の位相差があります．$\sin 90° = 1$であり，$\sin(90 \pm 5)° \doteqdot 0.9962$です．つまり$\pm 5°$の位相差に対し誤差は$-0.38\%$です．

Qが高いとリアクタンスぶんは抵抗ぶんよりも非常に大きくなり位相差は$\pm 90°$に近くなります．測定系の位相誤差に対して，リアクタンスぶん，つまりLやCの測定誤差は非常に小さくなります．

問題はQが低いときです．$Q=1$とすると，$\sin 45° = 1/\sqrt{2} \doteqdot 0.7071$であり，$\sin(45 \pm 5)° \doteqdot 0.7071 \pm 0.6428$です．つまり$\pm 5°$の位相差に対し，誤差は$\pm 8.34\%$です．$Q$が低いとリアクタンスぶんの大きさは抵抗ぶんに近づき，位相差は$\pm 45°$に近くなります．測定系の位相誤差に対して，リアクタンスぶん，つまりLやCの測定誤差は非常に大きくなります．

以上の理由で，LやCをLCRメータで測定するときはQをできるだけ高くします．

4-12 LC共振回路の共振周波数

共振回路といえばコレ

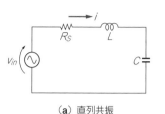
（a）直列共振

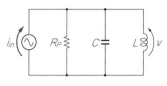
（b）並列共振

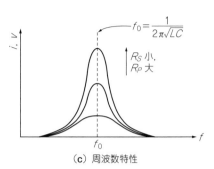
（c）周波数特性

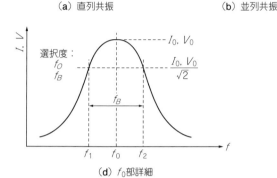
（d）f_0部詳細

図4-14 回路と数式

■ 数式

LC部品のQと選択度との関係を，直列共振回路で考える．

$$\frac{|I|}{|I_0|} = \frac{\frac{V_{in}}{\sqrt{R^2+\left(\omega L-\frac{1}{\omega C}\right)^2}}}{\frac{V_{in}}{R_S}} = \frac{R_S}{\sqrt{R_S^2+\left(\omega L-\frac{1}{\omega C}\right)^2}}$$

$$= \frac{1}{\sqrt{1+Q^2\left(\frac{\omega^2-\omega_0^2}{\omega_0\omega}\right)^2}} \quad \left(\because \omega_0^2=\frac{1}{LC}, Q=\frac{\omega L}{R_S}\right)$$

選択度を求めるため $\frac{|I|}{|I_0|}=\frac{1}{\sqrt{2}}$ とすれば，

$$Q^2\left(\frac{\omega^2-\omega_0^2}{\omega_0\omega}\right)^2 = 1$$

1) $0<\omega_1<\omega_0$ のとき

$$\omega_1^2+\frac{\omega_0\omega_1}{Q}-\omega_0^2=0$$

$$\therefore \omega_1 = \frac{-\frac{\omega_0}{Q}+\sqrt{\left(\frac{\omega_0}{Q}\right)^2+4\omega_0^2}}{2}$$

2) $0<\omega_0<\omega_2$ のとき

$$\omega_2^2-\frac{\omega_0\omega_2}{Q}-\omega_0^2=0$$

$$\therefore \omega_2 = \frac{\frac{\omega_0}{Q}+\sqrt{\left(\frac{\omega_0}{Q}\right)^2+4\omega_0^2}}{2}$$

1），2）より

$$\omega_B = \omega_2-\omega_1 = \frac{\omega_0}{Q}$$

よって選択度は

$$\frac{\omega_0}{\omega_B} = Q$$

図4-14にLC共振回路を示します．

LC共振回路には直列共振回路と並列共振回路があります．直列共振回路を共振回路と呼び，並列共振回路を反共振回路と呼ぶ場合もあります．

直列共振回路と並列共振回路の違いは，共振周波数において，直列共振回路の2端子インピーダンスはほとんどゼロ（正確にはR_S）になり，並列共振回路のそれはほとんど無限大（正確にはR_P）になることです．直列共振回路で電流対周波数特性を描いたときと，並列共振回路で電圧対周波数特性を描いたときのグラフは相似になります．

共振角周波数ω_0と共振周波数f_0とLCには次の関係があります．

$$\omega_0 = 1/\sqrt{LC} = 2\pi f_0$$
$$f_0 = 1/(2\pi\sqrt{LC})$$

共振周波数f_0とL，Cのうち二つの値がわかれば，ほかの一つは求められます．これはLCのインピーダンス（リアクタンス）が共振周波数で絶対値が等しくて符号が逆になっていることを利用しています．

共振回路の良さを表すのが選択度です．LC部品の良さを表すQと同様に，共振回路の選択度もQと表記します．図中の計算結果より，LC部品のQと選択度のQは等しいといえます．図中の計算は直列共振で求めていますが，並列共振の場合は$|I|/|I_0|$の代わりに$|V|/|V_0|$として計算すれば同様になります．

4-13 温度センサ「サーミスタ」の抵抗値と温度

−50〜100℃まで±1℃で測れる

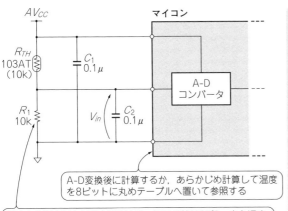

■ 数式

$$R_{TH} = R_{25}\, e^{B\left(\frac{1}{T} - \frac{1}{298.15}\right)}$$

25℃

ただし，R_{TH}：T[K]における抵抗値[Ω]，R_{25}：25℃（=298.15K）における抵抗値[Ω]，B：B定数とする．R_{TH}に103AT(SEMITEC製)を使用すると，$R_{25}=10\mathrm{k}\Omega \pm 1\%$，$B=3435\mathrm{K} \pm 1\%$となる．温度$T$[K]は次のように求まる．

$$V_{in} = \frac{R_1}{R_1 + R_{TH}} AV_{CC}$$

$$T = \frac{298.15\, B}{298.15 \ln\left\{\left(\dfrac{AV_{CC}}{V_{in}} - 1\right)\dfrac{R_1}{R_{25}}\right\} + B}$$

8ビットA-D変換データをD_8とすれば，温度T[K]は次のように測定される．

$$\frac{V_{in}}{AV_{CC}} = \frac{D_8}{256}$$

$$\therefore T = \frac{298.15\, B}{298.15 \ln\left\{\left(\dfrac{256}{D_8} - 1\right)\dfrac{R_1}{R_{25}}\right\} + B}$$

図4-15 サーミスタを使用した温度測定回路

図4-15にサーミスタを使用した温度測定回路を示します．データ取得はマイコンのA-Dコンバータを用いています．この回路は4-1項の分圧回路の応用で，出力電圧が温度によって変化することを利用しています．

温度測定に用いる温度センサには熱電対と測温抵抗体，サーミスタ，温度センサICなどがあります．熱電対は1000℃以上の広い測定温度範囲が特長ですが，精度は±2.5℃程度で良くありません．また，実際の使用に当たっては，基準温度を与える補償回路と，微少な熱起電力を増幅する回路が必要です．白金を用いた測温抵抗体は±0.15℃と高精度で，測定温度範囲も熱電対に次ぐ広さですが，測温抵抗体の温度係数が微少であるため，増幅回路が必要です．

サーミスタは，測定温度範囲が−50℃〜+100℃程度ですが，補償回路や増幅回路を必要としません．測定精度も±1℃と一般的な使用には十分で，安価です．温度センサICの上限温度はICのため75℃〜125℃程度ですが，下限温度や測定精度の仕様は千差万別で，一概には言えません．

マイコンのA-Dコンバータを用いた温度測定回路には，サーミスタか温度センサICを使用するのが最も簡単です．温度測定個所が離れている場合は，3端子以上のものが多い温度センサICよりも，2芯シールド線で配線できる2端子のサーミスタが実装上最適です．サーミスタの場合，抵抗値を高く取れば配線の抵抗を無視できるので，この面からも最適と言えます．

サーミスタR_{TH}にSEMITEC製103ATを使用し，測定中心温度を25℃，測定範囲を−50〜+100℃としています．要求される精度から，A-Dコンバータは安価なマイコン内蔵の8〜10ビット分解能のもので十分です．使用方法はA-D変換データを図中の式を用いて温度に換算するか，あらかじめ計算しROM上に用意した変換テーブル(配列)からA-D変換データをアドレスとして参照します．

測定中心温度のサーミスタの抵抗値とR_1を等しくすると，測定中心温度付近の分解能を上げられます．

● 温度データ・ロガーの製作

この回路は温度データ・ロガーの製作に適しています．データ・ロガーを電池で動作させる場合，マイコンのクロックは時計用の32.768kHz水晶振動子で作り，ほとんどの時間はスリープさせ，タイマ割り込みを使用して適当な時間間隔で動作させます．こうすると電池の動作可能時間が数年になります．このとき，サーミスタの電源は，マイコンの出力ポートから動作時だけ供給します．サーミスタの25℃抵抗値も20k〜100kΩとして測定電流を小さくし，出力ポートのオン抵抗が影響しないようにします．

第5章 OPアンプによる信号増幅
直流ぶんを含むアナログ信号を正確に増幅する

マイコンにつなげられるアンプは直流アンプないし直結アンプです．このようなアンプを簡単かつ高性能に作るには，OPアンプICを使います．

電子回路の教科書で最初に載っているアンプはトランジスタをエミッタ接地で使った交流アンプですが，マイコンを使う回路図でそのような回路を見た方はいないはずです．その理由は，教科書回路そのままではマイコン内蔵のA-Dコンバータやコンパレータには適合しないからです．マイコンに適合した直流アンプを個別トランジスタで作るのは非常に難しく，OPアンプICを使ったほうが簡単で高性能にできます．

ここでは，OPアンプを使用した増幅回路の簡単で実用的な設計法を紹介します．

5-1 理想OPアンプの入出力インピーダンスとゲイン
OPアンプを単純化する技

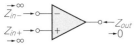

■ 数式
- 入力インピーダンス
  $Z_{in-}=\infty$, $Z_{in+}=\infty$
- 出力インピーダンス
  $Z_{out}=0$

（a）入出力インピーダンス

■ 数式
- ゲイン A
  $V_{out}=AV_{in}$
  $A\to\infty$とすると
  $V_{in}=0$
  これをバーチャル・ショートという．

（b）ゲイン

図5-1 回路と数式
OPアンプ回路の解析は，バーチャル・ショートを適用すれば簡単にできる

OPアンプ回路の簡単な解析法は，OPアンプを理想OPアンプとし，入力インピーダンスは無限大，出力インピーダンスはゼロ，オープン・ループ・ゲインは無限大とすることです．

理想OPアンプとすると，図5-1に示すように反転入力-非反転入力間は電位差ゼロ，すなわちバーチャル・ショート（virtual short；仮想短絡）が成立します．オープン・ループ・ゲインが無限大であることとバーチャル・ショートが成立することは等価です．解析のときにバーチャル・ショートが成立することを条件に入れて考えれば，オープン・ループ・ゲインが無限大であることは条件に入れる必要はありません．

5-2 反転増幅回路のゲイン
正負反転して増幅する

図5-2に示すのは反転増幅回路です．バーチャル・ショートを適用してゲインを計算できます．

OPアンプ自体の入力インピーダンスは無限大と考えられるほど大きかったのに，反転増幅回路の入力インピーダンス（抵抗）はR_1となって非常に低くなります．その点，非反転増幅回路（後述）の入力インピーダンスは無限大と考えられるほど大きいままです．

反転増幅回路では，反転入力端子と非反転入力端子の電圧がほぼ0V（グラウンド電位）となるため，実際の回路では，非反転増幅回路に比べ同相除去比CMRRが大きくなるというメリットがあります．また，第3章の図3-5に示したように，入力サージ電圧に対する保護も簡単に行うことができます．

● 誤差要因1…信号源インピーダンス

増幅回路の目的は，入力された信号源電圧を設定したゲインで正確に増幅することです．

図5-3(a)に示すように，反転増幅回路では入力インピーダンスが低くなるため，信号源インピーダンスが大きいほど大きな誤差を生じます．図5-3(b)に示

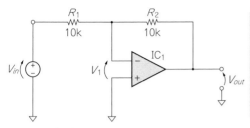

図5-2 回路と数式

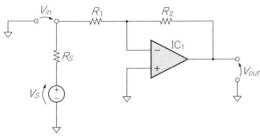

■ 数式
$$V_{out} = -\frac{R_2}{R_1}V_{in} = -\frac{R_2}{R_1+R_S}V_S$$
$$G = -\frac{R_2}{R_1+R_S} \leftarrow 誤差$$
ただし，G：ゲイン[倍]
一般に信号源インピーダンスは変動が大きく，V_{in}ではなくV_Sを増幅したいことが多い．よって，
$R_1 \gg R_S$
でないと大きな誤差を生じる．

(a) 信号源インピーダンスの影響

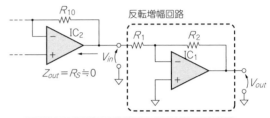

前段にOPアンプ（IC_2）があれば$R_S \fallingdotseq 0$と考えられるので，ゲイン誤差はない．

(b) 前段がOPアンプなら誤差はない

図5-3 信号源インピーダンスとゲイン誤差
反転増幅回路は入力インピーダンスが低いので信号源インピーダンスが高いと大きな誤差を生じる

すように，出力インピーダンスがほとんどゼロと考えられるOPアンプなどを使用した増幅回路の後で使うのが最適です．

● 誤差要因2…等価負荷抵抗

図5-4に示すように，OPアンプの等価負荷抵抗R_Lは2kΩ以上にします．これはデータシートに載っているOPアンプの負荷抵抗-最大出力電圧特性から，ある程度の余裕を持たせて動作させるためです．

▶一般的な両電源OPアンプ

図5-5(a)に一般的な両電源用OPアンプNJM072B（新日本無線）の負荷抵抗-最大出力電圧特性を示します．これを見ると等価負荷抵抗は1kΩ以上なら使えますが，2kΩ以上だとなお良くて，10kΩなら文句のない最大出力電圧を得ることができます．

一般にOPアンプ回路に使う抵抗は10kΩを標準にしますが，それがこのデータからも裏付けられます．

▶高周波用OPアンプ

高周波用（ビデオ用）OPアンプは，汎用OPアンプの最適な等価負荷抵抗の1/10程度まで許容できます．

図5-5(b)にゲイン帯域幅250MHzビデオ用OPアンプAD8023（アナログ・デバイセズ）の負荷抵抗-最大出力電圧特性を示します．

高周波用OPアンプの特性インピーダンスは50Ωが標準，ビデオ用OPアンプは75Ωが標準です．使用時にはOPアンプの出力を信号源として，特性インピーダンスに等しい信号源インピーダンスを接続し，その後に同じく特性インピーダンスに等しい負荷インピーダンスを接続します．したがって，OPアンプの負荷抵抗は特性インピーダンスの2倍になります．高周波用なら100Ω，ビデオ用なら150Ωです．図5-5(b)からAD8023は高周波用としても十分に使えることがわかります．

▶低消費電力のCMOS OPアンプ

低消費電力のCMOS OPアンプの場合は，等価負荷抵抗をとても高い値にする必要があります．

図5-6に消費電流15μAのOPアンプNJU7001（新日本無線）の出力電圧-出力電流特性を示します．電源電圧が変化しても最大出力電流がほとんど変わらないため，最小負荷抵抗は電源電圧にほぼ比例し，電源電圧が高くなるほど最小負荷抵抗も高くなります．図5-6から，$V_{DD} = 3V$では470kΩです．$V_{DD} = 5V$で

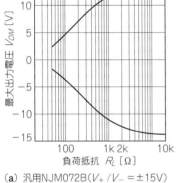
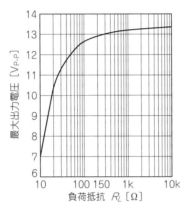
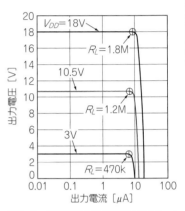

■ 数式
$R_L = R_2 // R_3 // R_4 ≧ 2kΩ$
ただし，R_L：OPアンプの等価負荷抵抗［Ω］

■ 計算例
$R_2 = 10kΩ$，$R_3 = 10kΩ$，$R_4 = 10kΩ$とすると，次のようになる．
$R_L = 3.33kΩ ≧ 2kΩ$

OPアンプ回路では10kΩが標準的に採用されている．計算例から10kΩが妥当であることがわかる．

図5-4 OPアンプを使うときは等価負荷抵抗R_Lを2kΩ以上にする

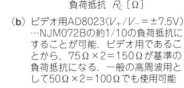

(a) 汎用NJM072B ($V_+/V_- = ±15V$)
…最大出力電圧の低下から2kΩ以上の負荷抵抗が望ましいが，1kΩでも使用可能

(b) ビデオ用AD8023 ($V_+/V_- = ±7.5V$)
…NJM072Bの約1/10の負荷抵抗にすることが可能．ビデオ用であることから，75Ω×2=150Ωが基準の負荷抵抗になる．一般の高周波用として50Ω×2=100Ωでも使用可能

図5-5 負荷抵抗-最大出力電圧特性

図5-6 低消費電力のCMOS OPアンプは等価負荷抵抗を比較的高くする必要がある

NJU7001の出力電圧-出力電流特性．最大出力電圧のときの最小負荷抵抗は電源電圧V_{DD}にほぼ比例する

は1MΩ程度にしておけば問題なさそうです．

▶最小負荷抵抗の決め方

最小負荷抵抗は次のように決めます．使うOPアンプのデータシートで電圧ゲイン（利得）と最大出力電圧の測定条件のところに負荷抵抗が載っています．その値を基準にして必要な最大出力電圧を得られる値にします．

● 誤差要因3…現実のOPアンプICの特性

実際の設計では，理想OPアンプでは無視した現実のOPアンプICの特性を検討しておく必要があります．詳細な説明は第6章で行います．

▶入力オフセット電圧と入力バイアス電流

OPアンプ出力の直流誤差として現れる入力オフセット電圧と入力バイアス/オフセット電流は，直流あるいは直結アンプでは無視できない場合があります．

▶周波数特性とスルーレート

OPアンプ出力の周波数帯域を決定するオープン・ループ・ゲインの周波数特性は，広帯域アンプ設計では重要な検討項目です．数V_{P-P}以上の大振幅出力が必要な場合には，スルーレートも重要な検討項目です．

▶入力換算雑音特性

微少信号増幅のために低雑音アンプが必要な場合には，現実のOPアンプの入力換算雑音電圧/電流特性も重要な検討項目です．

▶位相反転現象

両電源用OPアンプを単電源で使用すると，入力電圧がグラウンド側（両電源でのマイナス側）に近づくと出力位相が反転する場合があります．

5-3 単電源反転増幅回路の出力電圧

正負片電源のときに正負反転して増幅する

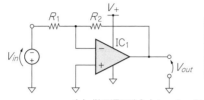

(a) 単電源用や入力レール・ツー・レールのOPアンプを使用

■ 数式
$$V_{out} = -\frac{R_2}{R_1} V_{in}$$
$$V_{out} \leqq 0\,\text{V}$$
より，V_{in}は負電圧($V_{in} \leqq 0\,\text{V}$)の必要がある．

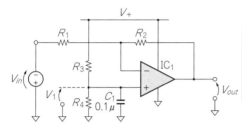

(b) 単電源用や両電源用OPアンプを使用

■ 数式
$R_3 = R_4 = 10\,\text{k}\Omega$とすると，次のようになる．
$$V_1 = \frac{V_+}{2}$$
V_{in}は$\frac{V_+}{2}$を中心に変化する必要がある．

図5-7 回路と数式

図5-7に示すのは単電源で動作する反転増幅回路です．入力インピーダンスが低いので，信号源インピーダンスが大きいほど誤差が増えます．

図5-7(a)は単電源用OPアンプや入力レール・ツー・レールのOPアンプを使い，入力電圧がマイナスのときに動作可能です．両電源用OPアンプを使わない限り，位相反転は起きません．

図5-7(b)に示すのは，基本反転増幅回路のグラウンド電位を単電源の中間電圧にバイアスした回路です．単電源用OPアンプだけでなく，両電源用OPアンプでも使えます．両電源用は一般に入力端子の電圧がグラウンド電位(0 V)近傍まで下がると位相反転が起きますが，この場合は電源電圧の中間電位になるため位相反転は起きません．

OPアンプの端子　　コラム

図5-Aと以下に，OPアンプが持つ各端子の役割を示します．
(1) 非反転入力
(2) 反転入力
(3) 出力
(4) 電源V_+(+側電源)
(5) 電源V_-(-側電源)あるいはGND

五つの端子を持ち，たいてい出力から反転入力へ負帰還を行って動作させます．出力信号を反転入力へ負帰還することにより，ゲインをはじめとする特性を安定にしています．OPアンプで増幅回路を作るときは必ず負帰還を行い，負帰還を行わないOPアンプ回路はコンパレータといいます．

図5-Bに一番よく使われる8ピンDIP/SOPのOPアンプICの接続を示します．1個入りでは，1-5ピンまたは1-8ピン間に半固定抵抗を入れ，スライダをV_+またはV_-に接続して，オフセット電圧を調整できるICが多いです．オフセット電圧は第6章で説明しますが，直流増幅のときに問題となる誤差で，非反転入力と反転入力間の入力電圧が0 Vでも出力が0 Vにならずにある電圧$V_{O(ofs)}$です．オフセット調整端子のない2個入りOPアンプICでは，回路を付加してオフセット電圧を調整することになり少し面倒です．

5-4 交流反転増幅回路の出力電圧

交流信号だけを増幅する

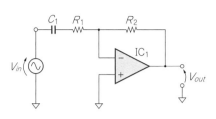

■ 数式
$$V_{out} = -\frac{j\omega C_1 R_2}{1 + j\omega C_1 R_1} V_{in}$$
カットオフ周波数 f_C は，次のようになる．
$$f_C = \frac{1}{2\pi C_1 R_1}$$
$f \gg f_C$ では，次のようになる．
$$V_{out} \fallingdotseq -\frac{R_2}{R_1} V_{in}$$

■ 計算例
$R_1 = R_2 = 16\text{k}\Omega$, $C_1 = 0.1\mu\text{F}$
とすると，次のようになる．
$f_C \fallingdotseq 99.5 \fallingdotseq 100\text{Hz}$
$V_{out(f \gg f_C)} \fallingdotseq -V_{in}$

図5-8 回路と数式

図5-8に示すのは，基本反転増幅回路の入力抵抗に直列にコンデンサを入れた交流反転増幅回路です．直流ぶんをカットして，交流信号だけを増幅します．

入力インピーダンスが低いので，信号源インピーダンスが大きいと大きな誤差を生じます．

入力インピーダンスは R_1 で決められます．入力バイアス電流の少ないFET入力のOPアンプを使えば，R_1 の値は10MΩ程度まで高くできます．

入力部分は微分回路になっています．スイッチでOFFからONにした交流信号を入力すると過渡現象が生じます．スイッチでOFFからONにする動作は，式で表すとステップ関数になります．よって入力信号はステップ関数と交流信号の積になります．

出力波形は7-1項で紹介する抵抗とコンデンサによる微分回路のステップ関数による過渡現象に，交流信号が加算された波形になります．

必要な出力は過渡現象終了後の定常状態にある交流信号です．ステップ関数による出力側の直流ぶんは，7-2項の表7-1に示す値を1(=100%)から引いた値です．表7-1で時定数 τ は $\tau = C_1 R_1$ です．スイッチをOFFからONしたとき，OPアンプ出力直流ぶんの電圧は $-V_{DC} R_2 / R_1$ から0Vに近づいていきます．$-V_{DC} R_2 / R_1$ の1%になる時間は，時定数の4.61倍です．V_{DC} は入力側の直流電圧，$-R_2 / R_1$ は反転増幅回路のゲインです．

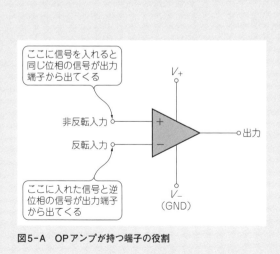

図5-A OPアンプが持つ端子の役割

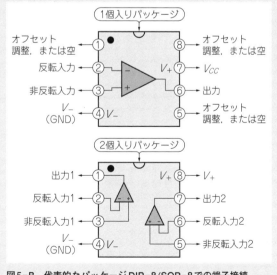

図5-B 代表的なパッケージDIP-8/SOP-8での端子接続

5-5 T型帰還反転増幅回路のゲイン

反転増幅回路の入力インピーダンスを高くする

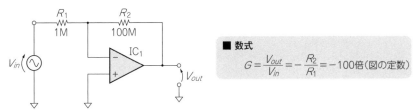

(a) 高抵抗を必要とする反転増幅回路

数式

$$G = \frac{V_{out}}{V_{in}} = -\frac{R_2}{R_1} = -100 \text{倍（図の定数）}$$

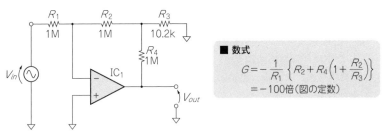

(b) 抵抗値を下げたT型帰還回路

数式

$$G = -\frac{1}{R_1}\left\{R_2 + R_4\left(1 + \frac{R_2}{R_3}\right)\right\}$$
$$= -100 \text{倍（図の定数）}$$

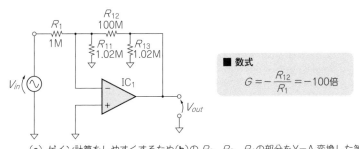

(c) ゲイン計算をしやすくするため(b)の R_2, R_3, R_4 の部分を Y−Δ 変換した等価回路

数式

$$G = -\frac{R_{12}}{R_1} = -100 \text{倍}$$

図5-9　回路と数式

図5-9に，基本反転増幅回路の入力インピーダンスが低いという欠点を払拭できる，T型帰還型の反転増幅回路を示します．

反転増幅回路の入力抵抗R_1を高くすると，ゲインを決定する帰還抵抗R_2も大きくなります．例えば図5-9(a)のようにゲイン-100倍で入力抵抗1MΩとすると，帰還抵抗は100MΩと大きくなり抵抗精度と価格，入手性の面で問題が発生します．また，プリント基板に直接実装して湿度の高い環境で使用すると，基板の絶縁抵抗により抵抗値が低くなり，ゲインの誤差が大きくなります．そこで使う抵抗を1MΩ以下にするように工夫したのが図5-9(b)のT型帰還増幅回路です．この回路の欠点は，基本反転増幅回路に対し，種々の理由でノイズが増加することです．

ゲインの計算はY(スター)-Δ(デルタ)変換(4-7項参照)を行って図5-9(c)の等価回路で考えればすぐできます．R_{11}は反転入力端子とグラウンド間に接続されますが，この間の電圧はバーチャル・ショートにより0Vなので，R_{11}はあってもなくても同じで無視できます．R_{13}は電圧源と考えられる出力端子とグラウンド間に接続されますから，これも無視できます．結局，ゲインGの計算は，R_{11}とR_{13}を無視して図中の式で示すように，

$$G = -R_{12}/R_1 = -100 \text{倍}$$

となります．

外部入力端子を持つ増幅回路の入力抵抗は，1MΩが標準的な値です．これは，オシロスコープに合わせているからです．入力端子をBNCコネクタにしておけば，オシロスコープ用10：1プローブを使用することで，容易に入力抵抗を10MΩにできます．

5-6 非反転増幅回路のゲイン

正負同相で増幅する

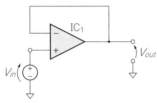

■ 数式
バーチャル・ショートより，次のようになる．
$V_1 = V_{in}$
$\therefore G = \dfrac{V_{out}}{V_{in}} = \dfrac{R_1 + R_2}{R_1}$

■ 計算例
$G = 10$倍，$R_1 = 1k\Omega$とすると，次のようになる．
$R_2 = (G-1)R_1 = 9k\Omega$

(a) 非反転増幅回路

■ 数式
$G = \dfrac{V_{out}}{V_{in}} = 1$倍

(b) ゲイン1倍のボルテージ・フォロワ

図5-10 回路と数式

　図5-10(a)に示すのが非反転増幅回路です．入力インピーダンスが非常に高いため，信号源インピーダンスの高い部分に接続しても信号源電圧を正しく検出できます．

　等価負荷抵抗の考え方は反転増幅回路と同じです．図5-5に示した負荷抵抗-最大出力電圧特性から，一般的なOPアンプでは等価負荷抵抗が2kΩ以上になるようにします．高周波用OPアンプでは100Ω以上にします．図5-6からわかるように，低消費電力のCMOS OPアンプでは等価負荷抵抗に極端に大きな値が必要になることもあります．詳細は使用するOPアンプのデータシートを見て検討します．

　図5-10(b)に示すのは，OPアンプ以外の部品を使わない，ゲインが正確に1倍の非反転増幅回路です．特に，ボルテージ・フォロワまたはユニティ・ゲイン・バッファと呼びます．

5-7 単電源非反転増幅回路の出力電圧

高入力インピーダンスで正電圧を増幅する

　図5-11に示すのは単電源の非反転増幅回路です．入力インピーダンスが非常に高いため，信号源インピーダンスに影響されない増幅ができます．

　図5-11では，電源電圧のマイナス側と入出力電圧の基準をグラウンドにしています．単電源用OPアンプICや入力レール・ツー・レールのOPアンプICを使います．

　入力電圧がプラスのときに動作して，入力電圧が$0V \sim V_+$間にあれば，両電源用OPアンプを使用しない限り位相反転は起きません．

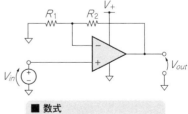

■ 数式
$V_{out} = \dfrac{R_1 + R_2}{R_1} V_{in}$
$V_{out} \geqq 0V$
より，V_{in}は正電圧($V_{in} \geqq 0V$)の必要がある．

図5-11 回路と数式

5-8 交流非反転増幅回路のゲイン

高入力インピーダンスで交流信号だけを増幅する

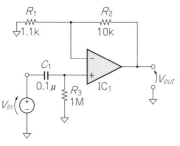

■ 数式

$$G = \frac{V_{out}}{V_{in}} = \frac{j\omega C_1 R_3}{1 + j\omega C_1 R_3} \cdot \frac{R_1 + R_2}{R_1}$$

$$f_C = \frac{1}{2\pi C_1 R_3}$$

$f \gg f_C$ では次のようになる.

$$G \fallingdotseq \frac{R_1 + R_2}{R_1}$$

■ 計算例

$R_1 = 1.1\text{k}\Omega$, $R_2 = 10\text{k}\Omega$, $R_3 = 1\text{M}\Omega$,
$C_1 = 0.1\mu\text{F}$ とすると次のようになる.
　　$f_C \fallingdotseq 1.59\text{Hz}$
$f \gg f_C$ では次のようになる.
　　$G \fallingdotseq 10.09$倍

図5-12 回路と数式

図5-12に示すのは,直流ぶんをカットして交流信号だけを増幅する交流非反転増幅回路です.基本非反転増幅回路の入力抵抗に直列にコンデンサを入れた回路です.

入力インピーダンスはR_3で決められます.入力バイアス電流の少ないFET入力のOPアンプを使えば,R_3の値は10MΩ程度まで高くできます.

R_3がなければOPアンプの超高入力インピーダンスが支配的になるはずですが,入力端子が直流的にグラウンドから浮いているとOPアンプは動作しません.

任意の2点間の電圧差を取り出して正確に増幅する差動増幅回路　［コラム］

差動増幅回路は,入力信号に含まれる不要なコモン・モード・ノイズ(同相雑音)を除去し,必要な信号だけを取り出す回路です.コモン・モード・ノイズが大きい環境では非常に有効です.コモン・モード・ノイズは,図5-C(a)のように大地と信号源の間に表れるのが一般的です.

差動増幅回路は,入力信号の差動成分だけを取り出し同相成分を除去します.図5-C(b)に示すように差動ゲインG_{DM}と同相ゲインG_{CM}との比すなわちコモン・モード・ノイズの除去比を$CMRR$(Common Mode Rejection Ratio, 同相除去比)と呼び,差動増幅回路では重要なパラメータです.差動増幅回路では同相ゲインがゼロ($-\infty$ dB)に近いほど良く,ゼロであれば$CMRR$は無限大になります.

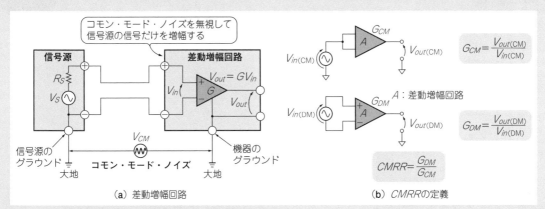

(a) 差動増幅回路　　　(b) $CMRR$の定義

図5-C 入力信号の差動成分だけを取り出して同相成分を除去する
差動ゲインG_{DM}と同相ゲインG_{CM}との比である同相除去比$CMRR$が重要なパラメータ

5-9 基本差動増幅回路の出力電圧

同相入力インピーダンスが反転/非反転入力で等しい

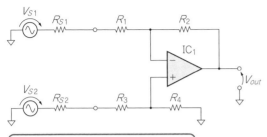

■ 数式
$R_{S1} = R_{S2} = 0$とすると次のようになる.
$$V_{out} = \frac{R_4}{R_3+R_4} \frac{R_1+R_2}{R_1} V_{S2} - \frac{R_2}{R_1} V_{S1}$$
ここで$R_1 = R_3$, $R_2 = R_4$とすると, 出力電圧V_{out}[V]と差動ゲインG_{DM}[倍]は次のようになる.
$$V_{out} = \frac{R_2}{R_1}(V_{S2} - V_{S1}), \quad G_{DM} = \frac{R_2}{R_1}$$
R_{S1}, R_{S2}が0でなければ次のようになる.
$$V_{out} = \frac{R_2}{R_1+R_{S1}} \left(\frac{R_1+R_2+R_{S1}}{R_1+R_2+R_{S2}} V_{S2} - V_{S1} \right)$$

■ 計算例
$G_{DM} = 10$倍, $R_1 = R_3 = 10\,\mathrm{k}\Omega$, $R_2 = R_4$,
$R_{S1} = R_{S2} = 0\,\Omega$とすると,
$R_2 = G_{DM} R_1 = 100\,\mathrm{k}\Omega$
∴ $R_2 = R_4 = 100\,\mathrm{k}\Omega$

図5-13 回路と数式

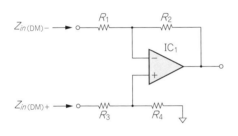

■ 数式
$R_1 = R_3$, $R_2 = R_4$とすると反転入力側, 非反転入力側の差動入力インピーダンスは次のようになる.
$Z_{in(DM)-} = R_1$
$Z_{in(DM)+} = R_3 + R_4$
$\quad\quad\quad = R_1 + R_2$

(a) 差動入力インピーダンス

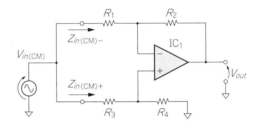

■ 数式
$R_1 = R_3$, $R_2 = R_4$とすると差動増幅回路だから出力電圧V_{out}は次のようになる.
$V_{out} = 0$
よって, 非反転側, 反転側の同相入力インピーダンスは次のように求まる.
$Z_{in(CM)+} = R_3 + R_4 = R_1 + R_2$
$Z_{in(CM)-} = R_1 + R_2$
∴ $Z_{in(CM)+} = Z_{in(CM)-}$

(b) 同相入力インピーダンス

図5-14 差動入力インピーダンスが違っても同相入力インピーダンスが等しいことが重要

図5-13に示すのは, OPアンプ1個と抵抗4本で構成された基本差動増幅回路です. 反転入力と非反転入力間の信号を増幅します.

基本差動増幅回路の入力インピーダンスは反転入力側でR_1, 非反転入力側で$(R_1 + R_2)$とアンバランスで低くなっています. ただし, 差動増幅回路の特性で重要なCMRR(同相信号除去比)に影響する同相入力インピーダンスは, 両入力とも$(R_1 + R_2)$とバランスしています.

入力インピーダンスが低いので, 信号源インピーダンスが低いときに使用します.

反転増幅回路と同様に, 反転入力と非反転入力間の信号源インピーダンスが誤差の原因です. ただし, 信号源インピーダンスを無視できるほど入力インピーダンスが大きければ誤差の原因にはなりません.

● 実際に使うときのチェック・ポイント
図5-14に示す回路で$R_1 = R_2 = R_3 = R_4 = 10\,\mathrm{k}\Omega$とすると, ゲイン1倍の差動増幅回路になります.

差動入力インピーダンスは, 反転入力側を$Z_{in(DM)-}$, 非反転入力側を$Z_{in(DM)+}$とすると, それぞれ$10\,\mathrm{k}\Omega$と$20\,\mathrm{k}\Omega$となり, 大きく異なります.

$Z_{in(DM)-} = R_1 = 10\,\mathrm{k}\Omega$
$Z_{in(DM)+} = R_3 + R_4 = 20\,\mathrm{k}\Omega$

一方, 同相入力インピーダンスは, 反転入力側を

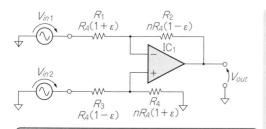

■ 数式

$$V_{out} = \frac{R_2}{R_1}(V_{in2} - V_{in1}) + \frac{R_1 R_4 - R_2 R_3}{R_1(R_3 + R_4)} V_{in2}$$

よって，$CMRR$は差動ゲインG_{DM}と同相ゲインG_{CM}から次のようになる．

$$G_{DM} = \frac{R_2}{R_1}, \quad G_{CM} = \frac{R_1 R_4 - R_2 R_3}{R_1(R_3 + R_4)}$$

$$\therefore CMRR = \frac{R_2}{R_1} \frac{R_1(R_3 + R_4)}{R_1 R_4 - R_2 R_3}$$

ここで誤差±εの抵抗を使えば次のようになる．
$R_1 = R_A(1+\varepsilon)$, $R_2 = nR_A(1-\varepsilon)$, $R_3 = R_A(1+\varepsilon)$, $R_4 = nR_A(1+\varepsilon)$,
$n = G_{DM}$より，次のように求まる．

$$\therefore CMRR = \frac{1 + G_{DM}}{\left|\frac{1+\varepsilon}{1-\varepsilon} - \frac{1-\varepsilon}{1+\varepsilon}\right|} \fallingdotseq \frac{1 + G_{DM}}{4\varepsilon}$$

■ 計算例

誤差1%（$\varepsilon = 0.01$）の抵抗を使用し，$G_{DM} = 10$倍とすると次のようになる．
$CMRR = 275 = 48.8$dB

図5-15 同相除去比$CMRR$を高めるには高精度な抵抗が必要

$Z_{in(CM)-}$，非反転入力側を$Z_{in(CM)+}$とすると，次のようにいずれも$20\,k\Omega$と等しくなります．

$$Z_{in(CM)-} = R_1 + R_2 = 20\,k\Omega$$
$$Z_{in(CM)+} = R_3 + R_4 = 20\,k\Omega$$

ここで，$R_1 = R_2 = 20\,k\Omega$，$R_3 = R_4 = 10\,k\Omega$とすれば，差動入力インピーダンス$Z_{in(DM)-}$は$20\,k\Omega(=R_1)$，$Z_{in(DM)+}$は$20\,k\Omega(=R_3+R_4)$と，反転入力と非反転入力で等しくなりますが，同相入力インピーダンスは反転入力側$Z_{in(CM)-}$で$40\,k\Omega(=R_1+R_2)$，非反転入力側$Z_{in(CM)+}$で$20\,k\Omega(=R_3+R_4)$と異なります．

差動増幅回路は，差動入力インピーダンスが反転入力と非反転入力で違っても，同相入力インピーダンスが反転入力と非反転入力で等しいことが重要です．

OPアンプの反転入力と非反転入力の浮遊容量は，極端にアンバランスなパターンにしない限りほぼ等しくなります．同相入力インピーダンスが等しければ（$R_1 = R_3$，$R_2 = R_4$であれば），浮遊容量による周波数特性への影響は反転入力と非反転入力で等しくなり，同相信号はキャンセルされます．

信号源インピーダンスが小さければ，同相入力インピーダンスを反転入力と非反転入力で等しくすると$CMRR$を高くできます．

例えば，差動入力電圧$200\,V$，出力電圧$2\,V$の$100\,V$交流電源用差動増幅回路を考えると，$R_1 = R_3 = 5.1\,M\Omega$，$R_2 = R_4 = 51\,k\Omega$となるので，信号源インピーダンス（数Ω以下）は無視できます．差動入力インピーダンスや同相入力インピーダンスが大きければ，信号源インピーダンスは誤差の原因にはなりません．

図5-15に抵抗誤差と$CMRR$の関係を示します．差動ゲイン10倍で誤差±1％の抵抗を使うと，$CMRR$は$50\,dB$程度が期待できます．

正確な差動ゲインG_{DM}と高い$CMRR$は高精度抵抗を使えば簡単に実現できますが，あり合わせの抵抗を使う方法もあります．この簡易的な調整方法を**図5-16**に示します．図示の調整順序で行えば，最短で調整できます．

差動増幅回路の$CMRR$は，信号源インピーダンスとOPアンプ自体の$CMRR$によっても低下します．高い$CMRR$を実現するには，信号源インピーダンスがゼロで，高$CMRR$のOPアンプを使う必要があります．

信号源インピーダンスが高く，入力インピーダンスが問題になるような応用では5-10項の2アンプ型インスツルメンテーション・アンプを採用します．

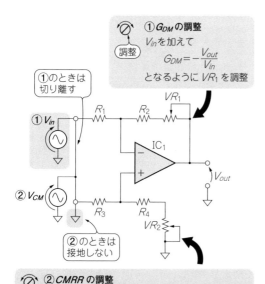

図5-16 あり合わせの抵抗で高い同相除去比$CMRR$を得るための調整方法

5-10 2アンプ型インスツルメンテーション・アンプのゲインとCMRR

高入力インピーダンスだが高周波でいまひとつ

図5-17に示すのは,基本差動増幅回路の入力インピーダンスの低さを2個のアンプだけで解決した差動増幅回路です.計装用途に使われることが多いため,インスツルメンテーション・アンプと呼ばれています.

5-11項の3アンプ型インスツルメンテーション・アンプのほうがよく使われています.

反転入力側の信号がOPアンプIC_1とOPアンプIC_2を通り,非反転入力側の信号がOPアンプIC_2だけを通ります.高周波ではOPアンプを通るたびにゲインに微小な誤差を生じ位相も回るため,反転入力側の信号と非反転入力側の信号がアンバランスになって,高周波のCMRRが劣化する欠点があります.

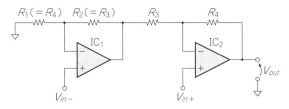

■ 数式
$R_1 = R_4$, $R_2 = R_3$, 抵抗誤差を$\pm \varepsilon$とすると次のようになる.
$$G_{DM} = 1 + \frac{R_4}{R_3}$$
$$CMRR \simeq \frac{G_{DM}}{4\varepsilon}$$
ただし,G_{DM}:差動ゲイン[倍]

■ 計算例
$G_{DM} = 10$倍,$R_3 = 10\mathrm{k}\Omega$,抵抗誤差$\varepsilon = 0.01$とすると次のようになる.
$R_4 = (G_{DM} - 1) R_3 = 9\mathrm{k}\Omega$
∴ $R_1 = R_4 = 9\mathrm{k}\Omega$, $R_2 = R_3 = 10\mathrm{k}\Omega$
$CMRR = 250 = 48\mathrm{dB}$

図5-17
回路と数式

回路図ではパスコンと電源が省略されている

コラム

OPアンプを使う場合には,図5-Dのように電源端子とグラウンド間に,デカップリング用バイパス・コンデンサ(パスコン)として0.1μFのセラミック・コンデンサを接続します.基板の電源入力部分には,1mA当たり1μF,100mAで100μFの電解コンデンサを入れておきます.

部分的な回路図ではOPアンプの電源接続が省略されることが多いですが,全体回路図では基板の電源入力部分にパッケージのピン接続と一緒にまとめて描かれることが多いです.

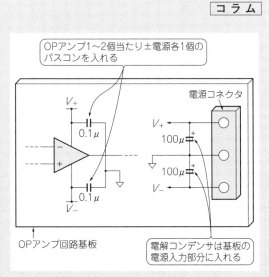

図5-D 回路図では電源とパスコンが省略されている

5-11　3アンプ型インスツルメンテーション・アンプのゲインとCMRR

高入力インピーダンスで高CMRR

図5-18に示すのは，高性能で入力インピーダンスも高い差動増幅回路です．

$R_2 = R_3$の条件は必須ではありません．高周波特性を考え，二つの反転入力端子から見たインピーダンスを等しくするために，このようにしています．

入力段に非反転増幅回路を使用しているため，入力インピーダンスは無限大と考えられるほど大きくなっています．

本回路のように入力インピーダンスが高い差動増幅回路は産業プラントなどの計装（instrumentation）用途に多用されているため，特にインスツルメンテーション・アンプ（instrumentation amplifier，計装増幅器）と呼ばれています．

IC化されたインスツルメンテーション・アンプといえばほとんどがこの構成で，各社からICが出ています．OPアンプ3個と高価な高精度抵抗7個で構成するよりも，専用ICを使ったほうが簡単で安価です．

初段（IC_1とIC_2）のゲインが大きいとCMRRが大きくなります．IC化されたインスツルメンテーション・アンプを見てもほとんどが終段（IC_3）のゲインは1倍です．

反転入力側の信号と，非反転入力側の信号がバランスしているため，2アンプ型に比べ高周波でのCMRRの劣化が少なくなっています．

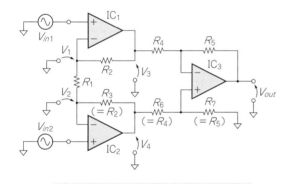

バーチャル・ショートを適用して，
$V_{in1} = V_1$，$V_{in2} = V_2$
重ね合わせの理より，
$$V_1 = \frac{R_1 + R_3}{R_1 + R_2 + R_3} V_3 + \frac{R_2}{R_1 + R_2 + R_3} V_4$$
$$V_2 = \frac{R_3}{R_1 + R_2 + R_3} V_3 + \frac{R_1 + R_2}{R_1 + R_2 + R_3} V_4$$
$$\therefore V_3 = \frac{R_1 + R_2}{R_1} V_{in1} - \frac{R_2}{R_1} V_{in2}$$
$$V_4 = \frac{R_1 + R_3}{R_1} V_{in2} - \frac{R_3}{R_1} V_{in2}$$
$$\therefore V_4 - V_3 = \frac{R_1 + R_2 + R_3}{R_1}(V_{in2} - V_{in1})$$
$R_4 = R_6$，$R_5 = R_7$とすれば，
$$G_{DM} = \frac{V_{out}}{V_{in2} - V_{in1}} = \frac{R_1 + R_2 + R_3}{R_1} \cdot \frac{R_5}{R_4}$$
$R_2 = R_3$とすれば，
$$\therefore G_{DM} = \frac{R_1 + 2R_2}{R_1} \cdot \frac{R_5}{R_4}$$

■ 数式
$R_2 = R_3$，$R_4 = R_6$，$R_5 = R_7$．抵抗誤差を$\pm\varepsilon$とするとゲインとCMRRは次のようになる．
$$G_{DM} = \frac{R_1 + 2R_2}{R_1} \cdot \frac{R_5}{R_4}$$
$$CMRR \fallingdotseq \frac{R_1 + 2R_2}{R_1} \cdot \frac{1 + \frac{R_5}{R_4}}{4\varepsilon}$$

■ 計算例
$G_{DM} = 100$倍，$R_2 = R_3 = R_4 = R_5 = R_6 = R_7 = 10k\Omega$
抵抗誤差$\varepsilon = 0.01$とすると次のようになる．
$$R_1 = \frac{2R_2 R_5}{R_4 G_{DM} - R_5} \fallingdotseq 202\Omega$$
$$CMRR = 5000 \fallingdotseq 74dB$$

図5-18　回路と数式

5-12 交流結合差動増幅回路のゲイン

交流成分だけを差動増幅

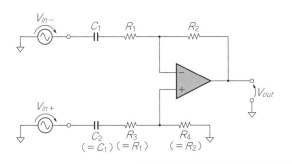

■ 数式
$C_1 = C_2$, $R_1 = R_3$, $R_2 = R_4$ とすると差動ゲイン G_{DM} は次のようになる.

$$G_{DM} = \frac{j\omega C_1 R_2}{1 + j\omega C_1 R_1}$$

カットオフ周波数 f_C は, 次のとおり.

$$f_C = \frac{1}{2\pi C_1 R_1}$$

$f \gg f_C$ すなわち $\omega \gg \omega_C$ ならば, 次のように求まる.

$$G_{DM(\omega \gg \omega_C)} = \frac{R_2}{R_1}$$

■ 計算例
$G_{DM(\omega \gg \omega_0)} = 10$ 倍, $R_1 = 10\text{k}\Omega$, $f_C = 10\text{kHz}$ とすると次のようになる.
$R_2 = R_1 G_{DM(\omega \gg \omega_0)} = 100\text{k}\Omega$
$C_1 = \frac{1}{2\pi f_C R_1} \fallingdotseq 1.59\mu\text{F}$
よって, 各定数は次のように求まる.
$R_1 = R_3 = 10\text{k}\Omega$, $R_2 = R_4 = 100\text{k}\Omega$
$C_1 = C_2 = 1.59\mu\text{F}$

(a) 交流結合の基本差動増幅回路

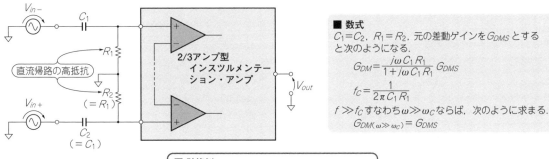

■ 数式
$C_1 = C_2$, $R_1 = R_2$, 元の差動ゲインを G_{DMS} とすると次のようになる.

$$G_{DM} = \frac{j\omega C_1 R_1}{1 + j\omega C_1 R_1} G_{DMS}$$

$$f_C = \frac{1}{2\pi C_1 R_1}$$

$f \gg f_C$ すなわち $\omega \gg \omega_C$ ならば, 次のように求まる.
$G_{DM(\omega \gg \omega_C)} = G_{DMS}$

■ 計算例
$R_1 = 1\text{M}\Omega$, $f_C = 10\text{Hz}$ とすると次のようになる.
$$C_1 = \frac{1}{2\pi f_C R_1} \fallingdotseq 0.0159\mu\text{F}$$

(b) 高入力インピーダンスな交流結合インスツルメンテーション・アンプ

図5-19 回路と数式

交流結合差動増幅回路は, 図5-19(a)のように入力にコンデンサを入れます. 基本差動増幅回路の差動入力インピーダンスは反転入力と非反転入力で異なりますが, カットオフ周波数は, 図中の式で示すように5-4項の交流反転増幅回路と同じです.

高入力インピーダンスが必要な場合は, インスツルメンテーション・アンプの入力に直列コンデンサと直流帰路を与える高抵抗を入れて図5-19(b)のようにすれば構成できます.

いずれにせよ, カットオフ周波数が反転入力と非反転入力でそろっていないと, カットオフ周波数近傍の $CMRR$ が悪化します. カットオフ周波数近傍で高 $CMRR$ が必要な場合は, 高精度の抵抗とコンデンサでカットオフ周波数をそろえるようにします.

5-13 両電源から単電源差動増幅回路への変換

電源が片極性のときに使う

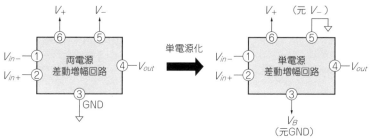

(a) 差動増幅回路を単電源化する方法

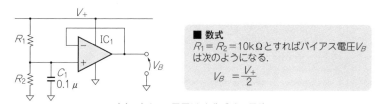

■ 数式
$R_1 = R_2 = 10\text{k}\Omega$ とすればバイアス電圧 V_B は次のようになる.
$$V_B = \frac{V_+}{2}$$

(b) バイアス電圧 V_B を生成する回路

図5-20 回路と数式

　単電源差動増幅回路は，**図5-20(a)** のように両電源で使ったときの接続を変えて作ります．グラウンドに接続した抵抗を，電源電圧の中点などのバイアス電圧に接続し，マイナス電源 V_- に接続していた端子をグラウンドに接続します．

　ひずみゲージ(ストレイン・ゲージ)のセンサ・アンプとしてはこの使い方が多いです．

　バイアス電圧は**図5-20(b)** のように，OPアンプを使ったボルテージ・フォロワで出力します．

　IC化された単電源で使えるインスツルメンテーション・アンプにも，たいてい，端子として直接内部の抵抗が引き出されていて，バイアス電圧を加えられるようになっています．

　低インピーダンスのバイアス電圧源(OPアンプを使ったボルテージ・フォロワなど)に接続しないと，出力に大きな誤差を生じる場合が多いです．

パッケージ内で使わないOPアンプの端子処理　　コラム

　1個のパッケージの中に複数のOPアンプが入ったICがあります．その中で使わないOPアンプは図5-Eのように処理します．抵抗を入れたり，ゲインを設定するときはデータシートで確認します．ほとんどのOPアンプは図5-E(a)のように抵抗は不要です．

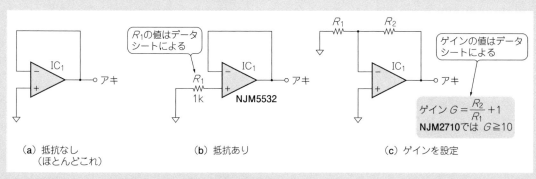

(a) 抵抗なし (ほとんどこれ)　　(b) 抵抗あり　　(c) ゲインを設定

図5-E　複数入りOPアンプICで使わない端子を処理する方法

5-14 単電源差動増幅回路のバイアス電圧

マイコンにアナログ信号を上手に入力できる

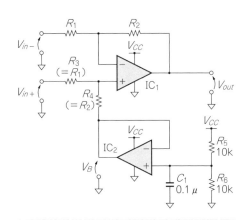

■ 数式
一般にバイアス電圧 V_B は同相入力電圧と等しくする.
$$V_B = \frac{V_{in-} + V_{in+}}{2} = \frac{R_6}{R_5 + R_6} V_{CC}$$
$(V_B = V_{CC}/2)$

図5-21 単電源基本差動増幅回路のバイアス電圧

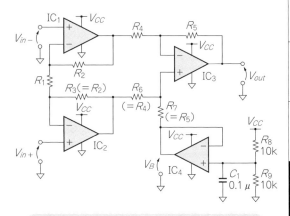

■ 数式
一般にバイアス電圧 V_B は同相入力電圧と等しくする.
$$V_B = \frac{V_{in-} + V_{in+}}{2} = \frac{R_9}{R_8 + R_9} V_{CC}$$

図5-23 単電源3アンプ型インスツルメンテーション・アンプのバイアス電圧

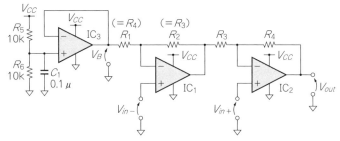

図5-22 単電源2アンプ型インスツルメンテーション・アンプのバイアス電圧

■ 数式
一般にバイアス電圧 V_B は同相入力電圧と等しくする.
$$V_B = \frac{V_{in-} + V_{in+}}{2} = \frac{R_6}{R_5 + R_6} V_{CC}$$

　最近はマイコン・システムのアナログ入出力にOPアンプを組み合わせて使うことが多くなりました．マイコン・システムの電源としては，＋5Vや＋3.3Vの単電源が多く，それと組み合わせて使用するOPアンプ回路が単電源で構成できれば，大幅なコストダウンになります．

　反転増幅回路や非反転増幅回路は前述のように，バイアス電圧を与えれば単電源化は容易です．ここでは差動増幅回路の単電源化の方法を紹介します．

　差動増幅回路では最も大切な特性であるCMRRを悪化させないように，オフセット調整と同様に，OPアンプをもう1個用意してバイアス電圧を与えます．バイアス電圧は同相入力電圧に等しくするのが一般的です．

　図5-21に示すのが単電源基本差動増幅回路です．両電源基本差動増幅回路のR_4にバイアス電圧を与えて単電源化します．ただし，入力電圧が，$V_{in+} > V_{in-} > 0V$の関係にあれば，V_{out}は常に＋（正）ですから，バイアス電圧は不要です．

　図5-22に示すのが単電源2アンプ型差動増幅回路です．両電源2アンプ型差動増幅回路のR_1にバイアス電圧を与えて単電源化します．

　図5-23に示すのが単電源3アンプ型差動増幅回路です．両電源3アンプ型差動増幅回路のR_7にバイアス電圧を与えて単電源化します．

5-15 ゲイン±1倍の差動出力回路

入力に差動信号が必要な回路に

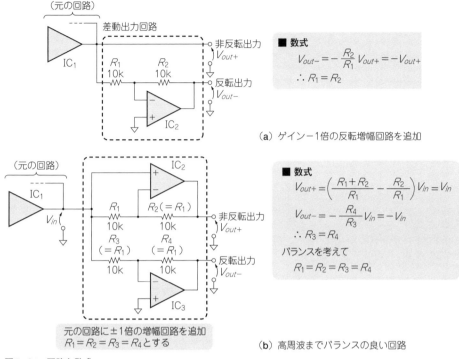

(a) ゲイン−1倍の反転増幅回路を追加

(b) 高周波までバランスの良い回路

図5-24 回路と数式

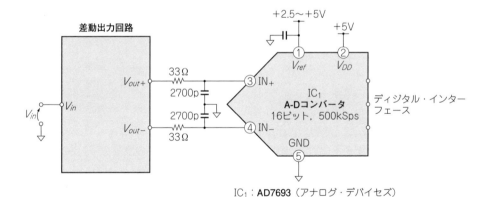

図5-25 A-Dコンバータの入力回路への応用

A-DコンバータICやその他の回路には差動信号が必要な入力端子を持っているものがあります．差動出力回路は差動入力端子を駆動するための回路です．

図5-24に差動出力回路を示します．図5-24(a)は入力信号を非反転出力とし，ゲイン−1倍の反転増幅回路によって反転出力を作り，差動出力信号としています．反転出力は非反転出力と比べて信号経路にOPアンプが1個多いため，信号周波数が高いところでは差動出力信号がアンバランスになります．

図5-24(b)は非反転出力と反転出力を同一帰還量の増幅回路で作り，すべての抵抗を等しくして高周波までのバランスを向上させています．

図5-25に，A-DコンバータAD7693の差動入力に信号を供給するための，差動出力回路の使いかたを示します．

第6章 高性能アンプの設計
OPアンプICを使いこなしてアナログ信号を正確に増幅する

OPアンプ回路を設計するとき，現実のOPアンプICを理想OPアンプに近似して設計してもある程度の性能は出せますが，現実のOPアンプICの特性を用いてゲイン誤差を最小にするよう設計すると，さらに高性能なアンプができます．

ここでは，理想OPアンプでは無視した特性である，入力オフセット電圧と入力バイアス/オフセット電流，雑音，ゲインの周波数特性について説明し，高性能アンプの設計法について述べます．

6-1 入力オフセット電圧と入力バイアス/オフセット電流

直流誤差の原因

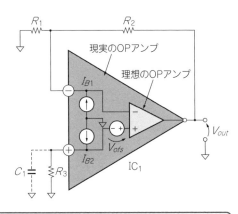

V_{ofs}：入力オフセット電圧
I_{B1}, I_{B2}：入力バイアス電流
$I_{ofs}=|I_{B1}-I_{B2}|$：入力オフセット電流

■ 計算例（IC_1がNJM2904のとき）
$V_{ofs}=7\text{mV}$, $I_B=250\text{nA}$, $I_{ofs}=50\text{nA}$, $R_1=R_2=10\text{k}\Omega$, $R_3=5\text{k}\Omega$とすると，次のようになる．
$V_{out(ofs)}=14.5\text{mV}$
$R_3=0\Omega$とすると
$V_{out(ofs)}=16.5\text{mV}$

注：後述の抵抗雑音が無視できないときは$R_3=0\Omega$とするか，$C_1=0.1\mu\text{F}$をR_3に直列に接続する．

■ 数式
V_{ofs}のV_{out}への影響は次のとおり．
$$V_{out}(V)=V_{ofs}\frac{R_1+R_2}{R_1}$$
I_{B1}のV_{out}への影響は
$$V_{out}(I_{B1})=\left|I_{B1}(R_1//R_2)\frac{R_1+R_2}{R_1}\right|=I_{B1}R_2$$
I_{B2}のV_{out}への影響は
$$V_{out}(I_{B2})=I_{B2}R_3\frac{R_1+R_2}{R_1}$$
I_{ofs}のV_{out}への影響は
$$V_{out}(I)=V_{out}(I_{B2})-V_{out}(I_{B1})$$
$$=I_{B2}R_3\frac{R_1+R_2}{R_1}-I_{B1}R_2$$
ここで$R_3=R_1//R_2$とすると
$$V_{out}(I)=I_{ofs}R_2$$
なお出力オフセット電圧は
$$V_{out(ofs)}=V_{out}(V)+V_{out}(I)$$
である．

図6-1 実際のOPアンプは入力オフセット電圧と入力バイアス電流が誤差を生む
バイアス電流による影響がオフセット電圧による影響に比べて1/10以下になっていない場合は，バイアス電流の小さいOPアンプに変更するとよい．

図6-1に，入力オフセット電圧と入力バイアス/オフセット電流による，出力オフセット電圧への影響（直流誤差）を示します．入力オフセット電圧は理想OPアンプの入力に直列に入り，入力バイアス電流は理想OPアンプの入力とグラウンド間に入ると考えます．入力オフセット電流は，反転/非反転入力に入る入力バイアス電流の差です．

入力オフセット電流が入力バイアス電流よりも大幅に小さいときは，図6-1のR_3を接続すると，出力オフセット電圧への影響を少なくすることができます．ただしC_1を入れないと，後述する抵抗の熱雑音の影響で出力雑音が増加します．入力バイアス電流による出力オフセット電圧への影響が入力オフセット電圧による影響に比べて小さいときは，R_3は不要です．

6-2 反転増幅回路のオフセット調整方法

無信号時の出力がピッタリ 0 V に①

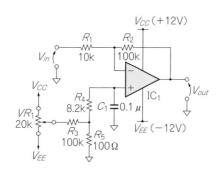

■ 数式
入力換算オフセット調整範囲を $-V_{ofs} \sim +V_{ofs}$ とすると,

$$-V_{ofs} > -\frac{R_2}{R_3} V_{CC}$$

$$+V_{ofs} < -\frac{R_2}{R_3} V_{EE}$$

■ 計算例
IC_1 を NJM072B とし, $V_{ofs}=10\text{mV}$, $V_{CC}=12\text{V}$, $V_{EE}=-12\text{V}$, $R_1=10\text{k}\Omega$, $R_2=100\text{k}\Omega$ とすると,

$$R_3 < \frac{V_{CC}}{V_{ofs}} R_2 = \frac{12}{10 \times 10^{-3}} \times 100 \times 10^3$$
$$=120\text{M}\Omega$$
$$\therefore R_3 = 10\text{M}\Omega$$

注:R_3 は 100MΩ としてもよいのだが,入手しやすい 10MΩ とする.

（a）オフセット調整電圧を反転入力へ注入

■ 数式
入力換算オフセット調整範囲を $-V_{ofs} \sim +V_{ofs}$ とすると,

$$+V_{ofs} < V_{CC} \frac{R_5}{R_3+R_5}$$

$$-V_{ofs} > V_{EE} \frac{R_5}{R_3+R_5}$$

■ 計算例
上記と同様に,

$$\frac{R_5}{R_3+R_5} > \frac{V_{ofs}}{V_{CC}} \fallingdotseq 0.00083$$

$R_5 = 100\Omega$ とすると,
$R_3 < 120\text{k}\Omega$
$\therefore R_3 = 100\text{k}\Omega$

（b）オフセット調整電圧を非反転入力へ注入

図6-2 回路と数式

オフセット調整端子がない OP アンプを使った反転増幅回路では,**図6-2**に示すようにオフセット調整電圧の注入個所の候補は2カ所あります.反転入力端子への注入は高抵抗が必要となり,電源雑音のバイパスも難しいことから,非反転入力端子への注入が一般的です.パスコンの C_1 は電源からの雑音を除去するだけでなく,前出の**図6-1**の抵抗雑音防止にもなります.

増幅システムや制御システムでは,反転増幅回路の非反転入力端子へオフセット電圧を注入して,システムとしてオフセット調整を行うこともよく行われています.その場合のオフセット注入電圧は,電源電圧をそのまま利用せず,TL431 のような高精度シャント・レギュレータ2個,または高精度シャント・レギュレータ1個に負電圧発生用の反転増幅回路を組み合わせて,±オフセット注入電圧を作ります.

コスト的にはシャント・レギュレータ2個のほうが優れていますが,OP アンプが1個余っていたらシャント・レギュレータ1個と余った OP アンプで作るのが良いでしょう.

6-3 非反転増幅回路のオフセット調整方法

無信号時の出力がピッタリ0Vに②

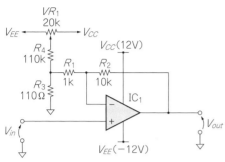

図6-3 回路と数式

■ 数式

$R_4 \gg R_3$ として,

$$G = \frac{V_{out}}{V_{in}} = \left(1 + \frac{R_4}{R_1 + R_3 // (R_4 + VR_1/4)}\right) \div \left(1 + \frac{R_4}{R_1 + R_3 // R_4}\right)$$

$$\approx 1 + \frac{R_2}{R_1 + R_3}$$

入力換算オフセット調整範囲を$-V_{ofs} \sim +V_{ofs}$とすると,

$$-V_{ofs} \approx \frac{R_3}{R_4} V_{EE}, \quad +V_{ofs} \approx \frac{R_3}{R_4} V_{CC}$$

調整の容易さからVR_1は下式程度の値にしておく.

$$R_4 \geq 5 VR_1$$

図6-3に示すように,非反転増幅回路では,反転増幅回路と異なりオフセット調整電圧の注入部分がゲインに影響を与えます.ゲインに与える影響をできるだけ少なくするように,ゲインの誤差は0.1%以下にします.図中の定数では0.01%以下ですから十分でしょう.

■ 計算例

IC_1をNJM072Bとし,$V_{ofs} = 10$ mV,$V_{CC} = +12$ V,$V_{EE} = -12$ Vとして$G = 10$倍のアンプを考える.$R_2 = 10$ kΩとすると,

$$R_1 + R_3 = 1.11 \text{ k}\Omega$$

より$R_1 = 1$ kΩ,$R_3 = 110$ Ωとして,

$$V_{ofs} \leq \frac{R_4}{R_3} V_{CC}$$

より$R_4 = R_3 \times 1000 = 110$ kΩ,$VR_1 = \frac{R_4}{5} \approx 20$ kΩ

オフセット調整範囲は± 12 mVとなる.

6-4 単電源増幅回路のオフセット調整方法

無信号時の出力がピッタリ0Vに③

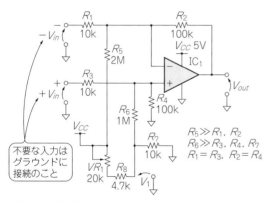

図6-4 回路と数式

■ 数式

$$G = \frac{R_2}{R_1}$$

$$V_{1max} \approx \frac{R_7}{R_7 + R_8} V_{CC}$$

$$V_{1min} \approx \frac{R_7}{R_7 + R_8 + VR_1} V_{CC}$$

$$+V_{ofs} \approx \frac{R_3 // R_4}{R_6} V_{1max} - \frac{R_2}{R_5} \frac{V_{CC}}{1+G}$$

$$-V_{ofs} \approx \frac{R_3 // R_4}{R_6} V_{1min} - \frac{R_2}{R_5} \frac{V_{CC}}{1+G}$$

■ 計算例

数値例はNJM2904($V_{ofs} = 7$mV),$G = 10$,$V_{CC} = 5$Vのとき,$R_1 = R_3 = 10$kΩとすると

$R_2 = R_4 = GR_1 = 100$kΩ

R_5,R_6,R_7,R_8,VR_1を図の定数とすると

$V_{1max} \approx 3.40$V
$V_{1min} \approx 1.44$V
$+V_{ofs} = 8.2$mV> 7mV(NJM2904の$+V_{ofs}$)
$-V_{ofs} = -9.6$mV< -7mV(NJM2904の$-V_{ofs}$)

となってオフセット調整可能である.

単電源増幅回路は,ほとんどの場合,適当な電圧にバイアスして使用しています.この場合はバイアス電圧を調整すれば問題ありません.

問題はグラウンドが基準電圧となっている場合です.本来なら正負の電圧を用意してオフセット調整を行いたいところですが,単電源のため負の電圧がないので不可能です.その場合は,図6-4に示すようにして行います.この回路は差動増幅回路の応用です.

オフセット調整機能付きOPアンプ　　　コラム

　OPアンプICには，オフセット調整端子が付いたものがあります．初期の汎用OPアンプICであるμA741（フェアチャイルド・セミコンダクター）から始まって，一つのパッケージに1個入りのOPアンプICに多いです．直流特性の優れた高精度OPアンプにもオフセット調整端子付きが多いです．

　図6-Aに安価な高精度OPアンプであるOP-07（アナログ・デバイセズ，他社からも同等品が多数出ている）のオフセット調整端子を示します．一般的には図6-A(a)のように，オフセット調整端子に20kΩの多回転トリマ・ポテンショメータを接続して調整しますが，精密に調整する場合は，図6-A(b)のように接続してオフセット調整を行います．

　OP07の場合，調整しなくても最大オフセット電圧は150μVで一般的な用途には十分すぎる特性です．汎用OPアンプにトリマ・ポテンショメータを付けてオフセット調整を行う場合のコストと，OP-07に限らず安価な高精度OPアンプを使用してオフセット調整を省略した場合のコストを比較すると，高精度OPアンプをオフセット調整なしで使用したほうが低コストになることから，安価な高精度OPアンプの使用例は多いです．

　オフセット調整端子を利用して，オフセット調整を行うときには注意が必要です．オフセット調整の原理は，内部にある初段の差動ペアの軽微なアンバランス分を補償してオフセット電圧をゼロにすることです．したがって，図6-Bに示すように当該OPアンプのオフセット電圧だけを調整します．ほかの要因によるオフセット電圧をこの端子を使用して調整することは厳禁です．そのようなオフセット調整を行うと，初段の差動ペアをアンバランスで動作させていることになり，システムとしてオフセット電圧がゼロになったとしても，温度変化によるドリフトは増大します．

　OPアンプを何個も有するアナログ・システムのオフセット調整は，できるだけ初段近くで6-2項で説明した反転増幅回路部分で代表して行うのが一般的です．トータルの直流ゲインが大きいときは電源電圧変動に敏感なので，オフセット調整用の±電源はTL431（テキサス・インスツルメンツ）のような高精度シャント・レギュレータで別個に用意します．

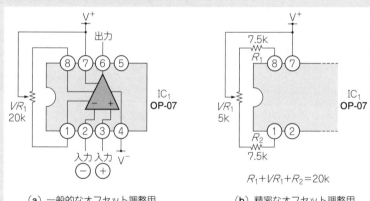

図6-A OP-07のオフセット調整法

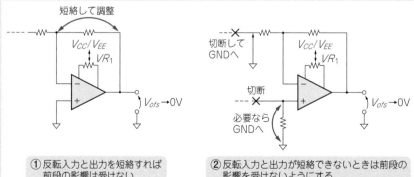

図6-B オフセット調整端子があるOPアンプのオフセット調整法

6-5 差動増幅回路のオフセット調整方法

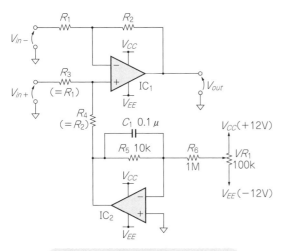

■ 数式
IC_1の出力オフセット電圧をV_{ofs}とすると

$$V_{ofs} \leq V_{CC}\frac{R_5}{R_6} = |V_{EE}|\frac{R_5}{R_6}, \quad VR_1 \leq \frac{R_6}{5}$$

C_1はノイズ除去用.

図6-5 基本差動増幅回路のオフセット調整法

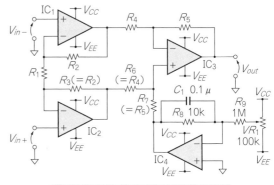

■ 数式
IC_3の出力オフセット電圧をV_{ofs}とすると,

$$V_{ofs} \leq V_{CC}\frac{R_8}{R_9} = |V_{EE}|\frac{R_8}{R_9}$$

$$VR_1 \leq \frac{R_9}{5}$$

図6-6 3アンプ型インスツルメンテーション・アンプのオフセット調整法

　差動増幅回路では，反転増幅回路や非反転増幅回路のようにオフセット調整を行うこともできますが，最も大切な特性である$CMRR$が悪化しがちです．例えば，基本差動増幅回路では反転入力端子や非反転入力端子へオフセット調整電圧を注入できますが，注入するところに付ける抵抗で同相入力抵抗がアンバランスになります．3アンプ型差動増幅回路のオフセット調整では，終段の基本差動増幅回路に注入するのが一般的ですが，その場合でも同じことがいえます．

　そこで$CMRR$を悪化させないためには，OPアンプをもう1個用意してオフセット調整を行います．**図6-5**に示すのが基本差動増幅回路のオフセット調整法です．

　図6-6に示すのが3アンプ型差動増幅回路のオフセット調整法です．3アンプ型差動増幅回路はインスツルメンテーション・アンプとして市販されているICを見ると，設定可能な差動ゲインが1000倍以上のものもあります．差動ゲインが大きなときには初段のOPアンプでもオフセット調整を行いたいところですが，$CMRR$を悪化させない適当な注入個所がありません．その場合には，オフセット調整端子付きのOPアンプを初段（IC_1, IC_2）に採用して，オフセット調整端子で調整できますが，市販のインスツルメンテーション・アンプICを採用したほうが簡単です．

　3アンプ型インスツルメンテーション・アンプのデータシートを見ると，入力と出力の2種類のオフセット電圧規格が載っています．**図6-6**でいえば，初段（IC_1, IC_2）の入力換算オフセット電圧が入力オフセット電圧で，終段（IC_3）のオフセット電圧が出力オフセット電圧です．

6-6 OPアンプ回路と雑音

アンプの雑音が気になるときは

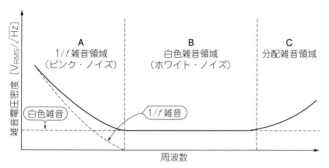

図6-7(*) 出力雑音の周波数特性

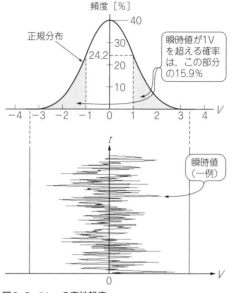

図6-8 1V$_{RMS}$の真性雑音

(a) 雑音電圧源

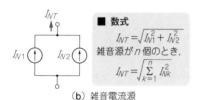

(b) 雑音電流源

図6-9 回路と数式

■ 数式
$V_{NT} = \sqrt{V_{N1}^2 + V_{N2}^2}$
雑音源がn個のとき,
$V_{NT} = \sqrt{\sum_{k=1}^{n} V_{Nk}^2}$

■ 数式
$I_{NT} = \sqrt{I_{N1}^2 + I_{N2}^2}$
雑音源がn個のとき,
$I_{NT} = \sqrt{\sum_{k=1}^{n} I_{Nk}^2}$

表6-1 雑音帯域幅

次数	減衰傾度[dB/oct]	係数 α
1	−6	1.57
2	−12	1.11
3	−18	1.05
4	−24	1.03

■ 数式
カットオフ周波数f_Cと雑音帯域幅f_Bは,
$f_B = \alpha f_C$
の関連がある.

　微少信号の増幅が必要な場合には，出力に含まれる雑音(noise，ノイズ)の問題は避けて通れません．なお本書の表記では，雑音とノイズは区別せず，雑音をノイズと書く場合もあります．耳に聴こえる本来の雑音は，可聴雑音(audible noise)または音響雑音(acoustic noise)と書きます．

　OPアンプの出力雑音にはいろいろな種類がありますが，ここでは外部やほかの回路ブロックからの誘導ノイズは取り上げず，真性雑音と呼ばれるノイズについて説明します．真性雑音の周波数特性は**図6-7**のようになっていて，超低周波の(A)1/f雑音領域と高周波の(C)分配雑音領域では周波数によりレベルが変動しますが，中間の(B)白色雑音領域では周波数が変化してもレベルは一定です．

　図6-7から，OPアンプ回路の帯域を制限して狭くすれば，トータルの出力雑音は小さくなることがわかります．帯域を制限するローパス・フィルタ(LPF)の周波数特性は，一般に平坦部からカットオフ周波数と呼ばれる−3dBになる周波数までを通過帯域としています．雑音を扱うフィルタの場合は，エネルギーが基準となっているため，雑音帯域幅内にすべての雑音エネルギーが含まれるとして計算されます．**表6-1**にバターワース特性LPFのカットオフ周波数f_Cと雑音帯域幅f_Bの関係を挙げておきます．高次のフィルタではカットオフ周波数≒雑音帯域幅になります．

　雑音レベルの時間変化は**図6-8**のように正規分布(ガウス分布)していて，瞬時値(図は一例)は確率的に取り扱い，レベルは実効値で表します．真性雑音と考えられるOPアンプ回路の雑音の発生源には，OPアンプIC自体の雑音とゲインを設定する抵抗の熱雑音があります．電源雑音などについては，本章では取り上げません．

　真性雑音は各雑音が独立(直交)しているため，出力で和を求めるときは**図6-9**のようにピタゴラスの定理に従って2乗和を開平します．

6-7 抵抗器から生じる熱雑音の大きさ

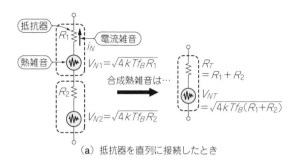

(a) 抵抗器を直列に接続したとき

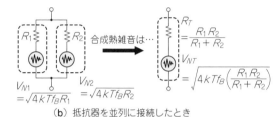

(b) 抵抗器を並列に接続したとき

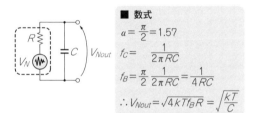

(c) 並列容量があるとき

図6-10 雑音の計算法

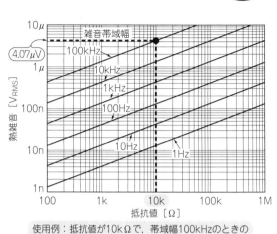

使用例：抵抗値が10kΩで，帯域幅100kHzのときの熱雑音は4.07μV

図6-11 温度300Kのときの抵抗値，雑音帯域幅対熱雑音

抵抗器のノイズといえば熱雑音です．材料間の接触状態の不完全さに起因する電流雑音というノイズもあります．図6-10に抵抗を直列/並列に接続したときの熱雑音の計算法を示します．抵抗から生じる雑音を検討するときは，図6-10に示すように，理想的な抵抗成分と電圧性の雑音源で表すとよいでしょう．何個かの抵抗を組み合わせる場合にはトータルの抵抗値で熱雑音を計算します．図中に示したように，高抵抗の場合には並列容量で雑音電圧が決定されます．

一般的に電流雑音は巻き線抵抗と金属板抵抗が最も小さく，金属皮膜抵抗がこれに次ぎ，炭素皮膜抵抗や厚膜チップ抵抗は悪くなっています．実際に使用すると，メーカや品種によって大きく異なるので，低雑音増幅回路では電流雑音を無視できる抵抗器を使います．

熱雑音は，ジョンソン雑音とも呼ばれ，抵抗内の電子のブラウン運動に起因し，エネルギーを消費するものはすべて熱雑音を発生します．回路の最低ノイズ・レベルは熱雑音で決定されます．抵抗R[Ω]に発生する熱雑音V_{NT}[V_{RMS}]は，理論的にナイキストの定理(次式)で与えられます．

$$V_{NT}\text{[V]} = \sqrt{4kTf_B R}$$

ただし，k：ボルツマン定数(1.38×10^{-23} J/K)，T：絶対温度[K]，f_B：雑音帯域幅[Hz]．

この式から，熱雑音を小さくするには，次のことが必要だとわかります．

- 抵抗値を小さくする
- 温度を下げる
- 回路の周波数帯域幅を狭くする

雑音帯域幅を1Hzとした雑音電圧すなわちV_{NT}を$\sqrt{f_B}$で割った値[V/$\sqrt{Hz}$]は，雑音電圧密度と呼ばれノイズの計算にはよく使われます．熱雑音の雑音電圧密度の周波数特性は一定で白色雑音と呼ばれています．式から雑音帯域幅を一定にすればV_{NT}は一定になります．言い換えれば，DC～1kHzの1kHz帯域幅のときも99k～100kHzの1kHz帯域幅のときもV_{NT}は等しくなります．

上式に実用的な温度300K(26.85℃)を入れて変形すると，次のように実用的な式になります．

$$V_{N300K} \text{ [nV]} = 4.07\sqrt{f_B} \text{ [Hz]} \, R \text{ [k}\Omega\text{]}$$

例えば，$R = 1\text{k}\Omega$ で $f_B = 1\text{kHz}$ だと，$V_{N300K(1\text{kHz})} = 4.07\sqrt{1000} = 0.129 \, \mu V_{RMS}$ になります．

図6-11に300Kのときの抵抗値，帯域幅と熱雑音の計算図表を示します．使用例として抵抗値10 kΩ，帯域幅100 kHzのときの熱雑音4.07 μVを求めています．これは前述の実用式から簡単に算出できますが，中途半端な値のときは計算しなくても，図表を使えば熱雑音は簡単に概算できます．使用抵抗値と必要帯域幅から大ざっぱな熱雑音を求められます．

OPアンプICは種類によって雑音の出方が違う　　コラム

図6-CにOPアンプのノイズ等価回路を示します．OPアンプの雑音はすべて入力側に換算して検討します．

● バイポーラでできているかFETでできているか

図6-D(a)，(b)に超低ノイズOPアンプLT1028(リニアテクノロジー)の雑音電圧密度と雑音電流密度の周波数特性を示します．入力段がバイポーラ・トランジスタになっているOPアンプのデータシートには，一般に1 kHzでの雑音電圧密度と雑音電流密度が載っています．FET入力のOPアンプでは雑音電流密度が小さくて無視できます．それならば，FET入力のOPアンプを使用すれば設計が簡単になるのではと思うかもしれませんが，FET入力のOPアンプはバイポーラ入力のOPアンプに比べて雑音電圧密度が大きくなっています．

図6-D(c)にFET入力のLT1792(リニアテクノロジー)の雑音電圧密度の周波数特性を示します．これを見るとLT1028の約5倍になっています．バイポーラ入力OPアンプを使用して適切に設計し，雑音電流密度の影響を少なくすればFET入力OPアンプを使用する場合よりも低ノイズになります．ただし，信号源インピーダンスが高い場合は，雑音電流密度の影響を少なくすることが難しいので，FET入力OPアンプを使用します．要は適材適所です．

● 雑音の周波数分布

図6-Dで気が付くのは低周波になると雑音密度が6 dB/octで上昇していることです．これは能動素子の特徴で，この部分のノイズを1/fノイズあるいはフリッカ・ノイズと呼びます．図中に「1/fコーナ」と示された平坦部から3 dB 上昇するコーナ周波数は，低いほど低ノイズになります．

OPアンプを使用して，1/fコーナよりも遙かに高い周波数まで増幅する広帯域増幅回路では，1 kHzの雑音密度で計算してもほとんど差がありません．そこで，計算を簡単にするため1/fノイズは無視します．

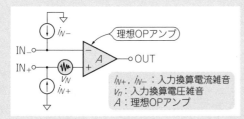

図6-C　OPアンプのノイズ等価回路

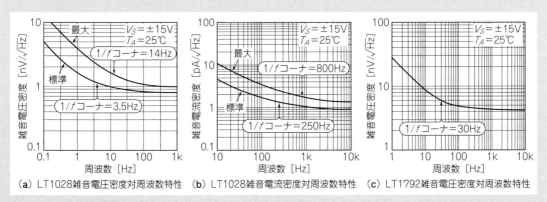

(a) LT1028雑音電圧密度対周波数特性　(b) LT1028雑音電流密度対周波数特性　(c) LT1792雑音電圧密度対周波数特性

図6-D　OPアンプの雑音特性

6-8 反転増幅回路の出力雑音レベル

仕上がり回路の雑音レベル計算1

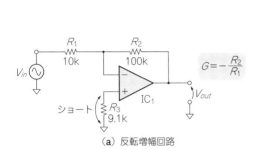

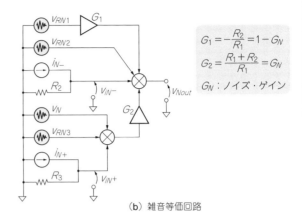

(a) 反転増幅回路　　　　(b) 雑音等価回路

$$G_1 = -\frac{R_2}{R_1} = 1 - G_N$$

$$G_2 = \frac{R_1 + R_2}{R_1} = G_N$$

G_N：ノイズ・ゲイン

■ 数式

$4kT = K$ とすると

$v_{RN1} = \sqrt{KR_1}\sqrt{f_B}$

$v_{RN2} = \sqrt{KR_2}\sqrt{f_B}$

$v_{RN3} = \sqrt{KR_3}\sqrt{f_B}$

$v_N = v_n\sqrt{f_B}$

$v_{iN-} = i_N \cdot R_2\sqrt{f_B}$

$v_{iN+} = i_N \cdot R_3\sqrt{f_B}$

$v_{Nout} = \sqrt{(v_{RN1}G_1)^2 + v_{RN2}^2 + v_{iN-}^2 + (v_N^2 + v_{RN3}^2 + v_{iN+}^2)G_2^2}$

■ 計算例

IC_1 に **LT1007C**（リニアテクノロジー）を使用し，

$v_n = 2.5\text{nV}/\sqrt{\text{Hz}}$，$i_{N+} = i_{N-} = 0.4\text{pA}/\sqrt{\text{Hz}}$，

$R_1 = 10\text{k}\Omega$，$R_2 = 100\text{k}\Omega$，$R_3 = 9.1\text{k}\Omega$，$f_B = 157\text{kHz}$，$T = 300\text{K}$ とすると

$K \fallingdotseq 1.656 \times 10^{-20}$，$G_N = 11$，$G_1 = -10$，$G_2 = 11$，$\sqrt{f_B} \fallingdotseq 396$

$v_{Nout} \fallingdotseq 396\sqrt{\begin{array}{l}1.656 \times 10^{-20} \times 10 \times 10^3 \times (-10)^2 + 1.656 \times 10^{-20} \times 100 \times 10^3 + (0.4 \times 10^{-12} \times 100 \times 10^3)^2 \\ + \{(2.5 \times 10^{-9})^2 + 1.656 \times 10^{-20} \times 9.1 \times 10^3 + (0.4 \times 10^{-12} \times 9.1 \times 10^3)^2\} 11^2\end{array}}$

$\fallingdotseq 79.6\mu\text{V}_{\text{RMS}}$

$R_3 = 0$ とすると

$v_{Nout} \fallingdotseq 56.8\mu\text{V}_{\text{RMS}}$

図6-12　反転増幅回路の出力雑音

　図6-12(a)に反転増幅回路，図6-12(b)にその雑音等価回路を示します．図中で出てくるノイズ・ゲイン G_N は，帰還率 β の逆数です．ゲイン1倍の反転増幅回路に対し，同様の回路構成をもつ非反転増幅回路ではゲインが2倍になります．ノイズ・ゲインの考え方を適用すると，仕上がりゲインの違いが吸収されて，OPアンプ自体のノイズや前述のオフセット電圧の出力に与える影響が明確になります．超低雑音OPアンプLT1028を使用して，$f_B = 157\text{kHz}$（$f_C = 100\text{kHz}$）にすると，出力雑音は約 $80\,\mu\text{V}_{\text{RMS}}$ になります．

　R_3 を入れる設計をよく見ますが，R_3 を短絡すると出力雑音は約 $57\,\mu\text{V}_{\text{RMS}}$ と約70％に低減されます．R_3 は雑音の面では取り去るか，並列にコンデンサを入れます．

　図中に示したように，途中までの計算は雑音電圧密度で行い，最後に $\sqrt{f_B}$ をかけて結果を求めます．結果を見ると，抵抗に起因する雑音の影響が大きいことがわかります．

6-9 非反転増幅回路の出力雑音レベル

仕上がり回路の雑音レベル計算2

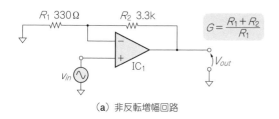

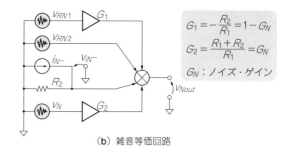

（a）非反転増幅回路

（b）雑音等価回路

■ 数式

$4kT = K$ とすると
$v_{RN1} = \sqrt{KR_1}\sqrt{f_B}$
$v_{RN2} = \sqrt{KR_2}\sqrt{f_B}$
$v_{iN-} = i_{N-}R_2\sqrt{f_B}$
$v_N = v_n\sqrt{f_B}$
$v_{Nout} = \sqrt{v_{RN1}^2 G_1^2 + v_{RN2}^2 + v_{iN-}^2 + v_N^2 G_2^2}$

■ 計算例

反転増幅回路と同様にLT1007Cを使用する．
$R_1 = 330\,\Omega$, $R_2 = 3.3\,\text{k}\Omega$, $f_B = 157\,\text{kHz}$, $T = 300\,\text{K}$ とすると，
$K \fallingdotseq 1.656 \times 10^{-20}$, $G_N = 11$, $G_1 = -10$, $G_2 = 11$, $\sqrt{f_B} \fallingdotseq 396$

$v_{Nout} \fallingdotseq 396\sqrt{1.656 \times 10^{-20} \times 330 \times (-10)^2 + 1.656 \times 10^{-20} \times 3.3 \times 10^3 + (0.4 \times 10^{-12} \times 3.3 \times 10^3)^2 + (2.5 \times 10^{-9} \times 11)^2}$

$\fallingdotseq 14.6\,\mu V_{RMS}$

図6-13　非反転増幅回路の出力雑音

　図6-13（a）に非反転増幅回路，図6-13（b）にその雑音等価回路を示します．雑音等価回路はR_3がないことを除けば，反転増幅回路のときと同じですが，大きな違いが抵抗値にあります．反転増幅回路ではR_1が入力抵抗になるため，前段の負担を考えると小さくできません．非反転増幅回路ではR_1に無関係に入力抵抗が非常に大きいため，OPアンプの駆動能力を考慮してR_1をできるだけ小さくすれば，熱雑音とOPアンプの電流雑音の影響を小さくできます．

　実際に計算してましょう．抵抗値を小さくした（$R_1 = 330\,\Omega$, $R_2 = 3.3\,\text{k}\Omega$）ため，出力雑音は約 $15\,\mu V_{RMS}$ と，反転増幅回路の約20％に低減されます．抵抗値を小さくすると，熱雑音だけでなくOPアンプの電流雑音の影響も低減できます．使用した抵抗値（$R_1 = 330\,\Omega$, $R_2 = 3.3\,\text{k}\Omega$）では，OPアンプの電流雑音の影響は無視できました．

　このことから，低雑音増幅回路には非反転増幅回路が向いていることがわかります．欠点はOPアンプの入力レベルが反転増幅回路のほぼ0Vに比べ大きいので，CMRRによる影響があることですが，クローズド・ループ・ゲインの大きな低雑音増幅回路は，OPアンプの入力レベルは小さいので，CMRRも無視できる場合がほとんどです．

6-10 多段増幅回路の出力雑音レベル

雑音には初段が効く

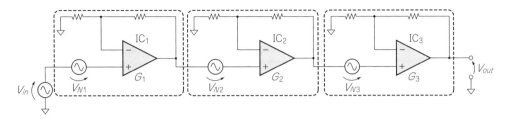

■ 数式
出力雑音 V_{ON} は，次のように表せる．
$$V_{ON} = V_{N1} G_1 G_2 G_3 + V_{N2} G_2 G_3 + V_{N3} G_3$$
ただし，V_{N1}，V_{N2}，V_{N3} は各ICの入力換算雑音．
G_1，G_2，G_3 は各ICの仕上がりゲイン．
全体のゲインを G_T とすると，
$$G_T = \frac{V_{out}}{V_{in}} = G_1 G_2 G_3$$
$$\therefore V_{ON} = G_T \left(V_{N1} + \frac{G_2 G_3}{G_T} V_{N2} + \frac{G_3}{G_T} V_{N3} \right)$$
$G_1 \gg G_2$，G_3 とすると，
$$V_{ON} \fallingdotseq V_{N1} G_T$$

図6-14 出力ノイズの低減法

増幅回路1段ではゲインが足りないときは，増幅回路を何段も縦続接続して高ゲイン増幅回路を作ります．この場合の出力雑音を小さくする条件を求めてみます．

図5-30において，出力雑音に最も影響するのが初段の雑音 V_{N1} とゲイン G_1 です．このことから，高精度超低雑音OPアンプを初段だけに採用すれば，最も安価に低雑音増幅回路が構成できることがわかります．なぜ高精度OPアンプを採用するのかといえば，一般に高精度OPアンプはオープン・ループ・ゲインが大きく，仕上がりゲインを大きく取れるからです．

両電源OPアンプを単電源で使うときには位相反転に注意 　コラム

　両電源用OPアンプの中には，入力電圧範囲がマイナス電源まで許容されていないものがあります．このOPアンプを図6-E(a)のように単電源で使った場合，入力電圧がマイナス電源に近づいて約1.5V以下になると図6-E(b)のように入出力の位相が反転します．OPアンプをコンパレータとして使ったり，サーボ・システムの中で使うときには，この現象は不具合の元です．これが問題になるときは，単電源用OPアンプか入力レール・ツー・レールのOPアンプを使います．

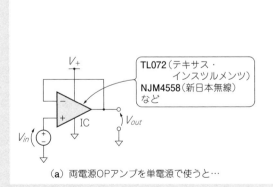

(a) 両電源OPアンプを単電源で使うと… 　　(b) 入出力波形

図6-E 両電源用OPアンプの位相反転現象
入力電圧範囲がマイナス電源まで許容されていない両電源OPアンプでは1.5V以下を入力すると出力の位相が反転する

6-11 OPアンプを並列につないで雑音を減らす

— 雑音を減らすには

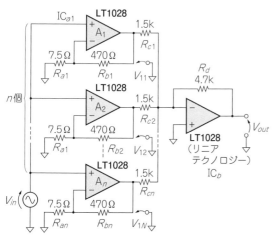

図6-15 複数個のOPアンプを並列接続したときの雑音の低減法

■ 数式

初段OPアンプ1個の出力雑音電圧密度v_{1N}を6-9項に従い求めると，$4kT=K$, $G_1=(R_a+R_b)/R_a$として

$$v_{1N}=\sqrt{KR_a(1-G_1)^2+KR_b+(i_NR_b)^2+(v_NG_1)^2}\ [\mathrm{V}/\sqrt{\mathrm{Hz}}]$$

終段のゲインG_2，全体のゲインGは

$$G_2=-n\frac{R_d}{R_c}$$

$$G=G_1\times G_2=-\frac{n(R_a+R_b)R_d}{R_aR_c}$$

出力雑音電圧密度v_{Nout}は，6-10項より$G_1\gg|G_2|$として

$$v_{Nout}=|G_2|\sqrt{\sum_n v_{1N}^2}=\sqrt{n}|G_2|v_{1N}\ [\mathrm{V}/\sqrt{\mathrm{Hz}}]$$

入力換算雑音電圧密度v_{Nin}は

$$v_{Nin}=\left|\frac{v_{Nout}}{G}\right|=\frac{v_{1N}}{G_1\sqrt{n}}\ [\mathrm{V}/\sqrt{\mathrm{Hz}}]$$

よって，OPアンプをn個(A_1, A_2, …, A_n)並列接続すると，入力換算雑音は$1/\sqrt{n}$になる．

■ 計算例

図示の定数で，
$T=300\mathrm{K}$, $v_N=0.9\mathrm{nV}/\sqrt{\mathrm{Hz}}$, $i_N=1\mathrm{pA}/\sqrt{\mathrm{Hz}}$とすると
$K\fallingdotseq 1.656\times 10^{-20}$, $G_1\fallingdotseq 63.67$, $G_2\fallingdotseq -n\times 3.133$
$|G|\fallingdotseq n\times 200$
$KR_a(1-G_1)^2\fallingdotseq 4.878\times 10^{-16}$
$KR_b\fallingdotseq 7.783\times 10^{-18}$
$(i_NR_b)^2\fallingdotseq 2.209\times 10^{-19}$
$(v_NG_1)^2\fallingdotseq 3.284\times 10^{-15}$
$\therefore v_{1N}\fallingdotseq 61.48\times 10^{-9}\mathrm{nV}/\sqrt{\mathrm{Hz}}$
ここで$n=4$とすると
$|G|=-G_1n\dfrac{R_d}{R_c}\fallingdotseq 798\fallingdotseq 800$
$v_{Nout}\fallingdotseq 385.2\mathrm{nV}/\sqrt{\mathrm{Hz}}$
$v_{Nin}\fallingdotseq 0.48\mathrm{nV}/\sqrt{\mathrm{Hz}}$

OPアンプを使用した増幅回路の雑音は，低抵抗を使用して抵抗雑音を無視できるようにしても，OPアンプ自体の雑音特性以下にはできません．そこで，OPアンプを複数個並列接続して，単体のOPアンプの特性を超える雑音特性を実現する手法を紹介します．

図6-15に超低雑音OPアンプLT1028(リニアテクノロジー)を並列接続して，雑音を低減する手法をデータシートから引用します．OPアンプをn個並列接続するとゲインはn倍になり，出力雑音電圧密度は$\sqrt{n}$倍になります．

入力換算雑音電圧密度は出力雑音電圧密度をゲインで割れば求めることができます．入力換算雑音電圧密度を計算すると，OPアンプ1個に対しn個では$1/\sqrt{n}$倍になり，出力レベルを一定にすると出力雑音電圧密度も$1/\sqrt{n}$倍になります．

ゲインがn倍になるのは，**図6-15**でR_cが等価的にR_c/nになるからです．出力雑音電圧が$\sqrt{n}$倍になるのは，各OPアンプの雑音が，実効値は等しいけれどもおのおの独立していて，ほかのOPアンプの雑音と相関がないためです．トータルの出力雑音密度は2乗和を開平したものになります．

式で表します．n個のOPアンプの入力換算雑音電圧密度をそれぞれN_1, N_2, …, N_nとし，その等しい値をNとすると，トータルの入力換算雑音電圧密度N_Tは

$$N_T=\sqrt{(N_1^2+N_2^2+\cdots N_n^2)}=N\sqrt{n}\ [\mathrm{nV}/\sqrt{\mathrm{Hz}}]$$

と，1個のOPアンプの力換算雑音電圧密度Nの$\sqrt{n}$倍となります．出力雑音電圧密度v_{Nout}は下式になります．

$$v_{Nout}=N\sqrt{n}\times 200\times 0.9\ [\mathrm{nV}/\sqrt{\mathrm{Hz}}]$$

図6-15の計算例を見ると，図の定数ではOPアンプ自体の入力換算雑音電圧密度v_Nが支配的であり，計算をv_Nだけで行っても問題ありません．

n個並列にしてゲインをn倍にし，入力換算雑音電圧を低下させる手法は以前から使用されています．例えば，オーディオ用超低雑音JFETは内部に低雑音JFETを多数並列接続していて，これを使用した超低雑音アンプはこの手法を採用しています．

6-12 OPアンプは負帰還をかけて使う

性能UPの原動力

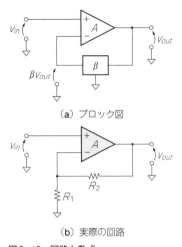

■ 数式
- 無帰還時($\beta = 0$)
$$V_{out} = AV_{in}$$
- 負帰還時
$$V_{out} = \frac{A}{1 + A\beta} V_{in}$$
- 理想OPアンプ($A \to \infty$)
$$V_{out} = \frac{1}{\beta} V_{in}$$
- 実際の回路
$$\beta = \frac{R_1}{R_1 + R_2}$$
$$\therefore V_{out} = \frac{A(R_1 + R_2)}{(1 + A)R_1 + R_2}$$
$$\fallingdotseq \frac{R_1 + R_2}{R_1} (A \to \infty)$$

(a) ブロック図
(b) 実際の回路

図6-16 回路と数式

表6-2 負帰還回路の用語

用語	解説
A_0	OPアンプの直流(〜低周波)のオープン・ループ・ゲイン
A	オープン・ループ・ゲイン,無帰還ゲイン,前向ゲイン(forward gain)
β	帰還率,帰還回路損失
$A\beta$	ループ・ゲイン(負帰還ループの一巡ゲイン),還送比(return ratio)
$1 + A\beta$	帰還量,還送差(return difference),帰還(feedback)
G	クローズド・ループ・ゲイン,外部ゲイン(external gain),帰還後のゲインで,単にゲインや仕上がりゲインと呼ぶこともある

注:ゲイン(gain) = 利得

　OPアンプは,負帰還をかけずにコンパレータとして使う場合もありますが,増幅回路に使用するときは必ず負帰還をかけて使います.負帰還をかけた増幅回路は,安定な増幅度が得られ,その他にもさまざまな特性が改善されます.

● 負帰還とは
　図6-16に示すように,出力から信号の一部を反転入力端子に帰還するのが負帰還です.表6-2に負帰還用語の説明を入れておきました.負帰還を論じるには用語の理解も必要です.

　負帰還をかけると,ゲインの低下を代償にさまざまな特性向上が得られます.負帰還増幅回路を発明した目的は,電話用中継増幅器の出力ひずみの低減です.1927年にベル研究所のブラック(Harold Black)によって発明されました.その後の研究でさまざまな利点と安定性の問題が明らかになりました.

● 負帰還の効果
　負帰還には次に述べるような効果があります.詳細は次項以降で説明します.

- ゲイン安定度の向上
- 出力インピーダンスの低下
- 入力インピーダンスの増大
   ただし,これは非反転増幅回路に言えることで,反転増幅回路では入力インピーダンスは増大せず,入力側抵抗で決定されます.
- 周波数特性の向上
   実際のOPアンプではゲインの平坦部はDC〜数Hzから数10Hzですが,負帰還をかけてゲインを低下させると,平坦部が高い周波数まで拡張されます.

　これらの特性の向上の度合いは,ループ・ゲイン($A\beta$)または帰還量($1 + A\beta$)で決定されます.負帰還回路では,帰還率βとループ・ゲイン($A\beta$)は非常に重要なパラメータです.

● 帰還率βは?
　非反転増幅回路の帰還率βは図6-16(b)のようになります.前述のノイズ・ゲインは帰還率βの逆数になります.実は,反転増幅回路は図6-16(b)でV_{in}を接地したときなので,帰還率βは非反転増幅回路と同じになり,ノイズ・ゲインも同じになります.仕上がりゲインGの絶対値は,反転増幅回路のとき,非反転増幅回路よりも1小さくなりますが,帰還率βとノイズ・ゲインが同じになることは重要です.

● 理想OPアンプとの関係
　増幅回路を理想OPアンプで構成したときには,ループ・ゲインは無限大なのでゲイン誤差はありません.現実のOPアンプで構成すると,ループ・ゲインまたはループ・ゲインに1を加えた帰還量でゲイン誤差を

見積もることができます．ゲイン誤差を1％とすれば必要なループ・ゲインは100倍（40dB）です．この程度のループ・ゲインは容易に実現可能なので，理想OPアンプで考えてきた前節までの解析や設計式は十分に使用可能と言えます．計算のときいちいちループ・ゲインを式に入れるのは煩雑なので，理想OPアンプとして考えるのが増幅回路設計の常道です．

6-13 負帰還をかけた後のゲインと入出力インピーダンス

負帰還の効能①

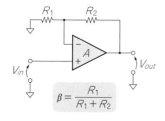
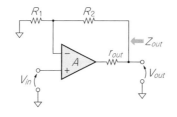
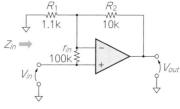

■ 数式

$$G = \frac{V_{out}}{V_{in}} = \frac{R_1 + R_2}{R_1} \cdot \frac{1}{1 + 1/A\beta}$$

■ 数式

$$Z_{out} = \frac{r_{out}}{1 + A\beta}$$

■ 数式

$$Z_{in} = r_{in}(1 + A\beta) + R_1 // R_2$$
$$= r_{in}(1 + A\beta)$$

■ 計算例

$A\beta = 100 (= 40\text{dB})$ とすると，
$$G = \frac{R_1 + R_2}{R_1} \cdot \frac{1}{1.01} \fallingdotseq 0.99 \frac{R_1 + R_2}{R_1}$$
誤差は$A\beta \rightarrow \infty$に比べ-1％．

■ 計算例

$A\beta = 100 (= 40\text{dB})$，$r_{out} = 100\Omega$ とすると，
$$Z_{out} = \frac{100}{1 + 100} \fallingdotseq 0.99\Omega$$
と帰還量$1 + A\beta = 101$で割った値となる．

■ 計算例

$A\beta = 100 (= 40\text{dB})$，$r_{in} = 100\text{k}\Omega$，$R_1 = 1.1\text{k}\Omega$，$R_2 = 10\text{k}\Omega$ とすると，
$$Z_{in} = 100\text{k}(1 + 100) + 1.1\text{k}//10\text{k}$$
$$= 10.1\text{M}\Omega$$
と帰還量を乗算した値になる．

(a) ゲインの安定化　　　　　(b) 出力インピーダンスの低減　　　　　(c) 入力インピーダンスの増大

図6-17 負帰還の効能
理想的な増幅回路に近づく

図6-17と次に述べるように，負帰還にはさまざまな効能があります．

● ゲイン安定度の向上

ループ・ゲイン$A\beta$が大きければ大きいほど，ゲインGは抵抗R_1，R_2で決まります．安定な抵抗を使用すれば，安定な増幅度が得られます．

● 出力インピーダンスの低下

出力インピーダンスZ_{out}が低いほど，負荷インピーダンスによる出力電圧の低下は少なくなるので，電圧出力アンプでは望ましいといえます．出力インピーダンスの低下の割合は帰還量$(1 + A\beta)$によります．

● 入力インピーダンスの増大

入力インピーダンスZ_{in}が大きければ大きいほど，信号源インピーダンスの影響を受けずに信号電圧がアンプに入力されます．なお，図には取り上げませんでしたが，反転増幅回路では入力インピーダンスは増大せず，入力側抵抗R_1になります．

6-14　ゲイン平坦部の広域化と帰還量

負帰還の効能②

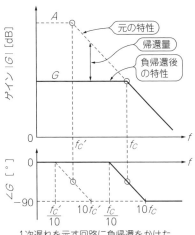

OPアンプのオープン・ループ・ゲイン特性のような,高域のゲインが－6dB/octを示す1次遅れ回路に負帰還をかけると,左図のようにゲインと位相の周波数特性が改善される.

■ 数式

クローズド・ループ・ゲインGは次式のように表せる.

$$G = \frac{A}{1+A\beta}$$

$$20\log|G| = 20\log|A| - 20\log|1+A\beta|$$

つまり次のように$|A|$と$|G|$の差が帰還量である.

$$|G|[\text{dB}] = |A|[\text{dB}] - |1+A\beta|$$

ただし,G：クローズド・ループ・ゲイン(負帰還後の特性)[倍],A：オープン・ループ・ゲイン(元の特性)[倍]

1次遅れを示す回路に負帰還をかけたときのゲインの周波数特性

図6-18　オープン・ループ・ゲインAとクローズド・ループ・ゲインGの関係
負帰還をかけると,ゲインの低下を代償に,ゲインと位相の周波数特性が改善される

図6-18に,実際のOPアンプのオープン・ループ・ゲインAとクローズド・ループ・ゲインGの関係を示します.図中の式でわかるように,$|A|$と$|G|$の差が帰還量$|1+A\beta|$です.

次節で説明しますが,ゲインが平坦部から－3 dB($1/\sqrt{2}$)低下したところで,1次遅れ回路の位相は45°遅れます.負帰還をかけてゲインを低下させると,高い周波数まで平坦部が拡張し,位相も高い周波数まで一定(0°)になります.

このように,周波数特性の向上は負帰還の効果の一つです.

6-15　反転増幅回路のゲイン

基本中の基本

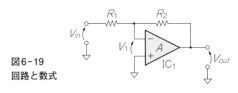

図6-19
回路と数式

■ 数式

負帰還量βは次式で表せる.

$$\beta = \frac{R_1}{R_1 + R_2} \quad (\text{非反転増幅回路と同じ})$$

重ね合わせの理から,次式が得られる.

$$V_1 = \frac{R_2}{R_1 + R_2} V_{in} + \frac{R_1}{R_1 + R_2} V_{out}$$

$$= (1-\beta) V_{in} + \beta V_{out}$$

また,クローズド・ループ・ゲインは次のとおり.

$$V_{out} = -AV_1$$

$$\therefore G = \frac{V_{out}}{V_{in}} = -\frac{A}{1+A\beta} (1-\beta)$$

分圧比 $\dfrac{R_2}{R_1 + R_2}$

ノイズ・ゲインG_Nは次のとおり.

$$G_N = \frac{1}{\beta} = \frac{R_1 + R_2}{R_1}$$

非反転増幅回路の帰還率は図6-16に示したとおりですが,反転増幅回路の帰還率は図6-19に示すように非反転増幅回路の帰還率の式の形と同じになります.ノイズ・ゲインもβが等しければ同じになります.

ノイズ・ゲインとは,OPアンプ自身の入力換算ノイズに対するゲインです.他回路から入力されるノイズに対する出力ノイズは,信号ゲインからわかります.OPアンプ自身の入力換算ノイズに対する出力ノイズは,信号ゲインではなくノイズ・ゲインでの評価が必要です.

ノイズ・ゲインと信号ゲインが等しい回路は非反転増幅回路,等しくないのが反転増幅回路です.なぜ,同一のβでクローズド・ループ・ゲイン$|G|$が1だけ異なるのかと言えば,図に示すように,反転増幅回路では入力電圧が$(1-\beta)$に分圧されるからです.

6-16　T型帰還反転増幅回路のゲイン

高入力抵抗 & 高ゲイン

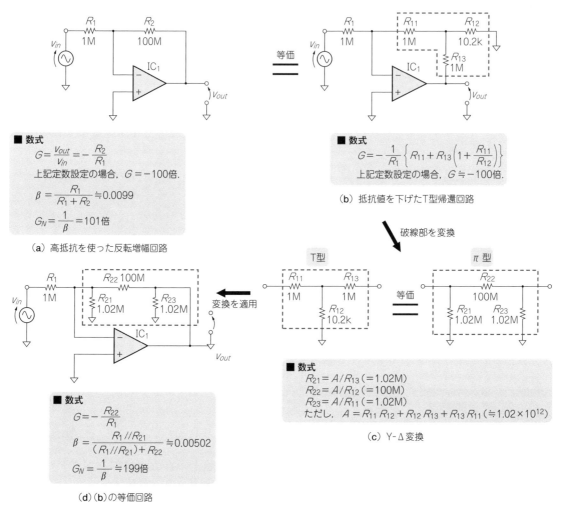

図6-20　回路と数式

図6-20に示すのがT型帰還反転増幅回路のβです．前項で説明した一般的な反転増幅回路に比べると，βが減少してG_Nが増加しています．図の定数ではβが半分になり，G_Nは2倍になっています．

T型帰還反転増幅回路は，大きな入力抵抗で，ある程度のゲインが必要なときに使用する回路です．しかし，大きな入力抵抗による大きな熱雑音が，G_Nの増加によって大きな出力雑音電圧として現れます．したがって，使用は必要最小限にするのがよいでしょう．

6-17　反転型加算回路のゲイン

雑音の増大に要注意！

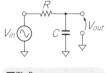

図6-21　回路と数式

■ 数式

$$V_{out} = -\left(\frac{R_F}{R_{i1}}V_{in1} + \frac{R_F}{R_{i2}}V_{in2} + \cdots + \frac{R_F}{R_{iN}}\right)$$

$$\beta = \frac{R_{i1}//R_{i2}//\cdots//R_{iN}}{R_F + (R_{i1}//R_{i2}//\cdots//R_{iN})}$$

■ 計算例

$N=5$, $R_F = R_{i1} = R_{i2} = \cdots = R_{i5} = 10\mathrm{k}\Omega$ とすると,

$$V_{out} = -(V_{in1} + V_{in2} + \cdots + V_{in5})$$

$$\beta = \frac{2\mathrm{k}}{10\mathrm{k} + 2\mathrm{k}} = \frac{2}{12} \approx 0.167$$

$$G_N = \frac{1}{\beta} = \frac{12}{2} = 6$$

図6-21に示すのは反転型加算回路の帰還率 β です．入力の個数が多くなるほど β は減少し，ノイズ・ゲイン G_N は増加します．

加算を非反転入力側で行う非反転型加算回路では，入力の個数が多くなっても β は変化しませんが，設計が面倒です．

6-18　1次遅れ回路のゲインGとカットオフ周波数f_C

安定性能検討の第一歩

■ 数式

$$G = \frac{V_{out}}{V_{in}} = \frac{1}{1 + j\omega CR}$$

$$|G| = \frac{1}{\sqrt{1 + (\omega CR)^2}}$$

$$\angle G = -\tan^{-1}\omega CR$$

$$f_C = \frac{1}{2\pi CR}$$

(a) 回路

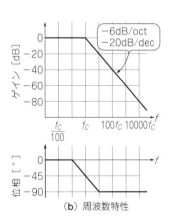

(b) 周波数特性

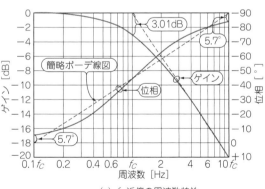

(c) f_C 近傍の周波数特性

図6-22　回路と数式

1次遅れ回路はその周波数特性から，1次ローパス・フィルタになります．時間領域における振る舞いから CR 積分回路とも呼ばれています．

図6-22に示すのが1次遅れ回路です．図6-22(a)が回路構成で，図6-22(b)が周波数特性，図6-22(c)の実線がカットオフ周波数 f_C 近傍の周波数特性です．

本章のコラムで説明する簡略ボーデ線図を描くときには，図6-22(c)のような点線で描きます．点線と実線の差異は，ゲインは f_C のところで $-3.01\,\mathrm{dB}$ ($\approx -3\,\mathrm{dB}$)，位相は $10/f_C$ と $10\,f_C$ のところで $5.7°$ です．周波数特性に点線を採用しても，安定度を判断するには十分すぎるほどの精度をもっています．

6-19 1次進み回路のゲインGとカットオフ周波数f_C

安定性能検討の第一歩

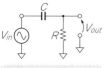

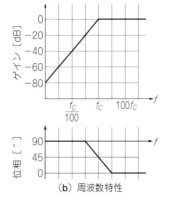

■ 数式
$$G = \frac{j\omega CR}{1 + j\omega CR}$$
$$|G| = \frac{\omega CR}{\sqrt{1 + \omega^2 C^2 R^2}}$$
$$\angle G = -\tan^{-1}\frac{1}{\omega CR}$$
$$f_C = \frac{1}{2\pi CR}$$

(a) 回路　　(b) 周波数特性

図6-23 回路と数式

1次進み回路はその周波数特性から，1次ハイパス・フィルタになります．また，時間領域における振る舞いからCR微分回路とも呼ばれています．

図6-23に示すのが1次進み回路です．図6-23(a)が回路構成で，同(b)が簡略化された周波数特性です．

正しい特性は，図6-22(c)をカットオフ周波数f_Cのところで線対称に反転させた特性ですが，前項「1次遅れ回路」で示したとおり安定度を判断するには十分なので，ボーデ線図を描くときには図6-23(b)の簡略化された特性で確認します．

どのくらい安定に働くかが見えるゲインと位相の周波数特性の描き方　　コラム

簡略ボーデ線図は，図6-Fに示すように，1次遅れ特性を示す各段のボーデ線図を描き，その後，ゲインも位相も符号に注意して足し合わせれば，全体が描けます．1次進み特性が含まれる場合も，同様に符号に注意して足し合わせます．

1次遅れ特性は，ゲインはf_Cまで平坦で，f_Cより高い周波数では－6dB/oct（＝－20dB/dec）の傾斜の直線を描きます．－6dB/octというのは周波数が2倍（オクターブ）になるとゲインが半分になるということで，－20dB/decというのは周波数が10倍（ディケード）になるとゲインが1/10になるということです．

位相は，$f_C/10$までは0°，$10f_C$以上は－90°の平坦な直線です．$f_C/10 \sim 10f_C$の間は，0°と－90°を直線で結べば，f_Cのところで－45°になります．

1次進み特性は，ゲインはf_C以上は平坦で，f_Cより低い周波数では6dB/oct（＝20dB/dec）の傾斜の直線を描きます．位相は，$f_C/10$までは90°，$10f_C$以上は0°の平坦な直線です．$f_C/10 \sim 10f_C$の間は，90°と0°を直線で結べば，f_Cのところで45°になります．

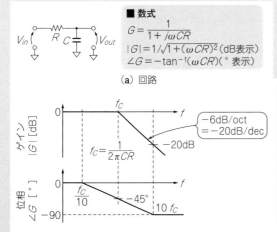

(a) 回路

■ 数式
$$G = \frac{1}{1 + j\omega CR}$$
$|G| = 1/\sqrt{1 + (\omega CR)^2}$（dB表示）
$\angle G = -\tan^{-1}(\omega CR)$（°表示）

(b) 1次CRローパス・フィルタの簡略ボーデ線図

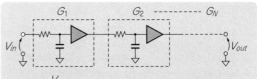

$|G| = \dfrac{V_{out}}{V_{in}} = |G_1| + |G_2| + \cdots + |G_N|$（dB表示）
$\angle G = \angle G_1 + \angle G_2 + \cdots + \angle G_N$（°表示）

となって，一つのグラフに各段のボーデ線図を描き，|ゲイン|と角度を足し合わせれば全体のボーデ線図が得られる．

(c) N段縦続接続したときのゲインと位相

図6-F 簡略ボーデ線図の描き方
フィルタなどと異なり，負帰還安定度を検討するために描くボーデ線図は，素子変動や寄生インピーダンスがあるため簡略化しても十分に使用できる．簡略ボーデ線図は折れ線を使用する

6-20 位相余裕とゲイン余裕

安定度を表す二つのパラメータ

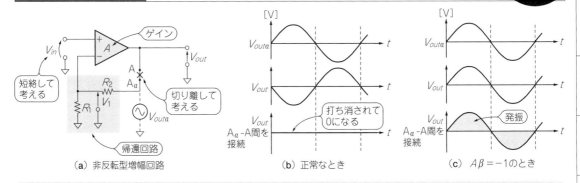

(a) 非反転型増幅回路　　(b) 正常なとき　　(c) $A\beta = -1$ のとき

■ 数式

帰還率：$\beta = \dfrac{R_1}{R_1 + R_2}$

$V_1 = \beta V_{outa}$

$V_{out} = -AV_1 = -A\beta V_{outa}$

よって，一巡ループ・ゲインは，

$\dfrac{V_{out}}{V_{outa}} = -A\beta$

発振しているときは，$V_{outa} = V_{out}$ から，

$A\beta = -1$

つまり，

$|A\beta| = 1$

$\angle A\beta = -180° \pm (n \times 360°)$ ($n = 0, 1, 2 \cdots$)

図6-24 増幅回路が発振する条件

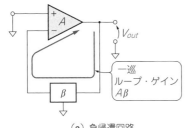

(a) 負帰還回路

■ 安定な条件
- $|A\beta| = 0\,\text{dB}$ のとき $\angle A\beta > -180°$
  位相余裕でわかる．
- $\angle A\beta = -180$ のとき $|A\beta| < 0\,\text{dB}$
  ゲイン余裕でわかる．

ゲイン余裕
$\angle A\beta = -180°$ のとき $A\beta$ がどのくらいマイナスになっているか

位相余裕
$|A\beta| = 0\,\text{dB}$ のとき位相が $-180°$ よりどのくらい内輪になっているか

ゲイン余裕	位相余裕	特 徴
3 dB	20°	ひどいリンギング
5 dB	30°	多少のリンギング
7 dB	45°	応答時間が短い
10 dB	60°	一般的に適切な値
12 dB	72°	周波数特性にピークが出ない

(b) $A\beta$ のボーデ線図を描いて安定性を判断する　　(c) ゲイン/位相余裕とステップ応答

図6-25 位相余裕とゲイン余裕の見方

　負帰還をかけた増幅回路は発振することがあります．なぜ発振するのかを**図6-24**で考えます．負帰還ループを出力のところで切り離して考えれば，持続的な発振が起きる条件は，次のとおりです．

　$|A\beta| = 1$
　$\angle A\beta = -180°$

　$|A\beta| > 1$ の場合はどうでしょうか？ 発振電圧が時間とともに増加し，増幅回路は飽和します．飽和するとゲインは0倍ですが，波形の飽和していない部分のゲインは $|A\beta| > 1$ です．結局平均的に $|A\beta| = 1$ を満足し，発振は持続します．

　発振させないためには，上記の条件を満足させなければよいわけです．その目安となるのが，位相余裕とゲイン余裕です．**図6-25**に位相余裕とゲイン余裕の見方を示します．

● 位相余裕

　$|A\beta| = 0\,\text{dB}$（1倍）のときに，位相が $-180°$ よりもどのくらい内輪になっているのかを見ます．

● ゲイン余裕

　$\angle A\beta = -180°$ のときに，ゲインが $0\,\text{dB}$ よりもどのくらい小さく，つまりマイナスになっているのかを見ます．

負帰還安定度の簡易チェックとして，よく使われるのが方形波信号です．これは負帰還増幅回路のステップ応答を模擬的に見るために使われています．図6-25(c)の表にゲイン余裕/位相余裕とステップ応答の関係を示します．一般的に，増幅回路では位相余裕60°以上を目安にしています．電源回路では，応答を速くするために軽微なオーバーシュートを許し，位相余裕45°以上を目安にしています．

不安定なアンプへの四つの治療薬　　コラム

不安定な増幅回路に位相余裕を確保して，安定な状態にするために施すのが位相補償です．位相補償によく用いられるのが，段違い特性です．段違い特性は，ゲイン過多の部分のゲインを削ります．削りっぱなしでは位相が回ったままですから，必要な分のゲインを削ったらゲインを一定にして位相を0°に戻します．

詳細を図6-Gに示します．図6-G(a)が高域用段違い特性で，図6-G(b)が低域用段違い特性です．f_Pとf_Zの周波数比はあまり開くと位相が回りすぎるので，10倍以内に収めるのが一般的です．もちろん，進みないし遅れ特性で補償して超高域で位相を戻すときには，f_Pとf_Zの周波数比は開いてしまうこともあります．

段違い特性をこのままの形で使うことはあまりありません．よく見られるのは，反転増幅回路と組み合わせて使う方法です．例えば，高域用段違い特性の図6-B(a)はR_1を入力側に置き，R_2，R_3，Cを帰還部分に入れます．低域用段違い特性の図6-G(b)は，R_1，(R_2)，Cを入力側に置き，R_2またはR_3を帰還部分に入れます．両者を組み合わせて使うこともあります．

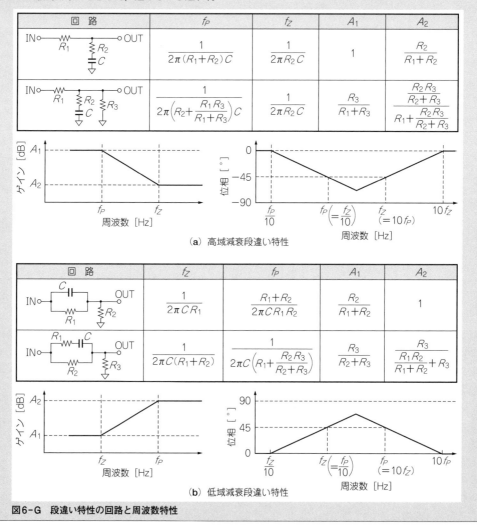

図6-G 段違い特性の回路と周波数特性

6-21 スルー・レートと大振幅周波数特性

パルス信号を増幅するときは必ずチェック！

■ 数式
正弦波$v(t)$とスルー・レートの関係は右図より，次のとおり．
$$v(t) = V_{max} \sin(2\pi ft)$$
$$\frac{dv(t)}{dt} = 2\pi f V_{max} \cos(2\pi ft)$$
よって最大変化率は，次式となる．
$$\frac{dv(t)}{dt}_{max} = 2\pi f[Hz]V_{max}[V] = 2\pi f[MHz]V_{max}[V] = SR[V/\mu s]$$
大振幅時の最高周波数f_{max}は
$$f_{max} = \frac{SR[V/\mu s]}{2\pi V_{max}} \fallingdotseq \frac{159 SR[V/\mu s]}{V_{max}}[kHz]$$
汎用OPアンプのSRと電源電圧を±15Vとしたとき，その2/3の±10V_{peak}の出力振幅が可能な最高周波数は下表のようになる．

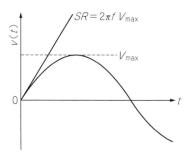

型名	SR	最高周波数 計算値	最高周波数 公称値	利得帯域幅積
NJM2904	0.5V/μs	7.95kHz	9kHz	0.6MHz
NJM072B	13V/μs	207kHz	330kHz	3MHz
NJM4558	1V/μs	15.9kHz	20kHz	3MHz

図6-26 数式と大振幅周波数特性

OPアンプ増幅回路の高域特性を決定するパラメータとしては，ゲイン・バンド幅積（GBW）やオープン・ループ・ゲインが1倍（0dB）になる周波数f_Tがあります．これらの特性は0.数V以下の小振幅です．

例えば，GBW = 10MHzのOPアンプでゲイン10倍の非反転増幅回路を作ると，カットオフ周波数は約1MHzになります．そこで正しく動作しているか調べるために，周波数特性を測定してみます．

出力振幅を0.5V_{P-P}にして測定すると，確かにカットオフ周波数は1MHzになりました．

出力振幅を10V_{P-P}と大きくして測定すると，使用OPアンプによって違いますが，数十kHzでは出力波形がほぼ三角波になり，振幅も小さくなります．周波数特性の測定はできません．

OPアンプのデータシートを見ると，特性図のところに周波数に対する出力可能な振幅をプロットした大振幅周波数特性（PBW，パワー・バンド幅ともいう）が載っています．つまり大振幅の周波数特性は小振幅の周波数特性とは関係なく，ほかの要因で制限されます．

この理由がOPアンプの重要なパラメータであるスルー・レートSRです．SRは大振幅のパルス波を出力するときの振幅と立ち上がり，立ち下がり時間より求められて，単位は［V/μs］です．

SRと大振幅周波数特性には密接な関係があって，それを図6-26に示します．図中の表にデータシートから求めた大振幅周波数特性とSRから計算した値を比較しています．正弦波の場合には，立ち上がり時間が急峻なのはゼロクロスの点で，ほかの部分は徐々に緩やかになるため，計算値は公称値よりも小さいと思われますが，図6-26もそのようになっています．

なお，データシートの大振幅周波数特性は出力波形のひずみ率が1%以下のときの値が多いです．

第7章 アナログ演算回路
微分/積分から加減算，圧縮，検波，インピーダンス変換まで

OPアンプは演算増幅器（operational amplifier）と呼ばれるように，もともとアナログ演算用の増幅器として開発されました．各種演算をアナログ信号のまま行うアナログ演算回路は，高速ですが高精度部品を必要とするため，最近ではほとんど見かけなくなりました．ディジタル処理で行えば，アナログ演算で行う場合よりも安価で高性能なシステムを実現できます．最近の主流は，アナログ信号をA-D変換してからディジタル処理で演算することです．特にマイコンを使えば各種演算を簡単に行うことができます．

高精度を求めないアナログ演算回路は安価で簡単であり，マイコンを使うよりは高速です．ここでは，それほど精度を求めない，マイコンの内蔵A-Dコンバータの性能を大幅に拡張できるアナログ演算回路を紹介します．

7-1 抵抗とコンデンサによる微分回路の周波数特性

信号に含まれる交流分だけを通す

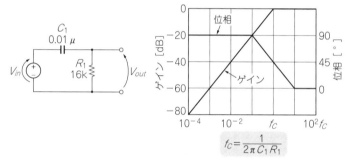

■ 数式

$$G(j\omega) = \frac{V_{out}}{V_{in}} = \frac{j\omega C_1 R_1}{1 + j\omega C_1 R_1}$$

$$|G(j\omega)| = \frac{\omega C_1 R_1}{\sqrt{1 + (\omega C_1 R_1)^2}}$$

$$\angle G(j\omega) = \tan^{-1}\frac{1}{\omega C_1 R_1}$$

■ 計算例

$f_C = 1\text{kHz}$，$C_1 = 0.01\mu$とすると

$$R_1 = \frac{1}{2\pi f_C C_1} = \frac{1}{2\pi \times 10^3 \times 0.01 \times 10^{-6}}$$
$$\fallingdotseq 15915 \fallingdotseq 16\text{k}\Omega$$

(a) CR微分回路　　(b) 直線近似したボーデ線図

図7-1 回路と数式

図7-1(a)に，抵抗とコンデンサだけのCR微分回路を示します．よくある用途は，周波数特性を利用して直流をカットして交流だけを通過させるACカップリング回路です．

CR微分回路は入力信号の時間変化ぶんを取り出すこともできます．急峻なパルス波形から立ち上がり/立ち下がりパルスを取り出すときにも使用できます．この用途の使用例が少ないのは，信号にサージ・ノイズが重畳されていると，微分値の大きなサージ・ノイズを取り出してしまい，誤動作の原因になるからです．使うときには充分な確認が必要です．

図7-1(b)に，CR微分回路の直線近似した周波数特性を示します．正確な特性は次項で示すCR積分回路の特性図7-3(b)を，f_Cで線対称にしたものとなります．

図7-1(a)で抵抗とコンデンサの電圧降下をそれぞれV_RとV_Cとすれば，$V_{in} = V_R + V_C$なので，本回路のステップ応答は$V_R = V_{in} - V_C$となり，簡単に求められます．

次に示すCR微分回路の特徴を理解しておくと，フィルタなどの設計に役に立ちます．

- f_Cより低い周波数では6dB/octの上昇特性を示す
- f_Cでは位相が45°進み，低い周波数では90°まで進む
- $f_C/10$以下で微分回路として動作する

要するに，微分回路ではカットオフ周波数以下を使用し，交流増幅回路ではカットオフ周波数以上を使用します．

7-2 抵抗とコンデンサによる積分回路の時定数と周波数特性

ノイズ除去といえばコレ！

図7-2(a)に示すのが，抵抗とコンデンサだけのCR積分回路です．よくある用途は，周波数特性を利用したローパス・フィルタです．高周波雑音を除去する目的で多用されています．

CR積分回路はワンショット・マルチバイブレータやフリーラン・マルチバイブレータのタイミング回路でもよく使われています．使用例は専用IC(NE555，74HC4538など)のデータシートや第9章を参照してください．

● ノイズ除去に使ったときの時定数とA-D変換誤差

CR積分回路の重要なパラメータは時定数 $\tau\,(=CR)$ です．

図7-2(b)はステップ関数($t<0 \rightarrow V_{in}=0,\ t\geq 0 \rightarrow V_{in}=V_{ST}$)を入れたときの応答特性，図7-2(c)はその詳細です．V_{ST}を誤差−1%以内で検出するためには出力電圧V_{out}がV_{ST}の99%になることから，時定数の約5倍の時間が必要なことがわかります．表7-1にステップ応答をまとめました．

動作例を，A-Dコンバータの入力切り替えスイッチで解説します．このスイッチの入出力波形は，ステップ関数そのものです．入力切り替えスイッチの後に高周波雑音を除去する目的でCR積分回路を入れたとき，入力切り替えスイッチで選択した信号がA-Dコンバータの−1LSBになる時間を表7-1に示します．−(1/2)LSBになる時間は，8ビットA-Dコンバータなら9ビットのところ，10ビットなら11ビットのところを見ればわかります．

A-Dコンバータの変換誤差は仕様に書いてありますが，外部に切り換えスイッチとCR積分回路を付けると，表7-1に示す誤差が仕様の誤差に足されます．

足される誤差を−1LSBか−(1/2)LSBにするためには，スイッチを切り替えてからA-D変換を開始するまでにどれくらいの時間が必要なのかが表7-1からわかります．

● 周波数特性

図7-3(a)に示すのが，CR積分回路の周波数特性です．低い周波数成分だけを通すローパス・フィルタになっています．

CR積分回路の重要なパラメータはカットオフ周波数 $f_C\{=1/(2\pi\tau)=1/(2\pi CR)\}$です．$f_C$は出力電圧

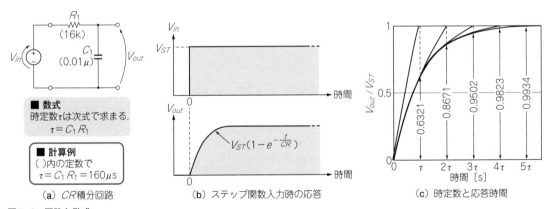

(a) CR積分回路　(b) ステップ関数入力時の応答　(c) 時定数と応答時間

図7-2　回路と数式

表7-1　CR積分回路のステップ応答
A-Dコンバータの入力切り替えスイッチとA-Dコンバータの間にローパス・フィルタとして挿入したことを想定．入力を切り替えてからA-D変換開始までどのくらいの時間が必要なのかを分解能ごとに記した

t/τ	0.11	0.69	1.23	2.30	4.61	5.55	6.24	6.93	7.62	8.32	9.01
%	10	50	71	90	99	−	−	99.9	−	−	−
A-Dコンバータの−1LSB	−	−	(−3 dB)	−	−	8ビット	9ビット	10ビット	11ビット	12ビット	13ビット

V_{out} が入力電圧 V_{in} の $1/\sqrt{2}$ ($\fallingdotseq -3\,\mathrm{dB}$) になる周波数です．厳密に言えば $1/\sqrt{2}$ は $-3.0103\,\mathrm{dB}$ ですが，$1/\sqrt{2} = -3\,\mathrm{dB}$ としています．

図7-3(a) のように，ゲインの絶対値を [dB]，位相を [°] で表した周波数特性のグラフを，負帰還増幅回路の設計理論を確立した創始者の H.W.Bode にちなんでボーデ線図と呼んでいます．

ボーデ線図は，近似を使うと簡単に描けて負帰還安定度を考察できます．厳密な議論以外の負帰還安定度の考察では，直線近似を利用します．

図7-3(a) 中の直線は直線近似特性で，**図7-3(b)** に真の値と直線近似値との比較を示します．ゲインの誤差は f_C のところで最大 $-3\,\mathrm{dB}$，位相の誤差は $f_C/10$ と $10\,f_C$ のところで最大 $5.7°$ です．

次に示す CR 積分回路の特徴を理解しておくと，フィルタなどの設計に役立ちます．

- f_C より高い周波数では $-6\,\mathrm{dB/oct}$ の下降特性を示す
- f_C では位相が $45°$ 遅れ，高い周波数では $90°$ まで遅れる
- $10\,f_C$ 以上で積分回路として動作する

oct というのは周波数比で 2 倍を表します．$-6\,\mathrm{dB/oct}$ は周波数が倍になるとゲインが 1/2 倍になることを意味します．周波数比が 10 倍のときは dec と書き，$20\,\mathrm{dB/dec}$ ($= -6\,\mathrm{dB/oct}$) となります．これは周波数が 10 倍になるとゲインが 1/10 倍になるという意味です．

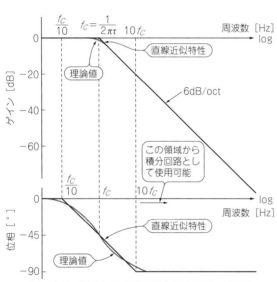

(a) ゲイン $G(j\omega)$ の周波数特性（直線近似ボーデ線図）

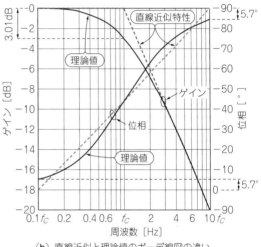

(b) 直線近似と理論値のボーデ線図の違い

■ 数式

ゲイン $G(j\omega)$ の周波数特性は **図7-2(a)** にて
$$G(j\omega) = \frac{V_{out}}{V_{in}} = \frac{1}{1+j\omega C_1 R_1} = \frac{1}{1+j\omega\tau}$$
となる．よって次のようになる．
$$|G(j\omega)| = \frac{1}{\sqrt{1+(\omega C_1 R_1)^2}}$$
$$\angle G(j\omega) = -\tan^{-1}(\omega C_1 R_1)$$
これを図示すると，上記の (a)，(b) となる．

■ 計算例

図7-2(a) の ( ) 内の定数で次のようになる．
$$f_C = \frac{1}{2\pi C_1 R_1} = \frac{1}{2\pi \times 0.01 \times 10^{-6} \times 16 \times 10^3} = 995\,\mathrm{Hz} \fallingdotseq 1\,\mathrm{kHz}$$

図7-3 CR 積分回路の周波数特性
ローパス・フィルタになっている

7-3 コンデンサの充放電電圧の時間変化

効率も要チェック！

図7-4に示すのはコンデンサを電圧源で充電する回路です．

充電開始電流はV_1/R_1です．充電抵抗R_1がないと充電開始電流は無限大になります．

● 定電圧充電は効率50％

コンデンサ充放電回路（図7-4）で，コンデンサを電圧源で充電すると，コンデンサに蓄積される静電エネルギーと充電抵抗の損失が等しくなります．放電すると静電エネルギーはすべて放電抵抗で消費されます．つまり理論効率は50％です．

しかし，コンデンサ充放電回路を応用したコンデンサ入力型整流回路やスイッチト・キャパシタを用いたDC-DCコンバータの効率は50％よりも高くなっています．その理由を図7-5に示します．

コンデンサの端子電圧を0％⇔100％と変化させたときの理論効率は50％ですが，85％⇔95％と変化させると90％になります．つまり，変化率を小さくすればするほど，言い換えればコンデンサのリプル電圧を小さくすればするほど，充電損失が減少し効率が高くなります．

● 定電流充電は効率100％

図7-6は電流源によるコンデンサの充電回路です．

電流源で充電すれば，電源からの供給エネルギーとコンデンサに蓄積される静電エネルギーは等しくなります．放電すると静電エネルギーはすべて放電抵抗で消費されるため，理論効率は100％になります．コイルを用いたDC-DCコンバータの原理がこれで，理論効率が100％になるため多用されています．

コンデンサの耐圧は電流源の最大出力電圧以上にします．もちろん，理想的な電流源の最大出力電圧は無限大ですが，現実的には電源電圧で制約されています．

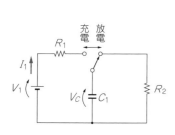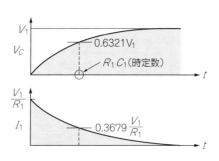

■ 数式
$t=0$で$V_C=0$のとき充電開始すると，充電電圧V_Cと充電電流I_Cは次式のように変化する．
$$V_C = V_1(1 - e^{-\frac{t}{R_1 C_1}})$$
$$I_1 = C_1 \frac{dV_C}{dt} = \frac{V_1}{R_1} e^{-\frac{t}{R_1 C_1}}$$

図7-4 回路と数式

■ 数式
図7-4の充放電回路において，
- 充電完了までにCに蓄積されるエネルギーW_C
$$W_C = \int_0^\infty V_C I_1 dt = \frac{1}{2} C_1 V_1^2$$
- R_1で消費されるエネルギーW_{R1}
$$W_{R1} = \int_0^\infty I_1^2 R_1 dt = \frac{1}{2} CV_1^2 = W_C$$
- 電源から供給される総エネルギーW
$$W = \int_0^\infty V_1 I_1 dt = C_1 V_1^2 = W_C + W_{R1}$$
- 放電エネルギーW_{R2}（充電完了後放電）
$$W_{R2} = W_{C2} = \frac{1}{2} C_1 V_1^2$$

よって効率ηは，入力エネルギーをW_{in}として，次のように求まる．
$$\eta = \frac{W_{R2}}{W_{in}} = \frac{1}{2} = 50\%$$

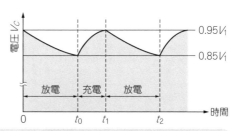

充放電を図のように85％⇔95％と切り換えると，
- Cに蓄積されるエネルギー
$$\Delta W_C = W_{C(95\%)} - W_{C(85\%)} = 0.09 C_1 V_1^2$$
- R_1での損失ΔW_{R1}
$$\Delta W_{R1} = \int_{t_0}^{t_1} I_1^2 R_1 dt = 0.01 C_1 V_1^2$$

よって効率は，次のように求まる．
$$\eta = \frac{W_{R2}}{W_{in}} = \frac{\Delta W_C}{\Delta W_C + \Delta W_{R1}} = 90\%$$

図7-5 コンデンサのリプル電圧と効率

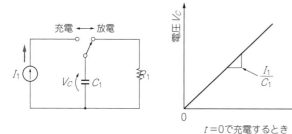

■ 数式

$t=0$で$V_C=0$として充電開始すればコンデンサの基本式より,電荷と充電電圧の関係は次式で表せる.
$$Q = C_1 V_C$$
また電荷と電流の関係より,充電電圧は次式のとおり.
$$Q = I_1 t$$
$$\therefore V_C = \frac{1}{C_1} I_1 t$$
電流源を用いれば無損失で充電できる.

図7-6 電流源によるコンデンサの充電回路

先人の知恵袋! E6やE12系列だけ使って在庫を節約　　コラム

市販されている抵抗とコンデンサ,コイル(インダクタ)は,とびとびの値になっています.この値の系列がEシリーズと呼ばれているものです.表7-AにEシリーズ定数表を示します.入手の容易な系列は,コンデンサとコイルはE6,抵抗はE24です.コンデンサでもフィルム・コンデンサやセラミック・コンデンサの一部には許容誤差が±10%以下のものがあり,これらはE12系列の入手が容易です.±1%以下の精密抵抗はE96系列の入手が容易です.

En系列は1～10の間をn分割した等比数列になっています.ただし,E24系列までは表中に計算値として示したように,歴史的ないきさつから一部の値が等比数列から外れています(表7-Aでは外れている値には下線を引いてある).例えば分圧回路で考えてみると,計算値では,

$6.8\,\mathrm{k\Omega} + 3.2\,\mathrm{k\Omega} = 10\,\mathrm{k\Omega}$

となって合計抵抗値10 kΩ,−9.9 dBになりますが,規格値だと6.8 kΩ+3.3 kΩ=11 kΩで合計抵抗値11 kΩ,−10.5 dBと誤差が大きくなります.E96系列は計算通りの値です.

高精度部品を使うときに問題になるのは,実験室や製造工場での部品在庫です.例えば精密機器の仕事が多いからと,E96系列で10 Ω～1 MΩまでそろえると,5×96+1=481種類となります.許容損失の違いで何種類かそろえるとさらに種類が多くなり,在庫管理が大変になります.抵抗はE24系列でそろえ,使用頻度の高い特殊な値はE96系列から抜き出してそろえるのがよいでしょう.

コンデンサは使用頻度の高い特殊な値以外はE6系列を主にするとよいでしょう.アルミ電解コンデンサは比較的価格も高く形状が大きいのが欠点ですが,低圧の用途はすべて50 V耐圧品を使うようにすれば在庫の品種を少なくできます.

表7-A Eシリーズ定数表

E6	E12	E24 規格値	E24 計算値	E6	E12	E24 規格値	E24 計算値
10	10	10	10	33	33	33	32
		11	11			36	35
	12	12	12		39	39	38
		13	13			43	42
15	15	15	15	47	47	47	46
		16	16			51	51
	18	18	18		56	56	56
		20	20			62	62
22	22	22	22	68	68	68	68
		24	24			75	75
	27	27	27		82	82	83
		30	29			91	91

E96							
100	133	178	237	316	422	562	750
102	137	182	243	324	432	576	768
105	140	187	249	332	442	590	787
107	143	191	255	340	453	604	806
110	147	196	261	348	464	619	825
113	150	200	267	357	475	634	845
115	154	205	274	365	487	649	866
118	158	210	280	374	499	665	887
121	162	215	287	383	511	681	909
124	165	221	294	392	523	698	931
127	169	226	301	402	536	715	953
130	174	232	309	412	549	732	976

※下線は等比数列から外れた値

注:En系列の計算値は$10^{0/n}$, $10^{1/n}$, ～ $10^{(n-1)/n}$で求めた値を,E24は10倍したもので,E96は100倍したもの

7-4 コイルの充放電電流の時間変化

コイル充電は効率100%！

● 定電圧充電の場合

コイルを電圧源で充電すると，図7-7に示すように直線的に電流が増大します．理論上は電流は最終的に無限大になりますが，現実には，コイルを巻いているコア（鉄芯）が飽和磁束密度に達し，図の破線のように電流が急増します．電流が急増する前に充電を停止することが必要です．

放電直前にコイルに蓄積された電磁エネルギーがすべて放電抵抗で消費されるため，理論効率は100％になります．コイルに流れる電流の変化は短時間では少なく，コイルの高周波でのインピーダンスは高いため，コイルを短時間電圧源に直列に接続すると，等価的に電流源と考えられます．これをコンデンサの充電回路に使用すると，理想的には無損失でコンデンサの充電が可能となって，理論効率が100％のDC-DCコンバータができます．

インダクタンスLのコイルの電流i_Lと端子電圧V_Lの関係は，図7-7に示すように，

$$V_L = L\, di_L/dt$$

となります．

この式から，コイルに流れる電流は微分可能で急変できないことがわかります．前述の定電圧源で充電した場合も，放電に切り替えるときは瞬時に切り換えないと高圧が発生しスイッチが破損します．

● 定電流充電の場合

コイルを電流源に接続して急激にONまたはOFFすると，理論上は無限大の高圧が発生します．現実にはスイッチ接点間で放電するか，半導体スイッチの場合にはブレークダウンします．コンデンサと電圧源の例に倣えば，コイルの場合は並列に放電抵抗を接続する必要があります．問題はコイルの端子電圧が電流によるため，一定値に抑えるには定電圧ダイオードを並列に接続して電圧をクランプする必要があります．放電抵抗を入れて抑えることも可能ですが，許容電力損失の大きな抵抗が必要です．そのため，コイルを電流源に接続してON/OFFする回路は，ほとんど使われません．

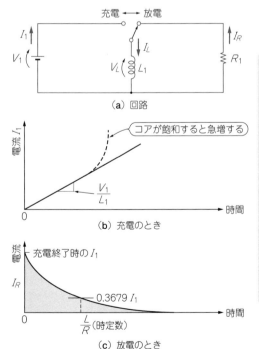

■ 数式

コイルを定電圧で充電すると，
基本式

$$v_L = L_1 \frac{di_L}{dt}$$

より$v_L = V_1$（一定）だから，次式となる．

$$I_1 = \frac{V_1}{L_1} t$$

電流がI_1となったとき充電から放電に切り換えると，コイルに蓄積されたエネルギーW_Lは，次式となる．

$$W_L = \int_0^t i_L V_1\, dt = \frac{V_1^2}{2L_1} t^2 = \frac{1}{2} L_1 I_1^2 \quad \left(\because I_1 = \frac{V_1}{L_1} t\right)$$

またコイルの端子電圧v_Lは，

$$v_{L\max} = R_1 I_1$$

となり，以降指数関数的に減少する．
放電開始の時刻を$t=0$とすると，

$$i_R = I_1 e^{-\frac{R_1}{L_1} t}$$

$$v_L = i_R R_1 = I_1 R_1 e^{-\frac{R_1}{L_1} t}$$

放電終了時にはすべてのエネルギーがR_1で消費され効率は100％となる．

図7-7 回路と数式

7-5 加算回路の出力電圧

オーディオ・ミキサはこれ！

図7-8(a)に示すのが反転型加算回路で，図7-8(b)が非反転型加算回路です．見比べるとわかるように，反転型加算回路は設計が簡単で，非反転型加算回路は設計が面倒です．オーディオ・ミキサには反転型加算回路が向いています．

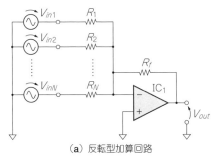

■ 数式

$$V_{out} = -R_f\left(\frac{V_{in1}}{R_1} + \frac{V_{in2}}{R_2} + \cdots + \frac{V_{inN}}{R_N}\right)$$

$R_1 = R_2 = \cdots = R_N = R_f$ とすると次のようになる．

$$V_{out} = -(V_{in1} + V_{in2} + \cdots + V_{inN})$$

(a) 反転型加算回路

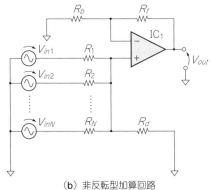

■ 数式

$$V_{out} = \frac{R_b + R_f}{R_b}\left(\frac{V_{in1} \cdot R_2/\!/R_3/\!/\cdots/\!/R_d}{R_1 + R_2/\!/R_3/\!/\cdots/\!/R_d} + \frac{V_{in2} \cdot R_1/\!/R_3/\!/\cdots/\!/R_d}{R_2 + R_1/\!/R_3/\!/\cdots/\!/R_d} + \cdots + \frac{V_{inN} \cdot R_1/\!/R_2/\!/\cdots/\!/R_d}{R_N + R_1/\!/R_2/\!/\cdots/\!/R_d}\right)$$

(b) 非反転型加算回路

図7-8 回路と数式

7-6 単電源加算回路の出力電圧

センサ・アンプに使える

図7-9に示すのは，単電源加算回路です．両電源で使ったときグラウンドに接続した非反転入力をバイアス電圧V_Bに接続しています．

同様に単電源非反転型加算回路もあります．計算は少し面倒ですが，センサ出力をA-Dコンバータの入力電圧範囲に合わせるのに使えます．

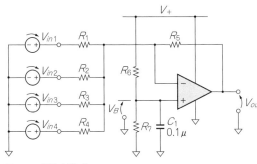

■ 数式

$$V_{out} = -R_5\left(\frac{V_{in1}}{R_1} + \frac{V_{in2}}{R_2} + \frac{V_{in3}}{R_3} + \frac{V_{in4}}{R_4}\right) + V_B\left(1 + \frac{R_5}{R_1/\!/R_2/\!/R_3/\!/R_4}\right)$$

$R_1 = R_2 = R_3 = R_4$ とすると次のようになる．

$$V_{out} = -\frac{R_5}{R_1}(V_{in1} + V_{in2} + V_{in3} + V_{in4}) + V_B\left(1 + \frac{4R_5}{R_1}\right)$$

$$V_B = \frac{R_7}{R_6 + R_7}V_+$$

図7-9 回路と数式

7-7 加減算回路の出力電圧

OPアンプが2個要るが設計が楽

図7-10に示すのがOPアンプを2個使用した加減算回路です．設計が非常に簡単になっています．

OPアンプ1個の加減算回路は，7-5項の図7-8(a)と図7-8(b)を合体した基本差動増幅回路を変形して入力数を増やす構成にすれば可能ですが，設計が非常に面倒です．その点，図7-10に示す反転型加算回路を2段縦続接続した加減算回路は，設計が非常に簡単です．

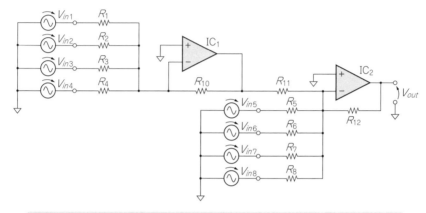

■ 数式

$$V_{out} = \frac{R_{10} R_{12}}{R_{11}} \left(\frac{V_{in1}}{R_1} + \frac{V_{in2}}{R_2} + \frac{V_{in3}}{R_3} + \frac{V_{in4}}{R_4} \right) - R_{12} \left(\frac{V_{in5}}{R_5} + \frac{V_{in6}}{R_6} + \frac{V_{in7}}{R_7} + \frac{V_{in8}}{R_8} \right)$$

$R_1 = R_2 = R_3 = R_4 = R_5 = R_6 = R_7 = R_8 = R_{10} = R_{11} = R_{12}$ とすると，次のように求まる．

$$V_{out} = (V_{in1} + V_{in2} + V_{in3} + V_{in4}) - (V_{in5} + V_{in6} + V_{in7} + V_{in8})$$

図7-10　回路と数式

7-8 微分回路の出力電圧

PID制御に使う

図7-11に示すのが微分回路です．単独で用いられることはほとんどありませんが，サーボ・システムのPID制御で，微分動作(differential)に用いられます．微分動作を行うため，信号の変化を取り出すのに便利ですが，周波数の高いノイズも増幅してしまいます．したがって，高域ノイズの多いところでは使いにくいです．

図中の R_1 は発振防止用の抵抗です．理想OPアンプでは必要ないのですが，現実のOPアンプではこれがないと発振します．C_1 と R_2 で決定されるカットオフ周波数の1/10以下で正確な微分動作を行います．また，高域ノイズに対するゲインも R_2/R_1 倍以下に抑えるので，不充分ながらノイズ対策にもなります．交流反転増幅回路(5-4項参照)とは次の2点が違います．

- 微分回路はカットオフ周波数の1/10以下で使用することから，微分可能な周波数帯域を広くするためにはカットオフ周波数を高くする必要がある
- 増幅回路ではカットオフ周波数以上で使用する

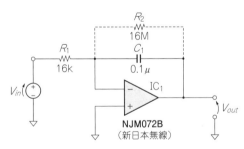

■ 数式

$$V_{out} = -\frac{j\omega C_1 R_2}{1+j\omega C_1 R_1} V_{in}$$

カットオフ周波数 $f_C = \dfrac{1}{2\pi C_1 R_2}$

$f \ll f_C$ すなわち $\omega \ll \omega_C$ では次のようになる．

$$V_{out} \fallingdotseq -j\omega C_1 R_2 V_{in}$$

（$j\omega$ は微分を表す）

微分時定数 $\tau = C_1 R_2$

$R_1 \fallingdotseq \dfrac{R_2}{100}$ 程度を目安にする．

■ 計算例

$\tau = 1.6\text{ms}$, $C_1 = 0.1\mu$, $f_C = 10\text{kHz}$ とすると，1kHz以下で微分動作する．

$$R_2 = \frac{\tau}{C_1} = 16\text{k}\Omega$$

$$R_1 = \frac{1}{2\pi f_C C_1} = 159\Omega \fallingdotseq 160\Omega$$

$\dfrac{R_2}{R_1} = 100$ を確認

10kHzでゲインは $\dfrac{R_2}{R_1} = 100$ 倍が必要．OPアンプはこれを満足するものを使う．例えば約30kHzまで100倍に増幅できる **NJM072B**（新日本無線）とする．

図7-11 回路と数式

7-9 積分回路の出力電圧

ノイズに強く制御装置に使われる

図7-12に示すのは積分回路です．単独で使われることはほとんどなく，サーボ・システムのPID制御で，積分動作（integral）に使われます．積分動作で信号の変化を平均化するだけでなく，周波数の高い部分のノイズを阻止します．

直流から周波数の低いところで大きなゲインを持つため，OPアンプのオフセット電圧の影響が大きくて単独では使いにくいです．単独の積分は，マイコンで信号をA-D変換してから加算する（数値積分）のが，オフセット電圧の影響を受けないのでよいでしょう．

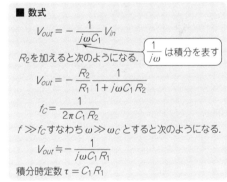

■ 数式

$$V_{out} = -\frac{1}{j\omega C_1} V_{in}$$

（$\dfrac{1}{j\omega}$ は積分を表す）

R_2 を加えると次のようになる．

$$V_{out} = -\frac{R_2}{R_1} \cdot \frac{1}{1+j\omega C_1 R_2}$$

$$f_C = \frac{1}{2\pi C_1 R_2}$$

$f \gg f_C$ すなわち $\omega \gg \omega_C$ とすると次のようになる．

$$V_{out} \fallingdotseq -\frac{1}{j\omega C_1 R_1}$$

積分時定数 $\tau = C_1 R_1$

■ 計算例

$C_1 = 0.01\mu$ として積分時定数 $\tau = 160\mu\text{s}$ とすると，次のようになる．

$$R_1 = \frac{\tau}{C_1} = 16\text{k}\Omega$$

R_2 を加えて $f_C = 1\text{Hz}$ とすれば，10Hz以上で積分動作になる．

$$R_2 = \frac{1}{2\pi f_C C_1} \fallingdotseq 16\text{M}\Omega$$

OPアンプは，入力バイアス電流の少ないJFET入力の **NJM072B** などが望ましい．

図7-12 回路と数式

7-10 圧縮回路の信号レベル変化率

大きすぎる信号をスムーズに抑え込む

圧縮回路は入力電圧が高くなるほどゲインを下げる回路です．入力電圧により分圧比をスイッチで切り換えるのではなく，自動的に分圧比を可変します．

ここで紹介する圧縮回路は，ダイオードを使用した折れ線近似回路です．折れ線近似回路は以前はよく使用されていましたが，最近見かけるのは3-5項で触れたリミッタ回路がほとんどです．リミッタ回路は1折れ点の折れ線近似回路とも考えられます．

図7-13(a)は3折れ点の折れ線近似回路を使用した圧縮回路です．V_{in}がV_1以下だとすべてのダイオードが非導通になり，V_{out}はR_SとR_{A0}によりV_{in}が分圧された値になります．V_{in}がV_1以上になるとD_1が導通し，V_{out}はR_Sと$(R_{A0}/\!/R_{A1})$によりV_{in}が分圧された値になります．さらにV_{in}が大きくなるとD_2も導通し，さらにV_{in}が大きくなるとD_3も導通し，分圧比は小さくなります．

計算を簡単にするためR_A（分圧抵抗）$\gg R_B$（電圧設定抵抗）としていますが，正確にしたい場合は，図7-13(c)のような理想ダイオード回路を使用します．ただし，ダイオード非導通時にOPアンプ出力が飽和し導通までの復帰が遅れるため，数kHz程度までしか使用できません．

圧縮回路は，回路のダイナミック・レンジを上げるために使われます．よく使われる圧縮回路には対数増幅器（ログ・アンプ）があります．

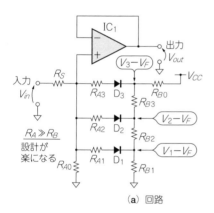

(a) 回路

■ 数式
V_Fはダイオードの順方向電圧
$R_A \gg R_B$とすれば，

$$V_1 = \frac{R_{B1}}{R_{B1}+R_{B2}+R_{B3}+R_{B0}} V_{CC} + V_F$$

$$V_2 = \frac{R_{B1}+R_{B2}}{R_{B1}+R_{B2}+R_{B3}+R_{B0}} V_{CC} + V_F$$

$$V_3 = \frac{R_{B1}+R_{B2}+R_{B3}}{R_{B1}+R_{B2}+R_{B3}+R_{B0}} V_{CC} + V_F$$

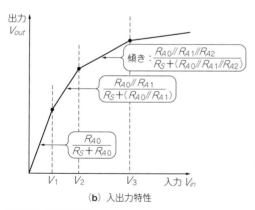

(b) 入出力特性

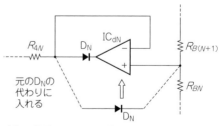

(c) 理想ダイオード回路（正確な折れ点電圧を実現）

図7-13 回路と数式
入力電圧が高くなるとゲインを下げる

7-11 伸長回路の信号レベル変化率

圧縮した信号を元に戻す

伸長回路は入力電圧が高くなるほどゲインを上げる回路です．入力電圧によりOPアンプのゲインをスイッチで切り換えるのではなく，自動的にゲインを可変します．伸長回路は，圧縮回路を通した信号を元に戻すために使われることが多いです．

図7-14(a)は2折れ点の折れ線近似回路による伸長回路です．反転増幅回路の入力抵抗R_AをR_{A0}から$(R_{A0}\!/\!/R_{A1})$，$(R_{A0}\!/\!/R_{A1}\!/\!/R_{A2})$と小さくしてゲインを上げています．計算を簡単にするためR_A（ゲイン設定抵抗）$\gg R_B$（電圧設定抵抗）としています．正確にしたい場合は，**図7-14**(c)のような理想ダイオード回路を使用しますが，ダイオード非導通時にOPアンプ出力が飽和し導通までの復帰が遅れるため，数kHz程度までしか使用できません．

伸長回路は，分圧比を可変する圧縮回路とは異なり，ゲインを可変するためOPアンプが必須です．ゲイン設定のための抵抗R_Aと分圧抵抗R_Bに流れる電流は，入力側信号源から供給されます．設定ゲインによっては信号源側OPアンプの出力電流が大きくなりすぎるため，OPアンプの出力電流特性に注意します．理想ダイオード回路を使用すると，R_Aに流れる電流は理想ダイオード回路が供給するため，信号源側OPアンプの負担は小さくなります．

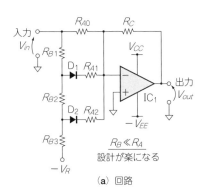

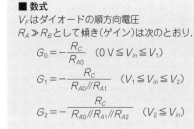

■ 数式
V_Fはダイオードの順方向電圧
$R_A \gg R_B$として傾き（ゲイン）は次のとおり．

$G_0 = -\dfrac{R_C}{R_{A0}} \quad (0\,\text{V} \leq V_{in} \leq V_1)$

$G_1 = -\dfrac{R_C}{R_{A0}\!/\!/R_{A1}} \quad (V_1 \leq V_{in} \leq V_2)$

$G_2 = -\dfrac{R_C}{R_{A0}\!/\!/R_{A1}\!/\!/R_{A2}} \quad (V_2 \leq V_{in})$

(a) 回路

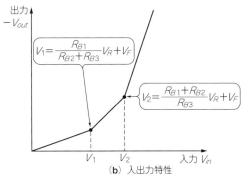

(b) 入出力特性

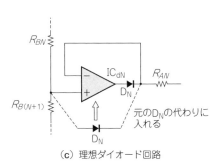

(c) 理想ダイオード回路

図7-14 回路と数式
入力電圧が高くなるとゲインを上げる

7-12 両電源で動作する絶対値回路の抵抗値

数十kHzまで正確な絶対値を出力

図7-15に示すのは,全波整流型の絶対値回路です.$R_4 = R_5$とすると入力信号の絶対値が出力されます.

$R_5 = 1.11R_4$という関係にして,$C_1 = 10\ \mu F$を追加すると,正弦波入力のとき実効値指示の全波整流回路になります.

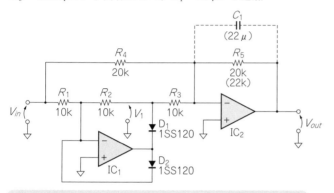

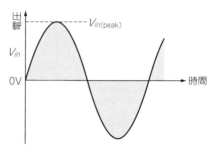

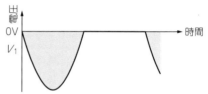

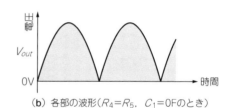

(b) 各部の波形($R_4 = R_5$,$C_1 = 0 F$のとき)

■ 数式

$R_1 = R_2 = R_3 = R$
$R_4 = 2R$
$R_5 = R_4$

正弦波の実効値に対応する直流電圧を出力する場合は次のとおり.

$$C_1 = \frac{100}{2\pi f_{in} R_4} \fallingdotseq \frac{16}{f_{in} R_4},\ R_5 \fallingdotseq 1.11 R_4$$

ただし,f_{in}:入力周波数 [Hz],出力リプルは1%以下のとき

■ 計算例

$R = 10\ k\Omega$とすると,$R_1 = R_2 = 10\ k\Omega$,$R_4 = R_5 = 20\ k\Omega$
実効値を求めるときは,$f_{in} = 50\ Hz$として

$$C_1 = \frac{16}{50 \times 20 \times 10^3} = 16\ \mu F \fallingdotseq 22\ \mu F$$

$R_5 = 1.11 \times 20 \times 10^3 = 22.2\ k\Omega \fallingdotseq 22\ k\Omega$

(a) 回路

図7-15 回路と数式
絶対値回路(両電源動作タイプ)

絶対値回路の用途　　　　　　　　　　　　　　　　　　　　　コラム

マイコン内蔵のA-Dコンバータは,入力電圧範囲が$0 \sim V_{CC}$以下のプラス側単極性です.ここに交流電圧または極性が変わる信号をA-Dコンバータの入力電圧範囲にバイアスして入力すると,分解能が低下します.そこで,絶対値回路によってプラス側単極性の信号に変換してA-Dコンバータに入力し,極性は第9章で取り上げるゼロ・クロス・コンパレータで検出して入力ポートに加えれば,分解能は低下しません.

ハードウェアは少し複雑化しますが,ソフトウェアは極性判別の面倒な処理が不要で簡単になります.

マイコン内蔵のA-Dコンバータは,変換速度が一般に低速です.ほかの処理を行っていてA-D変換データの処理が遅れることもあります.

交流信号の場合は,瞬時値よりも平均値や実効値,ピーク値が必要なことが多いです.交流信号は平均値がゼロの信号と定義されていますが,ここで必要なのは絶対平均値,つまり絶対値の時間平均値です.

波形がわかっていれば実効値は絶対平均値から換算できます.実効値演算回路は専用ICが高価なので,絶対平均値から換算して実効値を求めることが多いです.

ピーク値は本文で説明するピーク・ホールド回路を使います.±ピーク値は絶対値回路の後にピーク・ホールド回路を使って求めます.

ピーク・ツー・ピーク値はピーク・ホールド回路を2個使用し,プラスとマイナスのピーク値を求めて,その後に基本差動増幅回路を接続して求めます.

7-13 単電源で動作する絶対値回路の抵抗値

簡単な回路で数十kHzまで使える

図7-16に示すのは，単電源で動作する絶対値回路です．OPアンプIC 1個と抵抗値のよくそろったR_1とR_2で構成されます．

OPアンプ AD823（アナログ・デバイセズ）が単電源でも入力電圧範囲がグラウンド以下まで許容できるばかりでなく，内部で飽和しても復帰時間が速いという優れた特性があるからこそ実現できています．ほかのOPアンプICではこの回路は動作しません．

図7-16(b)に示すのは，安価な単電源用OPアンプNJM2904（LM358と同等）を使用した単電源動作の絶対値回路です．AD823と異なり入力電圧範囲がマイナスまで許容されていないので，保護ダイオードD_1と保護抵抗R_3を追加しています．

NJM2904は出力段の動作階級がC級であり，出力段にバイアス電流を流すためにR_4とR_5を追加します．

周波数特性は，AD823を使用すると数10 kHzまで動作しますが，NJM2904では数kHzまでしか動作しません．50 Hz/60 Hzの商用周波数などの低周波用途では十分使用できます．

図7-16(a)，同(b)とも正弦波の平均化による実効値測定は，後段に単電源動作のローパス・フィルタとゲインが1.11倍の増幅回路が必要になります．R_2にコンデンサを並列に入れても，非反転入力からの信号が出力に現れるため平滑されません．

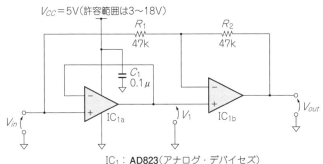

IC$_1$：**AD823**（アナログ・デバイセズ）
(a) 回路（DC～数十kHzで使用可）

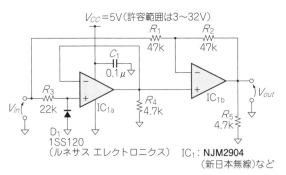

IC$_1$：**NJM2904**（新日本無線）など
(b) 回路2（DC～数kHzで使用可）

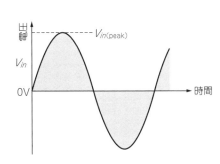

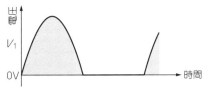

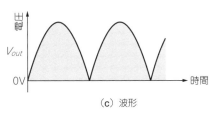

(c) 波形

■ 数式[(a), (b)共通]
$R_1 = R_2$, $R_3 = R_1/2$, $R_4 = R_5 = 2.2\text{k}\Omega \sim 10\text{k}\Omega$
$V_{in(peak)} \leq V_{CC}$ [図(a)]
$V_{in(peak)} \leq V_{CC} - 1.5\text{V}$ [図(b)]

■ 計算例
$R_1 = R_2 = 47\text{k}\Omega$
$R_3 = \dfrac{47\text{k}}{2} \fallingdotseq 22\text{k}\Omega$
$R_4 = R_5 = 4.7\text{k}\Omega$

図7-16 回路と数式
絶対値回路（単電源動作タイプ）

7-14 単電源動作のRMS-DCコンバータ

専用ICが便利

図7-17に示すのは,単電源で動作するRMS-DCコンバータです.RMS-DCコンバータIC LTC1967(リニアテクノロジー)がかぎを握っています.

図7-17の定数で特性を見ると,12 Hz～40 kHzまでの誤差は0.1 %であり,1 %誤差では5 Hz～200 kHzまで使用できます.−3 dB帯域が4 MHzと広く,入力電圧範囲は5 mV～1 V$_{RMS}$です.

リニアテクノロジーには,ほかに同一シリーズで−3 dB帯域が800 kHzのLTC1966と−3 dB帯域が15 MHzのLTC1968があるので,必要な仕様に応じて選択します.

LTC196XシリーズはRMS-DCの変換にΔΣ(デルタ・シグマ)演算を利用しています.以前のICはRMS-DC変換に対数−逆対数演算を利用していて,入力電圧レベルが低下すると周波数帯域が狭くなるという欠点がありました.LTC196Xシリーズには,周波数帯域が入力電圧レベルによらないという特長があります.

ほかの単電源動作可能なRMS-DCコンバータとしては,アナログ・デバイセズにAD8436がありますが,こちらはRMS-DC変換に対数−逆対数演算を利用しています.

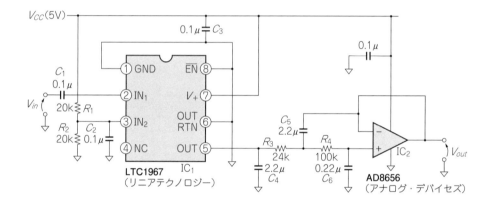

■ 数式
$R_1 = R_2$(IN$_2$を$V_{cc}/2$にバイアスする)
IC$_1$の出力抵抗$r_{out} = 50$ kΩ(データシートより)
出力リプル率r_P,入力信号周波数f_S,3次ローパス・フィルタのカットオフ周波数f_Cとして,リプル周波数$2f_S$より次式となる.

$$r_P = \frac{2}{3}\left(\frac{f_C}{2f_S}\right)^3$$

$$f_C = \frac{1}{2\pi\sqrt[3]{C_4 C_5 C_6 r_{out} R_3 R_4}}$$

■ 計算例
$C_4 = C_5 = 2.2\,\mu\mathrm{F}$,$C_6 = 0.22\,\mu\mathrm{F}$,$R_1 = R_2 = 20$ kΩ,$R_3 = 24$ kΩ,$R_4 = 100$ kΩ

$$f_C = \frac{1}{2\pi\sqrt[3]{2.2\times10^{-6}\times2.2\times10^{-6}\times0.22\times10^{-6}\times50\times10^3\times24\times10^3\times100\times10^3}} \fallingdotseq 3.16\text{ Hz}$$

$f_S = 50$ Hzとすると,

$$r_P = \frac{2}{3}\left(\frac{3.16}{2\times50}\right)^3 \fallingdotseq 0.002\text{ \%}$$

f_Cを変更するときは,$r_{out} = 50$ kΩで固定なのでR_3,R_4はそのままとし,$C_4 = C_5 = 10C_6$の比率でコンデンサを変更する.なお,セラミック・コンデンサは電圧を加えると容量が大きく変わるので,フィルム・コンデンサが望ましい.

図7-17 回路
高精度な絶対値回路(単電源動作タイプ)

7-15 ピーク・ホールド回路の値

数十kHzまで正確なピーク値を出力

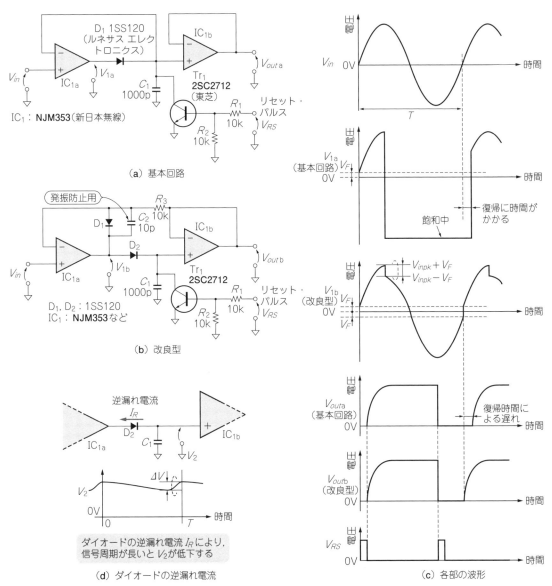

図7-18　回路と数式
入力信号のピーク電圧を出力する

図7-18(a)に示すのは，ピーク・ホールド回路の基本形です．この回路には欠点があり，入力信号がピーク値以外のときにOPアンプ(IC_{1a})の出力が飽和します．OPアンプの出力が飽和すると復帰に時間がかかるようになり，出力信号が入力信号に追随できなくなります．この長い応答遅れによって，使える周波数は数kHzに制限されます．

図7-18(b)に示すのは，改良型のピーク・ホールド回路です．D_1によってOPアンプ(IC_{1a})が飽和しなくなるので，応答遅れがほとんどなくなり，使用可能な周波数が数十kHzに広がります．

一度動作すると入力信号のピーク値が保持されるため，新たに測定するときはコンデンサC_1に蓄積された電荷を放電する必要があります．マイコンから最適

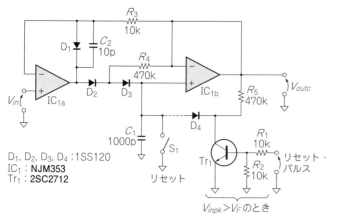

(e) ダイオードの逆漏れ電流を補償した回路

図7-18 回路と数式（つづき）

なタイミングでリセット・パルスを与えて放電します．

放電用トランジスタTr_1に図7-18(b)に示すバイポーラ・トランジスタを使う場合，$R_1 = 10\,k\Omega$程度にすればTr_1に過電流が流れることはありません．高速リセットを目的にTr_1にパワーMOSFETを使うと，最大定格を超えた過電流が流れることがあります．その場合には，C_1とTr_1のドレイン間に数10Ωの抵抗を入れて最大定格を超えた過電流が流れるのを防ぎます．

V_{in}が長周期の低周波信号の場合に無視できないのは，ダイオードの逆漏れ電流です．小信号スイッチング・ダイオードを使用しても25℃で10 nA程度はあ

ります．これが無視できないときは，図7-18(e)のようにダイオードD_2とR_4を追加します．リセットも漏れ電流の少ない機械的接点で行うか，D_4とR_5を追加してTr_1で行います．Tr_1で行うとリセット電圧はV_Fになるので，これが許されないときは機械的接点で行います．

図7-18(b)のままで漏れ電流の対策をするにはC_1を大きくしますが，そうするとV_{outb}がV_{in}のピーク値に追随するまでの時間が長くなります．システム仕様から，最適な対策を選択します．

「グラウンドが浮いている」とは　　コラム

電子回路で必ず出てくるグラウンドとは，入出力信号の共通線（コモンと呼ぶ）です．直流電源でいえば一般に0 Vのラインのことです．つまり±電源なら中点，単電源なら最低電位です．感電事故防止のための安全上のグラウンドは大地を意味し，装置のグラウンド端子を大地に接続して使いますが，電子回路のグラウンドとは別ですからここでは触れません．

回路によっては，入出力信号でグラウンド接続できない場合があります．この接続されていないグラウンドの状態のことを「浮いている」と言います．

入力側回路のグラウンドと出力側回路のグラウンドの浮き方にも，直流的に浮いているが交流的には低インピーダンスで接続されている場合と，直流的にも交流的にも高インピーダンスで絶縁されている場合があります．第5章で取り上げた差動増幅回路は，どちらの場合にも対応できる優れた回路です．

7-16 OPアンプと抵抗, コンデンサで作るインピーダンス素子

アンプの力で小型&高インダクタンスを実現

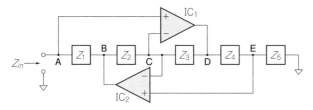

コンデンサの位置	Z_{in}	C_{in}/L_{in}
Z_1	$\dfrac{1}{j\omega C_1}\dfrac{R_3R_5}{R_2R_4}$	$C_{in}=C_1\dfrac{R_2R_4}{R_3R_5}$
Z_2	$j\omega C_2\dfrac{R_1R_3R_5}{R_4}$	$L_{in}=C_2\dfrac{R_1R_3R_5}{R_4}$
Z_3	$\dfrac{1}{j\omega C_3}\dfrac{R_1R_5}{R_2R_4}$	$C_{in}=C_3\dfrac{R_2R_4}{R_1R_5}$
Z_4	$j\omega C_4\dfrac{R_1R_3R_5}{R_2}$	$L_{in}=C_4\dfrac{R_1R_3R_5}{R_2}$
Z_5	$\dfrac{1}{j\omega C_5}\dfrac{R_1R_3}{R_2R_4}$	$C_{in}=C_5\dfrac{R_2R_4}{R_1R_3}$

■ 数式

入力から見たインピーダンスZ_{in}は次式となる.

$$Z_{in}=\dfrac{Z_1Z_3}{Z_2Z_4}Z_5$$

$Z_1 \sim Z_5$のどれか1カ所をコンデンサに, ほかは抵抗にすると, 次のようにZ_{in}はコイルやコンデンサになる.

$$Z_{in}=j\omega L_{in} \text{ または } Z_{in}=\dfrac{1}{j\omega C_{in}}$$

図7-19 回路と数式
GIC回路. 任意のインピーダンス素子を得られる. インピーダンス変換回路とも呼ばれる

　図7-19にGIC(Generalized Impedance Converter)回路の構成を示します. GIC回路は一般化インピーダンス変換回路とも呼ばれています. GIC回路を使用すると, Z_{in}を任意のインピーダンス素子にすることができます.

　GIC回路はLCフィルタをシミュレーションしてRC回路で構成するために開発されたといういきさつから, すでに完成しているLCフィルタ回路の構成を使って, 簡単にRCアクティブ・フィルタを実現できます.

　この回路の解析は, 図中の点A, 点C, 点Eの3カ所の電圧がバーチャル・ショートから等しいと置けば, 簡単に行うことができます.

　図7-19中の表に示したように, $Z_1 \sim Z_5$のどれか一つのインピーダンス素子をコンデンサにし, ほかを抵抗にすれば, 入力から見たインピーダンスZ_{in}はコンデンサあるいはコイル(インダクタ)になります. コンデンサやコイルの値は抵抗で設定でき, 可変抵抗を使用すれば, 簡単に変えることができます.

　GIC回路には, 必ず1個はコンデンサを使うというような制限はありません. ただし, OPアンプを使用している関係で, 入力バイアス電流の直流帰路を確保する必要があります. 具体的に言えば, 図7-19でZ_2とZ_3およびZ_4とZ_5を同時にコンデンサにはできません. また, 入力側に直流帰路がなければZ_1もコンデンサにはできません.

　電子回路においてコイルは, スイッチングすると大きな逆起電力を発生したり, 過電流ですぐ飽和したり, 実装すると周辺に磁束をまき散らかしたりして, あまり人気のある部品ではありません. また高インダクタンスが必要な場合, 高透磁率コア材は非線形性が強いため高精度のコイルは難しいです.

　このコイルを, 抵抗とコンデンサと増幅器(能動素子)を使って電子回路で実現したのが, 「シミュレーテッド・インダクタ」であり, GIC回路を使用すればコイルを使用しなくても, 可変可能の高インダクタンスのコイルを実現できます.

　当然のことですが, シミュレーテッド・インダクタはコンデンサと抵抗, OPアンプで構成されているため, DC-DCコンバータのようなパワーを扱う用途には使用できません.

　コンデンサの場合, わざわざ複雑な回路を使用しなくても, 単体のコンデンサを使用すればよいと思うかもしれませんが, 小容量のコンデンサを大容量のコンデンサに変換するのが「容量マルチプライア」であり, GIC回路を使用すれば大容量のコンデンサを使用しなくても, 小容量のコンデンサで理想的な可変可能の大容量コンデンサを実現できます.

　シミュレーテッド・インダクタと容量マルチプライアの具体的な回路例は後述します.

7-17 IC 1個で作るOPアンプ・コイル

シンプルに作る

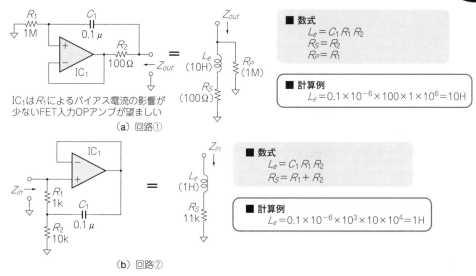

図7-20 回路と数式
(a)はOPアンプ一つで作れるが，得られるインダクタンス値には並列と直列に誤差成分が入る．(b)もOPアンプ一つで作れるが，得られるインダクタンス値には直列に誤差成分が入る．(a)に比べて直列抵抗の誤差分は大きめになる

図7-20はOPアンプ1個で実現可能なシミュレーテッド・インダクタです．図7-20(a)は誤差として並列抵抗R_Pと直列抵抗R_Sがあります．

ここでR_1を可変抵抗に変えると，インダクタンスの連続可変ができますが，誤差分の並列抵抗も変わります．

図7-20(b)は誤差として直列抵抗R_Sだけがあります．ただし，図7-20(a)と比べてR_Sが大きくなるので，使用する回路の要求仕様に従って最適なものを選びます．ここでR_2を可変抵抗に変えると，インダクタンスの連続可変ができますが，誤差分の直列抵抗も変わります．

7-18 IC 2個で作るOPアンプ・コイル

高精度

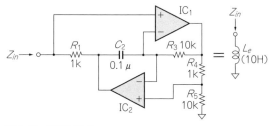

■ 数式
$$L_e = C_2 \frac{R_1 R_3 R_5}{R_4}$$

■ 計算例
$$L_e = 0.1 \times 10^{-6} \times \frac{10^3 \times 10 \times 10^3 \times 10 \times 10^3}{10^3} = 10\,\text{H}$$

図7-21 回路と数式
部品点数は多いが，得られるインダクタンス値に誤差成分は入らない

図7-21はGIC回路によるシミュレーテッド・インダクタです．OPアンプを2個使用し部品点数も多いですが，前記二つと異なり誤差分の直列抵抗と並列抵抗が入りません．このため，例えばR_5を可変抵抗に変えると，インダクタンスを連続可変できます．

高精度で高インダクタンスのコイルは非常に難しく，安価なLCRメータを購入しても精度のチェックができません．ほとんどのLCRメータの入力端子は筐体に接続された内部グラウンドから浮いています．そこで，この回路を電池で動作させれば，筐体に接続された内部グラウンドとの間に寄生インピーダンスが発生せず，LCRメータのチェッカとして最適です．

7-19 IC 1個で作る OPアンプ・コンデンサ

シンプルに作る

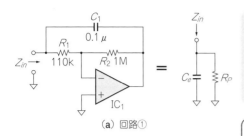

(a) 回路①

■ 数式

$$C_e = C_1\left(\frac{R_1+R_2}{R_1}\right)$$
$$R_P = R_1$$

注：$R_P(R_1)$を大きくするときは，IC_1にバイアス電流の少ないFET入力OPアンプを使う．R_2を1MΩより大きくしたいときは，T型帰還回路を採用して1MΩ以下にする．

■ 計算例

$$C_e = 0.1 \times 10^{-6} \times \frac{110k + 1M}{110k} = 1.01\mu F$$

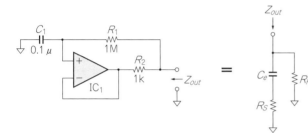

(b) 回路②

■ 数式

$$C_e = C_1 \frac{R_1}{R_2}$$
$$R_S = R_2$$
$$R_P = R_1$$

注：誤差分の$R_P(R_2)$を大きくするときは，バイアス電流の少ないFET入力OPアンプを使う．

■ 計算例

$$C_e = 0.1 \times 10^{-6} \times \frac{1 \times 10^6}{1 \times 10^3} = 100\mu F$$

図7-22 回路と数式
(a)の回路で得られる容量値には並列に誤差成分が入る．(b)の回路で得られる容量値には並列と直列に誤差成分が入る．ただし(a)よりも大きい容量値を得られる

　図7-22はOPアンプ1個の容量マルチプライアです．図7-22(a)は誤差分として並列抵抗R_Pがあります．R_Pを大きくするためにはR_1を大きくする必要があります．R_2を可変抵抗に変えると，誤差分の並列抵抗に無関係に容量の連続可変ができます．直列抵抗がないので，小電流のリプル・フィルタにも使えます．

　図7-22(b)は誤差分として並列抵抗R_Pと直列抵抗R_Sがありますが，図7-22(a)と違って容量を大きくできるのが特徴です．直列抵抗R_Sがあるのでリプル・フィルタ向きではありません．

7-20 IC 2個で作るOPアンプ・コンデンサ

高精度

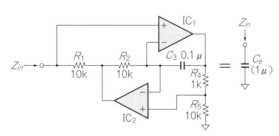

■ 数式

$$C_e = C_3 \frac{R_1 R_5}{R_2 R_4}$$

■ 計算例

$$C_e = 0.1 \times 10^{-6} \frac{10 \times 10^3 \times 10 \times 10^3}{10 \times 10^3 \times 10^3} = 1\mu F$$

図7-23 回路と数式
部品点数は多いが，得られる容量値に誤差成分は入らない

　図7-23はGIC回路による容量マルチプライアです．OPアンプを2個使用し部品点数も多いですが，誤差分の直列抵抗と並列抵抗が入りません．例えばR_5を可変抵抗に変えると，容量の連続可変ができます．

　この回路も電池で動作させれば，LCRメータのチェッカとして最適です．

7-21 OPアンプで作る高抵抗

手に入らない高抵抗を作る

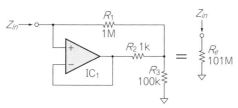

図7-24 抵抗マルチプライア
抵抗値を増大させる．入手しにくい高抵抗器も作り出せる

■ 数式

$$R_e = R_1 \frac{R_2 + R_3}{R_2}$$

注：IC_1はバイアス電流の小さいFET入力型OPアンプを使用．直流特性が問題になるときは，高精度OPアンプを使用する．

■ 計算例

$$R_e = 1 \times 10^6 \times \frac{1k + 100k}{1k} = 101\,M\Omega$$

図7-24は抵抗マルチプライアです．抵抗マルチプライアは抵抗値を増大させる回路で，抵抗と増幅器（能動素子）を使った電子回路です．

ほかの素子と違って，抵抗は高精度・高抵抗まで簡単に入手できるため抵抗マルチプライアの用途はあまりないのですが，あり合わせの抵抗で入手の面倒な高抵抗ができるので，覚えておいて損はありません．

直流まで使用する場合は，OPアンプにFET入力の高精度OPアンプを使用します．

図7-24でR_3を可変抵抗に変えると，100 MΩ級の高抵抗を入手が容易な抵抗値で連続可変できます．

この回路の動作は，1-11項（ミラーの定理）で簡単にわかります．ミラーの定理の例題回路といえるような回路です．

OPアンプの出力電圧は入力端子の電圧ですから，この回路は一定の値をもつ高入力インピーダンスの電圧バッファともいえます．入力端子が直流的にオープンになっても入力バイアス電流の直流帰路（$R_1 \rightarrow R_2 // R_3$）があるので，抵抗マルチプライアとしてよりも有用性は高そうです．

小容量コンデンサを大容量化！「容量マルチプライア」　　コラム

容量マルチプライアは容量を増大させる回路で，抵抗とコンデンサと増幅器（能動素子）を使っています．

コンデンサはコイルと違って高精度のものが入手可能です．なぜわざわざ抵抗とコンデンサと増幅器（能動素子）を使って電子回路でコンデンサを作るのかといえば，小型・小容量で大容量を実現するためです．大容量コンデンサは大きくて可変もできませんが，容量マルチプライアでは小さく作れて可変です．

低雑音アナログ回路用電源のリプル・フィルタとしてよく使われている，ベースにコンデンサを入れたエミッタ・フォロワ型の回路（図7-A）も容量マルチプライアです．エミッタ側からはベースに入れた容量がh_{FE}倍されて見えます．この回路はh_{FE}のバラツキと温度変化が大きいため，容量の正確さは保証できません．目的がリプル除去ですから，出力リプルが必要レベル以下に抑えられていれば，容量の正確さは問題になりません．

本章で紹介する容量マルチプライアはすべてOPアンプを使っているため，使用したコンデンサが正確ならば，外部から見た容量値も正確です．リプル・フィルタとして使う場合は，リプル電流をOPアンプの最大出力電流以下にします．リプル電流が大きかったら，OPアンプにエミッタ・フォロワの電流ブースタを付加します．

図7-A　リプル・フィルタの動作原理　　容量はh_{FE}倍される

第8章　フィルタ回路
不要な雑音を除いて必要な信号を取り出す

　フィルタは入力信号に含まれる雑音（ノイズ）の周波数成分を除去し，必要な信号の周波数成分だけを取り出す回路です．マイコン・システムの入力に接続されたセンサは雑音を拾うことが多く，フィルタを使用すれば，雑音を除去し必要なセンサ信号だけを取り出すことができます．

　最近ではディジタル信号処理が多用されていて，アナログ信号をA-D変換してからディジタル・フィルタを用いて必要な処理を行うことが多いです．A-D変換すると，サンプリング周波数の1/2より高い入力信号は折り返されてディジタル・データに折り返し雑音（エイリアシング）を生じます．折り返し雑音はディジタル信号処理では取り除けないので，アンチ・エイリアス・フィルタと呼ばれる，サンプリング周波数の1/2で十分な減衰度を持つローパス・フィルタを使用して，A-D変換の前で折り返し雑音の発生を防止します．

　一般的な雑音と言えばホワイト・ノイズですが，雑音レベル（実効値）が周波数帯域の平方根に比例するため，ローパス・フィルタで不要な帯域をカットして雑音を低下させることが多いです．このような理由で，フィルタの中で最も使用されているのがローパス・フィルタです．

　以前はインダクタとコンデンサによるLCフィルタを使用していましたが，最近では低周波信号に対しては抵抗，コンデンサとOPアンプによるアクティブ・フィルタを使用します．LCフィルタに対してアクティブ・フィルタは小型で設計が容易なため，使用可能な分野では多用されています．パワー・エレクトロニクスと高周波の分野ではアクティブ・フィルタが使用できないので，LCフィルタが使用されています．

　ここではマイコンと組み合わせて使える各種のアクティブ・フィルタを紹介します．

8-1　2次ローパス・フィルタの値①

直流ゲインがピッタリ1倍

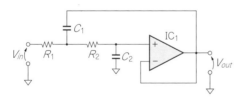

■ 数式
$$R_1 = R_2 = R_A,\ \omega_C = 2\pi f_C,$$
$$C_1 = \frac{C_{1S}}{\omega_C R_A},\ C_2 = \frac{C_{2S}}{\omega_C R_A}$$

■ 計算例
バターワース特性，$f_C = 10\text{kHz}$のとき，
$R_1 = R_2 = R_A = 10\text{k}\Omega$とすると次のようになる．
$\omega_C R_A = 2\pi \times 10^4 \times 10^4 \fallingdotseq 628.32 \times 10^6$
$C_1 = \dfrac{C_{1S}}{\omega_C R_A} \fallingdotseq 2251\text{pF},\ C_2 = \dfrac{C_{2S}}{\omega_C R_A} \fallingdotseq 1125\text{pF}$

・正規化テーブル（$C_A \omega_C = 1$，$R_A = 1$のとき）

特性	C_{1S}	C_{2S}
バターワース	1.4142	0.7071
ベッセル	0.9066	0.6800

図8-1
回路と数式

　図8-1に示すのは，直流ゲインが厳密に1倍のサレン・キー型の2次ローパス・フィルタです．コンデンサC_1とC_2の値が異なります．

　高周波で信号が減衰せずに出力されるフィードスルーがあります．フィードスルーの原因と対策については後述します．

　フィルタに使用するコンデンサの値は，カットオフ周波数とその近傍の周波数特性に大きな影響を与えます．計算値に等しい精密なコンデンサは入手が困難です．フィルム・コンデンサか温度補償型のセラミック・コンデンサを何個か組み合わせ，必要な値になるように調節します．

8-2 2次ローパス・フィルタの値②

同一容量のコンデンサを使える

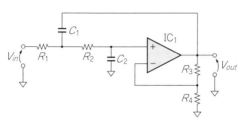

■ 数式

$C_1 = C_2 = C_A$
$\omega_C = 2\pi f_C$
$X_C = \dfrac{1}{\omega_C C_A}$, $K = \dfrac{R_3}{R_4} + 1$
$R_1 = R_{1S} X_C$, $R_2 = R_{2S} X_C$

■ 計算例

バターワース特性，$f_C = 10\text{kHz}$のとき，
$C_1 = C_2 = C_A = 2200\text{pF}$
$\omega_C = 2\pi f_C = 2\pi \times 10^4$，$R_4 = 10\text{k}\Omega$とすると次のようになる．
$X_C = \dfrac{1}{2\pi \times 10^4 \times 2200 \times 10^{-12}} \fallingdotseq 7.2343\text{k}\Omega$
$R_1 = R_2 = R_{1S} X_C = 7.2343\text{k}\Omega$
$R_3 = (K-1) R_4 = 5.858\text{k}\Omega$

・正規化テーブル（$\omega_C = 1$, $C_A = 1$のとき）

特性	R_{1S}	R_{2S}	K
バターワース	1	1	1.5858
ベッセル	0.7848	0.7848	1.2679

図8-2 回路と数式

　図8-2に示すのは，同一容量のコンデンサが使えるサレン・キー型の2次ローパス・フィルタです．直流ゲインが1倍ではなく，図中のK倍となります．高周波でフィードスルーがあります．

　この回路の最大の特徴は，同一容量のコンデンサを使えることです．精密抵抗は例えば許容差0.1％（記号：B）品でも容易に入手可能ですが，精密コンデンサは許容差1％（記号：F）品でも入手が困難です．使用に当たっては，入手の容易な許容差5％（記号：J）で同一容量のフィルム・コンデンサか温度補償型セラミック・コンデンサを多量に購入し，容量の等しいものを選別します．一般的な高誘電率系のセラミック・コンデンサは印加電圧により静電容量が変動するため使用できません．カットオフ周波数の調整は精密抵抗で行います．

フィルタの種類

　フィルタの代表的な周波数特性として，図8-Aに示すような5種類があります．除去する周波数成分（減衰域）と取り出す周波数成分（通過域）で分類できます．

(1) LPF（ローパス・フィルタ）
　カットオフ周波数f_Cより低い周波数は通過させ，高い周波数は減衰させます．使用例が最も多いです．

(2) HPF（ハイパス・フィルタ）
　f_Cより低い周波数は減衰させ，高い周波数は通過させます．

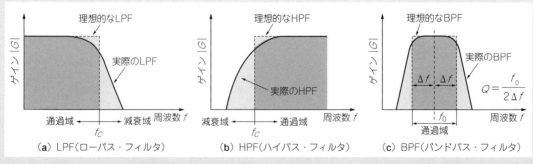

図8-A　アクティブ・フィルタの種類

8-3 2次ローパス・フィルタの周波数特性

低周波だけ通す

■ 数式
2次ローパス・フィルタの伝達関数は次式で表せる．

$$G_{LP2} = \frac{G_0 \omega_0^2}{s^2 + \frac{\omega_0}{Q}s + \omega_0^2}$$

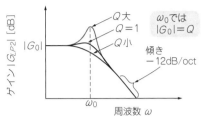
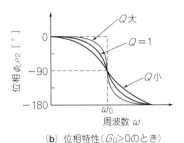

(a) ゲイン特性　　(b) 位相特性（$G_0>0$のとき）

図8-3　2次ローパス・フィルタの伝達関数と周波数特性

図8-3に2次ローパス・フィルタの伝達関数とその周波数特性を示します．周波数特性を見ると，カットオフ角周波数$\omega=\omega_0$でのレベルは平坦域のQ倍になっています．したがって，Qが大きいとω_0で大きなピークをもち，これがフィルタ回路のダイナミック・レンジに大きな影響を与えることがあるので要注意です．

伝達関数の特徴は，分子にラプラス変数sがないことです．分子が定数になっているため，Qでゲインが決まるカットオフ周波数近傍を除いて直流まで一定のゲインとなります．

以降で説明する各種フィルタは1次または2次ローパス・フィルタが基準となって，変数を変換すればその伝達関数を求められます．実際に使用するフィルタもローパス・フィルタが圧倒的に多いので，伝達関数の形とパラメータが変化したときの周波数特性は暗記しておいても損はありません．

安定な負帰還のためには1次ローパス・フィルタ特性（1次遅れ特性と呼ぶ）が望ましいのですが，ほとんどの場合2次ローパス・フィルタ特性になっています．伝達関数の形を覚えておけば，ローパス・フィルタ設計のときだけでなく，安定な負帰還制御回路の設計のときにも役立ちます．

コラム

(3) BPF（バンドパス・フィルタ）
中心周波数$f_0 \pm \Delta f$[Hz]の周波数帯域だけ通過させ，それより低い周波数と高い周波数は減衰させます．
(4) BEF（バンドエリミネート・フィルタ）
中心周波数$f_0 \pm \Delta f$[Hz]の周波数帯域だけ減衰させ，それより低い周波数と高い周波数は通過させます．
(5) APF（オールパス・フィルタ）
ゲインは一定で，カットオフ周波数f_Cを中心に位相だけ変化させます．使用例はほかのフィルタと比べて圧倒的に少ないです．

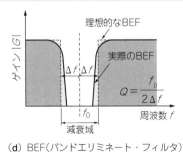
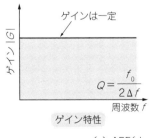
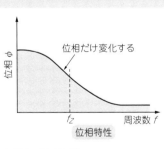

(d) BEF（バンドエリミネート・フィルタ）　　(e) APF（オールパス・フィルタ）

8-4　3次ローパス・フィルタの値①

直流ゲインがピッタリ1倍

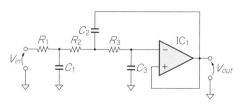

■ 数式

$R_1 = R_2 = R_3 = R_A$, $\omega_C = 2\pi f_C$
$C_1 = \dfrac{C_{1S}}{\omega_C R_A}$, $C_2 = \dfrac{C_{2S}}{\omega_C R_A}$, $C_3 = \dfrac{C_{3S}}{\omega_C R_A}$

■ 計算例

バターワース特性，$f_C = 10\text{kHz}$のとき，
$R_1 = R_2 = R_3 = R_A = 4.7\text{k}\Omega$とすると次のようになる．
$\omega_C R_A = 2\pi \times 10^4 \times 4.7 \times 10^3 \fallingdotseq 2.9531 \times 10^8$
$C_1 = \dfrac{1.393}{2.9531 \times 10^8} \fallingdotseq 4717\text{pF}$, $C_2 = \dfrac{3.547}{2.9531 \times 10^8} \fallingdotseq 12011\text{pF}$
$C_3 = \dfrac{0.2025}{2.9531 \times 10^8} \fallingdotseq 686\text{pF}$
E12系列では次のようになる．
$C_1 = 4700\text{pF}$, $C_2 = 0.012\mu\text{F}$, $C_3 = 680\text{pF}$

・正規化テーブル（$\omega_C = 1$, $R_A = 1$のとき）

特性	C_{1S}	C_{2S}	C_{3S}
バターワース	1.393	3.547	0.2025
ベッセル	0.9880	1.423	0.2538

図8-4　回路と数式

図8-4に示すのは，直流ゲインが厳密に1倍のOPアンプ1個のサレン・キー型3次ローパス・フィルタです．C_1とC_2, C_3の値が異なります．高周波ノイズはC_1でグラウンドに流れるため，フィードスルーがありません．図中にはE12シリーズの値で丸めたときのコンデンサ容量を記載しました．

8-5　3次ローパス・フィルタの値②

同一容量のコンデンサを使える

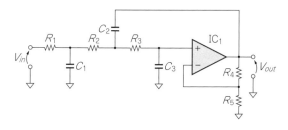

■ 数式

$C_1 = C_2 = C_3 = C_A$, $\omega_C = 2\pi f_C$,
$X_C = \dfrac{1}{\omega_C C_A}$, $K = \dfrac{R_4}{R_5} + 1$,
$R_1 = R_{1S} X_C$, $R_2 = R_{2S} X_C$, $R_3 = R_{3S} X_C$, $R_4 = R_{4S} X_C$

■ 計算例

バターワース特性，$f_C = 10\text{kHz}$のとき，
$C_1 = C_2 = C_3 = C_A = 2700\text{pF}$,
$\omega_C = 2\pi f_C = 2\pi \times 10^4 \text{rad/s}$, $R_5 = 10\text{k}\Omega$とすると次のようになる．
$X_C = \dfrac{1}{2\pi \times 10^4 \times 2700 \times 10^{-12}} \fallingdotseq 5894.6\Omega$
$R_1 = R_2 = R_{1S} X_C = 8.995\text{k}\Omega$, $R_3 = R_{3S} X_C = 2.531\text{k}\Omega$
$R_4 = (K-1)R_5 = (1.9854 - 1) \times 10 \times 10^3 = 9.854\text{k}\Omega$

・正規化テーブル（$\omega_C = 1$, $C_A = 1$のとき）

特性	R_{1S}	R_{2S}	R_{3S}	K
バターワース	1.5260	1.5260	0.4295	1.9854
ベッセル	2.0497	2.0497	0.6453	1.8186

図8-5　回路と数式

図8-5に示すのは，同一容量のコンデンサが使えるOPアンプ1個のサレン・キー型3次ローパス・フィルタです．直流ゲインは1倍ではなく，図中のK倍です．高周波ノイズはC_1でグラウンドに流れるため，フィードスルーがありません．

8-6　4次ローパス・フィルタの値

3次でもダメなら

　図8-6に示すのは，同一容量のコンデンサが使えるOPアンプ1個のサレン・キー型4次ローパス・フィルタです．直流ゲインは1倍ではなく，K倍となります．高周波でフィードスルーがあります．

　最近のA-Dコンバータは，チップ面積が少なくて安価な$\Delta\Sigma$（デルタ・シグマ）型が増えています．$\Delta\Sigma$型は，オーバーサンプリングなどの効果でアンチ・エイリアス・フィルタの特性に対する要求が低くなっていて，高次のローパス・フィルタが必要なことはほとんどありません．3次ローパス・フィルタでほとんど間に合うはずですが，間に合わない場合は，4次ローパス・フィルタを使用します．

■ 数式

$$C_1 = C_2 = C_3 = C_4 = C_A,\ \omega_C = 2\pi f_C,$$
$$X_C = \frac{1}{\omega_C C_A},\ K = \frac{R_6}{R_7} + 1,$$
$$R_1 = R_{1S} X_C,\ R_2 = R_{2S} X_C,\ R_3 = R_{3S} X_C,\ R_4 = R_{4S} X_C,$$
$$R_5 = R_{5S} X_C$$

■ 計算例

バターワース特性，$f_C = 10\mathrm{kHz}$のとき次のようになる．
　$C_1 = C_2 = C_3 = C_4 = C_A = 2200\mathrm{pF}$
$\omega_C = 2\pi f_C = 2\pi \times 10^4 \mathrm{rad/s}$，$R_7 = 10\mathrm{k\Omega}$とすると次のようになる．

$$X_C = \frac{1}{2\pi \times 10^4 \times 2200 \times 10^{-12}} \fallingdotseq 7.2343\mathrm{k\Omega}$$

　$R_1 = R_{1S} X_C = 5.428\mathrm{k\Omega}$，$R_2 = R_3 = R_{2S} X_C = 19.463\mathrm{k\Omega}$
　$R_4 = R_{4S} X_C = 1.332\mathrm{k\Omega}$，$R_6 = (K-1)R_7 = 10.380\mathrm{k\Omega}$

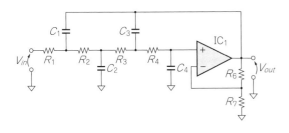

・正規化テーブル（$\omega_C = 1$，$C_A = 1$のとき）

特性	R_{1S}	R_{2S}	R_{3S}	R_{4S}	K
バターワース	0.7503	2.6904	2.6904	0.1841	2.0380
ベッセル	0.8143	3.2545	3.2545	0.2319	1.9606

図8-6　回路と数式

アクティブ・フィルタの定数の求め方　　コラム

　アクティブ・フィルタを一から設計するのは非常に大変なので，一般的には必要な仕様（カットオフ周波数，中心周波数，通過域の特性，減衰傾度など）を与えて，すでに計算済みのフィルタ回路と正規化テーブルと呼ぶ数表から必要な値を選択して定数を決めます．正規化テーブルはカットオフ角周波数（ω_C）が1 rad/sに正規化されています．必要な周波数特性を実現するため，周波数係数とインピーダンス係数を数表から選択した値に掛けて，回路定数を求めます．

　設計が終了したら，回路シミュレータで決定した回路と部品定数の確認を行います．アクティブ・フィルタは高精度の部品を使うため，シミュレーション用のモデリングが正確に行えて，解析結果も信頼できます．

　ローパス・フィルタの仕様が決められないときは，カットオフ周波数を通過させたい信号の最高周波数とし，とりあえずバターワース特性の3次ローパス・フィルタとしてみます．その後，実測しながらカット＆トライで，「カットオフ周波数は最適か？」，「通過域の特性はバターワース特性でよいのか？」，「減衰傾度は3次（－18 dB/oct）でよいのか？」などを判断します．

　本章では，バターワース特性とベッセル特性の2次〜4次ローパス・フィルタの設計法を紹介しました．チェビシェフ特性は通過域のリプルを与える必要があり，リプルによって数表が変わるためここでは省略しました．紹介しなかった特性が必要な場合は，参考文献(5)を参照してください．

アクティブ・フィルタの型の種類 　コラム

● 周波数特性の型

周波数特性の型として代表的なものは，図8-Bに示す四つです．

① バターワース特性

最大平坦特性とも呼びます．最も平坦域が広く，通過域の平坦性を重視する場合に選びます．減衰域の遮断特性はあまり良くありません．

② ベッセル特性

最大遅延平坦型とも呼びます．伝送波形のひずみを重視する場合に選びます．伝送波形のひずみは最小になりますが，通過域の平坦性と減衰域の遮断特性はほかの特性のフィルタに比べて劣ります．

③ チェビシェフ特性

振幅波状特性とも呼びます．減衰域の遮断特性を重視する場合に選びます．通過域にリプルがあって平坦ではありませんが，減衰域では急峻な遮断特性を示します．伝送波形のひずみも大きいです．

④ 連立チェビシェフ特性

エリプティック(楕円関数)特性とも呼びます．急峻な遮断特性が必要な場合に選びます．最も急峻な遮断特性を示しますが，通過域だけでなく減衰域にもリプルがあって，減衰域の特性はチェビシェフ特性に比べて劣ります．伝送波形のひずみは最も大きいです．

ベッセル特性のカットオフ周波数f_Cの規定方法はいろいろですが，ここでは便宜的にバターワース特性と同じように平坦域から－3dB減衰したところとしています．

● 減衰傾度

カットオフ周波数から離れたところの減衰傾度は，連立チェビシェフ特性を除けば図8-Cに示すようにフィルタの次数に関係します．1次では－6dB/oct，2次では－12dB/oct，n次では－6ndB/octとなります．フィルタの次数は伝達関数ですぐわかりますが，いきなりフィルタの伝達関数を求めるのは難しいので，CR1組で1次，2組で2次，…と考えればよいでしょう．なお，バンドパス・フィルタの場合は，2次でも±6dB/octとなります．このため，2次といわずに1次対と呼ぶこともあります．

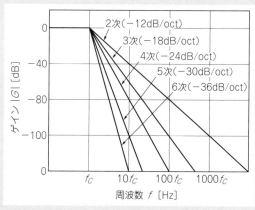

図8-C　ローパス・フィルタの次数と減衰傾度
バターワース特性のとき

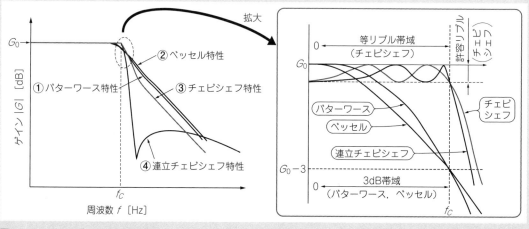

図8-B　アクティブ・フィルタの特性

8-7 PWM信号平滑用5次ローパス・フィルタの値

PWM出力をD-Aコンバータとして使う

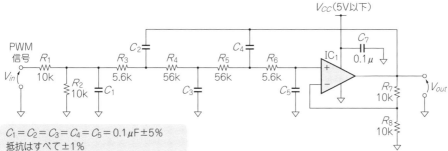

$C_1 = C_2 = C_3 = C_4 = C_5 = 0.1\mu F \pm 5\%$
抵抗はすべて±1%
IC_1：**AD8616**（アナログ・デバイセズ）など
$f_C \fallingdotseq 115Hz$，バターワース特性類似
$C_1 \sim C_5$を$(115Hz/f_C)$倍すればf_C変更可

■ 数式
$C_1 = C_2 = C_3 = C_4 = C_5 = C$，$R_1 = R_2$としてカットオフ周波数$f_C$は次式で求まる．

$$f_C = \frac{1}{2\pi C \sqrt[5]{(R_1/2)R_3 R_4 R_5 R_6}}$$

直流ゲインG_{DC}は次式で求まる．

$$G_{DC} = \frac{V_{out(DC)}}{V_{in(DC)}} = \frac{R_2}{R_1 + R_2} \frac{R_7 + R_8}{R_8}$$

PWM出力周波数f_{PWM}に対しリプル減衰率K_{RP}は次式で求まる．

$$K_{RP} = \left(\frac{f_C}{f_{PWM}}\right)^5$$

■ 計算例
$C = 0.1\mu F$，$R_1 = R_2 = R_7 = R_8 = 10k\Omega$，$R_3 = R_6 = 5.6k\Omega$，
$R_4 = R_5 = 56k\Omega$としてカットオフ周波数f_Cは次のとおり．

$$f_C = \frac{1}{2\pi \times 0.1 \times 10^{-6} \times (5\sqrt{5 \times 5.6^2 \times 56^2}) \times 10^3} \fallingdotseq 115Hz$$

$G_{DC} = 1$
$f_{PWM} = 460Hz$とするとリプル減衰率K_{RP}は次のとおり．

$$K_{RP} = \left(\frac{115}{460}\right)^5 = 0.00098 \fallingdotseq 0.1\%$$

図8-7
回路と数式

図8-7に示すのは，同一容量のコンデンサを使い，OPアンプ1個で構成したサレン・キー型バターワース特性類似のPWM信号平滑用5次ローパス・フィルタです．直流ゲインは1倍に設定でき，高周波でフィードスルーがありません．

D-Aコンバータを内蔵しているマイコンは多くありません．内蔵していても分解能は16ビットなどと高いことはほとんどありません．PWM出力をフィルタリングすれば16ビット分解能のアナログ出力は簡単に得られます．

内蔵D-AコンバータとPWM出力をフィルタリングした場合の違いは，内蔵D-Aコンバータは低分解能だが高速にアナログ出力を得られ，PWM出力をフィルタリングすると高分解能が得られるが低速だということです．

PWMカウンタの出力周波数に対し，カットオフ周波数を1/4以下に設定すれば，出力リプルぶんは0.1%以下に抑えられます．

平滑フィルタとして使うときは，一般のフィルタで問題になるカットオフ周波数近傍の特性を無視できます．この場合コンデンサの誤差はそれほど問題にならず，図8-7に示したように±5%で十分です．

抵抗も，直流ゲインを決定しているR_1，R_2，R_7，R_8だけ高精度抵抗を使えば，他の抵抗誤差は±5%で十分です．フィルタが高精度の抵抗やコンデンサを必要とする理由は，カットオフ周波数近傍の特性を正確に設計値に合わせるためです．PWMカウンタの出力周波数，つまり出力リプルぶんの周波数がカットオフ周波数の4倍以上のため，カットオフ周波数近傍の特性が無視できて，低精度の抵抗やコンデンサで必要な特性のリプル・フィルタを実現できます．

8-8 2次ハイパス・フィルタの値

通過域ゲインが1倍

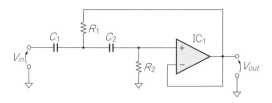

■ 数式

$C_1 = C_2 = C_A$, $\omega_C = 2\pi f_C$,
$X_C = \dfrac{1}{\omega_C C_A}$, $R_1 = R_{1S} X_C$, $R_2 = R_{2S} X_C$

■ 計算例

バターワース特性，$f_C = 100$Hzのときは次のようになる．
$C_1 = C_2 = C_A = 0.047\mu F$,
$X_C = \dfrac{1}{2\pi \times 100 \times 0.047 \times 10^{-6}} \fallingdotseq 33.863$kΩ
$R_1 = R_{1S} X_C \fallingdotseq 23.945$kΩ，$R_2 = R_{2S} X_C \fallingdotseq 47.889$kΩ

・正規化テーブル（$\omega_C = 1$，$C_A = 1$のとき）

特性	R_{1S}	R_{2S}
バターワース	0.7071	1.4142

図8-8 回路と数式

図8-8に示すのは，同一容量のコンデンサを使えるサレン・キー型2次ハイパス・フィルタです．通過域ゲインは1倍です．

ここではベッセル特性の正規化テーブルは掲載しません．ローパス・フィルタと異なり，ハイパス・フィルタのベッセル特性はオーバーシュートやリンギングがあり，波形ひずみも大きいため使う意味がありません．

8-9 2次ハイパス・フィルタの周波数特性

高周波だけ通す

■ 数式

伝達関数は次のとおり．

$$G_{HP2} = \dfrac{G_0 s^2}{s^2 + \dfrac{\omega_0}{Q} s + \omega_0^2}$$

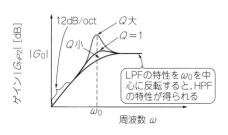

（a）ゲイン特性

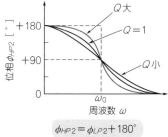

$\phi_{HP2} = \phi_{LP2} + 180°$

（b）位相特性（$G_0 > 0$のとき）

図8-9 伝達関数と周波数特性

図8-9に2次ハイパス・フィルタの伝達関数と，その周波数特性を示します．周波数特性は2次ローパス・フィルタをカットオフ角周波数ω_0で線対称にした形です．

伝達関数の特徴は分子にラプラス変数sの2乗があることで，周波数が高くなるほど分母のsの2乗と打ち消し合って，周波数特性は平坦になります．実際のOPアンプの高周波特性は平坦ではないので，高域特性がOPアンプの特性で制約されます．

2次ローパス・フィルタと同様に，カットオフ角周波数ω_0でのレベルは平坦域のQ倍になっています．したがって，Qが大きいとω_0で大きなピークをもち，これがフィルタ回路のダイナミック・レンジに大きな影響を与えることがあります．

8-10 2次バンドパス・フィルタの値

中心周波数を変えるのが簡単

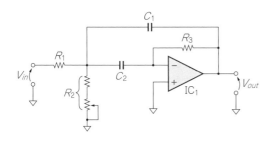

■ 数式
f_0, G_0(f_0でのゲイン), Qを与える.

$$f_0 = \frac{1}{2\pi}\sqrt{\frac{R_1+R_2}{C_1 C_2 R_1 R_2 R_3}}$$

$C_1 = C_2 = C_A$とすると次のようになる.

$$R_3 = \frac{Q}{\pi f_0 C_A}, \quad R_1 = \frac{R_3}{2G_0}, \quad R_2 = \frac{R_3}{2(2Q^2-G_0)}$$

■ 計算例
$f_0 = 1\text{kHz}$, $G_0 = 1$, $Q = 5$, $C_A = 0.022\mu\text{F}$とすると次のように求まる.
$R_3 = 72.34\text{k}\Omega$, $R_1 = 36.17\text{k}\Omega$, $R_2 = 738.2\Omega$

図8-10 回路と数式

図8-10に示すのは，同一容量のコンデンサを使える多重帰還型2次バンドパス・フィルタです．広帯域OPアンプが必要です．

バンドパス・フィルタの特性で重要なのはQ（選択度）です．図8-A(c)に示したように，$Q = f_0/(2\Delta f)$で求まります．

R_3を変化させて中心周波数の微調整を行っても，フィルタ特性でQとG_0の変動はほとんどありません．

参考文献(6)によると，一般に多重帰還型バンドパス・フィルタは広帯域OPアンプが必要です．

多重帰還型バンドパス・フィルタのQは，安定のため20以下に設定します．Qを20～100にしたい場合は，参考文献(5)を参照してDABP(Dual-Amplifier Band Pass)型のバンドパス・フィルタにします．それ以上のQは8-19項または8-20項で実現できます．

8-11 2次バンドパス・フィルタの周波数特性

特定の周波数だけ通す

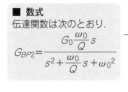

■ 数式
伝達関数は次のとおり.

$$G_{BP2} = \frac{G_0 \frac{\omega_0}{Q} s}{s^2 + \frac{\omega_0}{Q}s + \omega_0^2}$$

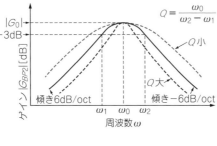

(a) ゲイン特性

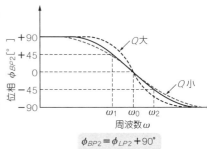

$\phi_{BP2} = \phi_{LP2} + 90°$

(b) 位相特性（$G_0 > 0$のとき）

図8-11 伝達関数と周波数特性

図8-11に2次バンドパス・フィルタの伝達関数と，その周波数特性を示します．伝達関数の特徴は，分子にラプラス変数sの1次の項があることで，中心角周波数$\omega = \omega_0$のときには分母に$j\omega(=s)$の1次の項だけが残るため，互いに打ち消し合ってレベルはゲインG_0倍になります．

8-12 2次バンドエリミネート・フィルタの値

商用電源の周波数除去に

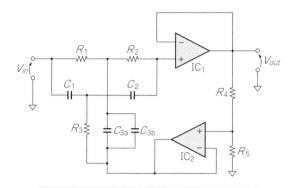

■ 数式

$R_1=R_2=R_4$, $R_3=\frac{R_A}{2}$, $C_1=C_2=C_{3a}=C_{3b}=C_A$.
$K=\frac{R_5}{R_4+R_5}$ のとき

$$f_0=\frac{1}{2\pi C_A R_A}, \quad Q=\frac{1}{4(1-K)}$$

より次のようになる.

$$K=1-\frac{1}{4Q}, \quad R_4=\frac{R_5}{K}-R_5$$

■ 計算例

$f_0=50\text{Hz}$, $Q=1$, $C_A=0.15\mu\text{F}$, $R_5=10\text{k}\Omega$ とすると

$$R_A=\frac{1}{2\pi C_A f_0}\fallingdotseq 21.22\text{k}\Omega$$

$K=0.75$ より,

$$R_4=\frac{10\text{k}\times 10^3}{0.75}-10\times 10^3\fallingdotseq 3.333\text{k}\Omega$$

よって次のようになる.

$R_1=R_2=21.22\text{k}\Omega$, $R_3=10.61\text{k}\Omega$
$C_1=C_2=C_{3a}=C_{3b}=0.15\mu\text{F}$

(a) コンデンサ4個の安定な2次ノッチ・フィルタ

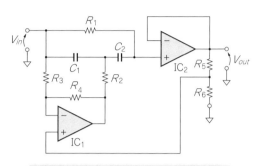

■ 数式

$R_1=2R_2=R_A$, $C_1=C_2=C_A$, $R_3=R_4$ のとき

$$f_0=\frac{1}{\sqrt{2}\pi C_A R_A}, \quad Q=\frac{R_5+R_6}{2\sqrt{2}R_6}$$

より次のようになる.

$$R_5=(2\sqrt{2}Q-1)R_6$$

■ 計算例

$f_0=50\text{Hz}$, $Q=1$, $C_A=0.47\mu\text{F}$, $R_3=10\text{k}\Omega$ とすると次のようになる.

$$R_A=\frac{1}{\sqrt{2}\pi C_A f_0}=9.58\text{k}\Omega$$

$R_4=R_3$
よって,
$R_1=9.58\text{k}\Omega$, $R_2=4.79\text{k}\Omega$,
$R_3=R_4=10\text{k}\Omega$,
$R_5=20\text{k}\Omega$, $R_6=11\text{k}\Omega$,
$C_1=C_2=0.47\mu\text{F}$

(b) コンデンサ2個の2次ノッチ・フィルタ

図8-12 回路と数式

不要な周波数範囲を除去するバンドエリミネート・フィルタで，単一周波数の除去を目的とする減衰域が狭いフィルタは，ノッチ・フィルタとも呼ばれています．

図8-12(a) に示すのが，同一容量のコンデンサを使用可能なツインT型2次ノッチ・フィルタです．

CR は3組ですが，**図8-12(a)** の条件では2次の伝達関数になるので，2次のノッチ・フィルタです．

図8-12(b) に示すのが，同一容量のコンデンサが2個ですむブリッジドT型2次ノッチ・フィルタです．ツインT型に比べてCRの使用個数は少ないものの，周波数安定度はツインT型よりも悪いです．

ノッチ・フィルタは，主として50 Hz/60 Hzの商用周波数の大きなノイズを含む微小信号から，ローパス・フィルタでは除去しきれない商用周波数成分を除去するために使用します．

除去周波数f_0の微調整は，**図8-12(a)**，**(b)** ともR_1とR_3を固定抵抗と半固定抵抗を直列接続したものに変えて行います．

Qによってノッチ周波数f_0近傍の特性が変わります．Qが1のときは$f_0/2$と$2f_0$のレベルは平担時に対して-1.6dBとなり，Qが3のときは-0.21dBとなります．Qを高くするとf_0が変動しやすくなるので，5以下で使うのがよいでしょう．

8-13　2次バンドエリミネート・フィルタの周波数特性

特定の周波数だけ落とす

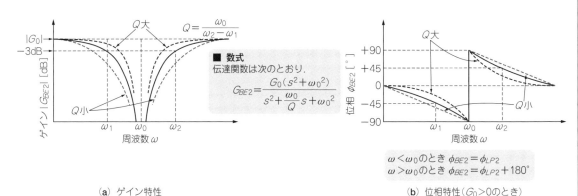

(a) ゲイン特性

(b) 位相特性（$G_0>0$のとき）

$\omega < \omega_0$のとき $\phi_{BE2} = \phi_{LP2}$
$\omega > \omega_0$のとき $\phi_{BE2} = \phi_{LP2} + 180°$

図8-13　伝達関数と周波数特性

図8-13に，2次バンドエリミネート・フィルタの伝達関数とその周波数特性を示します．

バンドエリミネート（エリミネーション）・フィルタは，バンドストップ・フィルタとかバンドリジェクト（リジェクション）・フィルタなどと呼ばれることもあります．伝達関数の分子は中心角周波数$\omega = \omega_0$のときに零になり，ゲイン周波数特性も零になるため，特にノッチ・フィルタと呼ぶことがあります．

8-14　1次オールパス・フィルタの値と周波数特性

位相だけ変える

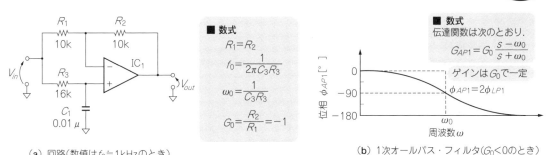

(a) 回路（数値は$f_0 \fallingdotseq 1\text{kHz}$のとき）

(b) 1次オールパス・フィルタ（$G_0 < 0$のとき）

図8-14　伝達関数と周波数特性

図8-14に1次オールパス・フィルタを示します．オールパス・フィルタの特徴は，ゲインは常にG_0倍で，位相だけが遅れることです．したがって，単に移相回路と呼ぶことが多いです．このようなフィルタは高次フィルタ回路の周波数対位相特性を所望の特性にするために補償用として使われます．

周波数対位相特性は，実際には群遅延と呼ばれるパラメータτで評価されています．角周波数ωの関数であるフィルタの入出力位相差をϕとすると，群遅延τは，次式で表されます．

$$\tau = -d\phi/d\omega$$

これが一定だと伝送波形のひずみは小さくなります．つまり，高次フィルタ回路の波形ひずみを小さくするために，オールパス・フィルタを使います．

8-15 LCで作る2次ローパス・フィルタの値と周波数特性

パワエレにはコレ！

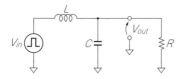

図8-15 回路と数式
電力用ローパス・フィルタは効率を重視するため，信号用と異なり信号源インピーダンスを0Ωとして設計する必要がある

■ 数式

$$G(s) = \frac{V_{out}}{V_{in}} = \frac{\omega_0^2}{s^2 + \frac{1}{R}\sqrt{\frac{L}{C}}s + \omega_0^2}$$

$$\omega_0 = \frac{1}{\sqrt{LC}}, \quad f_0 = \frac{1}{2\pi\sqrt{LC}}, \quad Q = R\sqrt{\frac{C}{L}}$$

特性	Q
臨界制動	0.5
ベッセル	$1/\sqrt{3}$
バターワース	$1/\sqrt{2}$

■ 計算例
$f_0 = 10$ kHz, $R = 10$ Ω, $Q = 1/\sqrt{2}$とすると，

$$L = \frac{R}{2\pi f_0 Q} = 225\ \mu H \fallingdotseq 220\ \mu H$$

$$C = \frac{1}{(2\pi f_0)^2 L} = 1.15\ \mu F \fallingdotseq 1\ \mu F$$

D級アンプやインバータの出力フィルタなど，大電流経路に入れるフィルタは，出力電圧特性を保証するためにフィルタ後の出力端子から負帰還をかけることも多く，負帰還安定度を確保するために1段のLCフィルタが多いです．

図8-15に示すのは，LCで作る電力用2次ローパス・フィルタです．信号用LCフィルタの設計と違うのは，信号源インピーダンスをゼロとして設計する点です．信号源インピーダンスを高くすると，信号源インピーダンスによる損失のため効率が大幅に悪化します．

この電力用2次ローパス・フィルタ設計は，DC-DCコンバータの出力リプル・フィルタや入力雑音フィルタの設計に使えます．

● カットオフ周波数の設定

図8-15のLCローパス・フィルタは2次ですから，減衰域の特性は−12 dB/octつまり−40 dB/decです．言い換えれば周波数が10倍になれば出力レベルは1/100になります．それを踏まえて，カットオフ周波数$f_0(=\omega_0/(2\pi))$は，スイッチング周波数成分すなわちスイッチング・リプルが出力端で十分に減衰するように，スイッチング周波数f_Sよりも低くします．例えばリプルを1％にしたいときは$f_0 \leq 10 f_S$にします．

● コイルの選択

電力用の場合，コイルLのインダクタンスは電流によって大きく変動することもあり，コンデンサCの特性が問題になることもあります．Lに鉄系ダスト・コアを使うと飽和磁束密度がフェライトに比べて約3倍も大きくて磁気飽和の点では問題ありませんが，インダクタンスは流れる電流が大きくなると大幅に低下します．鉄損もフェライトに比べて大きく，D級アンプやインバータの出力フィルタ用途では動作磁束密度の変動が大きいため，ヒステリシス損失も大きくなるこ

とから，採用には十分な試験が必要です．その点DC-DCコンバータの場合は，動作磁束密度の変動は少なく，鉄損が問題になることはほとんどありません．

● コンデンサの選択

問題になるCの特性は，等価直列抵抗R_{ESR}と電圧印加によるセラミック・コンデンサの容量変動，許容リプル電流です．R_{ESR}が問題になるときのリプルV_{RP}[V_{P-P}]は，スイッチング電流I_{SW}[A_{P-P}]から，$V_{RP} = I_{SW} R_{ESR}$とオームの法則で求められます．V_{RP}を小さくするにはR_{ESR}を小さくする，つまり大きなCを使うか何個か並列にする以外ありません．

セラミック・コンデンサを使ったときは電圧印加による容量変動はかなり大きく要注意です．セラミック・コンデンサの誘電体は圧電性を有し，圧電スピーカと同じ原理で可聴雑音を発生することもあります．対策としてはフィルム・コンデンサへの変更が簡単です．電解コンデンサ以外でも許容リプル電流がデータシートに載っているものが多くなってきましたが，もし載っていなかったらメーカに問い合わせてから使います．

● 減衰特性

LCローパス・フィルタの減衰特性は，ベッセル特性でなくてもバターワース特性で十分です．ω_0近傍の特性に最も影響を与えるのは負荷インピーダンスですが，問題はこれが変動する場合が多いことです．減

衰特性はある特定の負荷抵抗に対して決まりますが，それよりも軽くなるとカットオフ周波数ω_0で大きなピークが表れます．特に無負荷になる可能性がある場合は，カットオフ周波数ω_0でのピークを抑えるためCRスナバを図8-15のCと並列に入れることも考えます．

8-16 多重帰還型2次ローパス・フィルタの値

STOP 高周波もれ

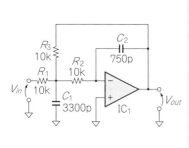

■ 数式

$R_1 = R_2 = R_3 = R$, $C = \sqrt{C_1 C_2}$, $\omega_0 = \dfrac{1}{CR}$ とすると，ゲインは次式で求まる．

$$G = -\dfrac{\dfrac{1}{R_1 R_2}}{s^2 C_1 C_2 + s C_2\left(\dfrac{1}{R_1} + \dfrac{1}{R_2} + \dfrac{1}{R_3}\right) + \dfrac{1}{R_2 R_3}}$$

$$= -\dfrac{\omega_0^2}{s^2 + \dfrac{\omega_0}{Q} s + \omega_0^2}$$

ここで，$Q = \dfrac{1}{3}\sqrt{\dfrac{C_1}{C_2}}$ なので，コンデンサの値は次式で求まる．

$C_1 = 3QC$
$C_2 = \dfrac{C}{3Q}$

■ 計算例

10kHzバターワース特性ローパス・フィルタとする．$R = 10\text{k}\Omega$とすると，

$$C = \dfrac{1}{2\pi \times 10^4 \times 10^4}$$
$$\fallingdotseq 1.5915\text{nF}$$

バターワース特性から，

$Q = \dfrac{1}{\sqrt{2}} \fallingdotseq 0.70711$

$C_1 = 3 \times \dfrac{1.5915}{\sqrt{2}}$
$\fallingdotseq 3.376\text{nF}$
$\fallingdotseq 3300\text{pF}$

$C_2 = \dfrac{\sqrt{2}}{3} \times 1.5915$
$\fallingdotseq 750\text{pF}$

図8-16 回路と数式

図8-16に多重帰還型2次ローパス・フィルタを示します．このフィルタの特徴は，カットオフ周波数よりも高い阻止帯域の高周波信号が入ったときに，C_1によって高周波信号がバイパスされR_3を通って出力に出てくるのを防止できることです．これがサレン・キー型の2次ローパス・フィルタに対して優れている点です．多重帰還型は負帰還を利用しているため帰還量の確保が問題で，同じOPアンプを使用すると高域の特性はサレン・キー型に対して劣ります．

8-17 n次ローパス・フィルタの設計

ラクチン設計①

ローパス・フィルタの設計法で最も簡単なのは，カットオフ角周波数$\omega_0 = 1.0$に正規化されたテーブルから希望の特性を求めて，実際のカットオフ周波数になるように回路定数を計算することです．

表8-1に示すのが2次～8次ローパス・フィルタの正規化テーブルです．表8-1(a)がバターワース特性で，表8-1(b)がベッセル特性，表8-1(c)がリプル0.25 dBのチェビシェフ特性です．図8-17に奇数次ローパス・フィルタの2種類の構成法を示します．OPアンプの個数から言えば1次+2次よりも直接3次のほうが少なくてすみます．どちらを使ってもかまいませんが，正規化テーブルには直接3次（ゲッフィーの回路と呼ぶ）の各Cの値があるので，こちらを使うほうが簡便です．

どの特性を選べばよいのかわからないときは，とりあえずバターワース特性を選んでおきます．

図8-18に，正規化テーブルを使った2次から8次までのローパス・フィルタの設計法を示します．( )内の値は，バターワース特性のカットオフ周波数$f_C = 10\text{ kHz}$，使用抵抗値$10\text{ k}\Omega$のときです．正規化テーブルでは，カットオフ角周波数と抵抗値が1に正規化されているため，設計するためには実際のカットオフ周波数と使用抵抗値を与える必要があります．

図8-18からわかるように，正規化テーブルを使えば簡単にローパス・フィルタを設計できます．

表8-1 2次～8次ローパス・フィルタの正規化テーブルと構成法

(a) バターワースLPFの正規化表

次数	遮断角周波数とQ				容量		
	ω_n		Q_n		C_1	C_2	C_3
2次	ω_1	1.0	Q_1	0.70711	1.414	0.7071	—
3次	ω_1	1.0	Q_1	0.5	1.393	3.547	0.2025
	ω_2	1.0	Q_2	1.00000			
4次	ω_1	1.0	Q_1	0.54120	1.082	0.9239	—
	ω_2	1.0	Q_2	1.30656	2.613	0.3827	—
5次	ω_1	1.0	Q_1	0.5	1.354	1.753	0.4213
	ω_2	1.0	Q_2	0.61803			
	ω_3	1.0	Q_3	1.61803	3.236	0.3090	—
6次	ω_1	1.0	Q_1	0.51764	1.035	0.9659	—
	ω_2	1.0	Q_2	0.70711	1.414	0.7071	—
	ω_3	1.0	Q_3	1.93185	3.864	0.2588	—
7次	ω_1	1.0	Q_1	0.5	1.337	1.532	0.4884
	ω_2	1.0	Q_2	0.55496			
	ω_3	1.0	Q_3	0.80194	1.604	0.6235	—
	ω_4	1.0	Q_4	2.24698	4.494	0.2225	—
8次	ω_1	1.0	Q_1	0.50980	1.020	0.9808	—
	ω_2	1.0	Q_2	0.60135	1.203	0.8315	—
	ω_3	1.0	Q_3	0.89998	1.800	0.5556	—
	ω_4	1.0	Q_4	2.56292	5.126	0.1951	—

(b) ベッセルLPFの正規化表

次数	遮断角周波数とQ				容量		
	ω_n		Q_n		C_1	C_2	C_3
2次	ω_1	1.27420	Q_1	0.57735	0.9066	0.6800	—
3次	ω_1	1.32475	Q_1	0.5	0.9880	1.423	0.2538
	ω_2	1.44993	Q_2	0.69104			
4次	ω_1	1.43241	Q_1	0.52193	0.7531	0.6746	—
	ω_2	1.60594	Q_2	0.80544	1.012	0.3900	—
5次	ω_1	1.50470	Q_1	0.5	0.8712	1.010	0.3095
	ω_2	1.55876	Q_2	0.56354			
	ω_3	1.75812	Q_3	0.91648	1.041	0.3100	—
6次	ω_1	1.60653	Q_1	0.51032	0.6352	0.6100	—
	ω_2	1.69186	Q_2	0.61120	0.7225	0.4835	—
	ω_3	1.90782	Q_3	1.02330	1.073	0.2561	—
7次	ω_1	1.68713	Q_1	0.5	0.7792	0.8532	0.3027
	ω_2	1.71911	Q_2	0.53235			
	ω_3	1.82539	Q_3	0.66083	0.7250	0.4151	—
	ω_4	2.05279	Q_4	1.12630	1.100	0.2164	—
8次	ω_1	1.78143	Q_1	0.50599	0.5673	0.5540	—
	ω_2	1.83514	Q_2	0.55961	0.6090	0.4861	—
	ω_3	1.95645	Q_3	0.71085	0.7257	0.3590	—
	ω_4	2.19237	Q_4	1.22570	1.116	0.1857	—

(c) リプル0.25 dBのチェビシェフLPFの正規化表

次数	遮断角周波数とQ				容量		
	ω_n		Q_n		C_1	C_2	C_3
2次	ω_1	1.45397	Q_1	0.80925	1.113	0.4249	—
3次	ω_1	0.76722	Q_1	0.5	1.611	6.827	0.0885
	ω_2	1.15699	Q_2	1.50803			
4次	ω_1	0.67442	Q_1	0.65725	1.949	1.128	—
	ω_2	1.07794	Q_2	2.53611	4.706	0.1829	—
5次	ω_1	0.43695	Q_1	0.5	2.663	5.0919	0.3147
	ω_2	0.73241	Q_2	1.03593			
	ω_3	1.04663	Q_3	3.87568	7.406	0.1233	—
6次	ω_1	0.44406	Q_1	0.63703	2.869	1.768	—
	ω_2	0.79385	Q_2	1.55563	3.919	0.4049	—
	ω_3	1.03112	Q_3	5.52042	10.707	0.0878	—
7次	ω_1	0.30760	Q_1	0.5	3.710	6.195	0.5000
	ω_2	0.53186	Q_2	0.95956			
	ω_3	0.84017	Q_3	2.19039	5.214	0.2717	—
	ω_4	1.02230	Q_4	7.46782	14.609	0.0655	—
8次	ω_1	0.33164	Q_1	0.63041	3.802	2.392	—
	ω_2	0.61692	Q_2	1.38327	4.485	0.5859	—
	ω_3	0.87365	Q_3	2.93174	6.712	0.1952	—
	ω_4	1.01679	Q_4	9.71678	19.112	0.0506	—

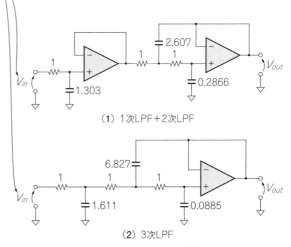

図8-17 奇数次ローパス・フィルタの構成法

(1) 1次LPF+2次LPF

(2) 3次LPF

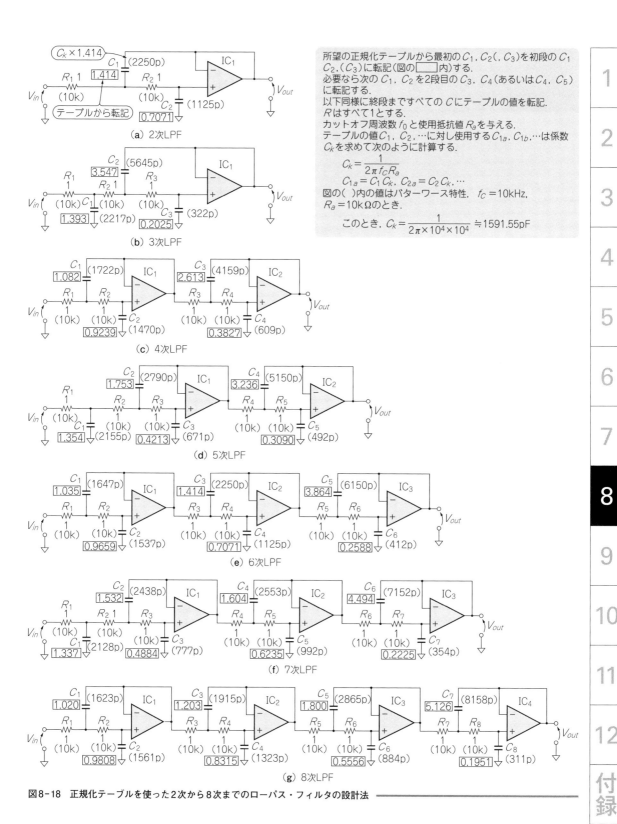

図8-18 正規化テーブルを使った2次から8次までのローパス・フィルタの設計法

8-18 n次ハイパス・フィルタの設計

ラクチン設計②

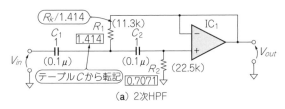
(a) 2次HPF

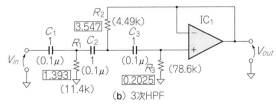
(b) 3次HPF

所望の特性の正規化テーブルより最初のC_1, C_2(, C_3)を初段のR_1, R_2(, R_3)に転記(図の□内)する.
必要なら次のC_1, C_2を2段目のR_3, R_4(あるいはR_4, R_5)に転記する.
以下同様に終段まですべてのRにテーブルのCの値を転記する.
回路図のCはすべて1とする.
カットオフ周波数f_Cと使用コンデンサC_aを与える.
テーブル値C_1, C_2, …に対し使用する抵抗R_{1a}, R_{2a}, …は係数をR_kとして次のように計算する.

$$R_k = \frac{1}{2\pi f_C C_a}$$

$$R_{1a} = \frac{R_k}{C_1}, \ R_{2a} = \frac{R_k}{C_2}, \ …$$

図の( )内の値はバターワース特性, $f_C=100$Hz, $C_a=0.1\mu$Fのとき.
このとき, $R_k = \dfrac{1}{2\pi \times 100 \times 0.1 \times 10^{-6}} = 15.915k\Omega$

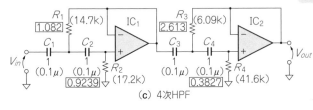
(c) 4次HPF

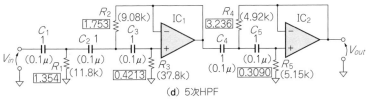
(d) 5次HPF

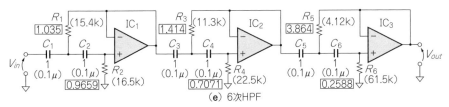
(e) 6次HPF

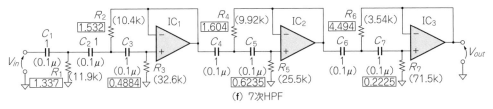
(f) 7次HPF

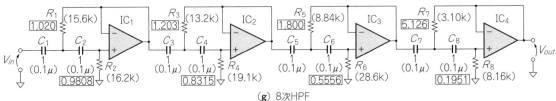
(g) 8次HPF

図8-19 正規化テーブルを使った2次から8次までのハイパス・フィルタの設計法

図8-19に，ローパス・フィルタ用正規化テーブル（表8-1）を使った2次から8次までのハイパス・フィルタの設計法を示します．()内の値は，バターワース特性のカットオフ周波数$f_C = 100$ Hz，使用コンデンサ0.1 μFのときです．ローパス・フィルタ用正規化テーブルを使って設計するためには，カットオフ周波数と使用コンデンサの値を与える必要があります．

図8-19からわかるように，ローパス・フィルタ用正規化テーブルを使えば，ハイパス・フィルタも簡単に設計できます．

アクティブ・フィルタを使うときの当たり前　　コラム

(1) 信号源インピーダンスは低くする

本章で紹介したアクティブ・フィルタは，入力側に抵抗またはコンデンサが接続されています．信号源の内部インピーダンスが高いと，反転増幅回路と同じように誤差が生じます．低インピーダンス信号源に接続できないときは，図8-Dに示すようにOPアンプのボルテージ・フォロワを入れます．

(2) OPアンプの内部抵抗の影響を減らす

ローパス・フィルタで問題なのは，図8-Eに示すルートで高周波信号が減衰せずに出力してしまうことです．これは，OPアンプの内部抵抗r_0の影響です．フィードスルーと呼びます．

防ぐには，奇数次のローパス・フィルタを使うか，図8-Dのボルテージ・フォロワ入力に信号周波数に影響しないCR積分回路を入れます．

(3) 単電源のときは入出力レール・ツー・レールを使う

単電源で使うときに，入力電圧が負電圧なら反転増幅するなどして，入力電圧を正電圧にします．OPアンプには，単電源用（入出力レール・ツー・レールならなお可）を使います．

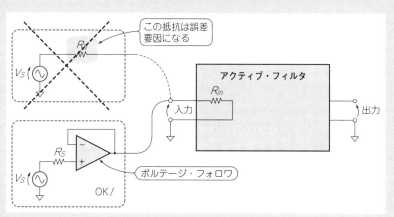

図8-D　信号源インピーダンス(R_s)はフィルタ特性の誤差になる

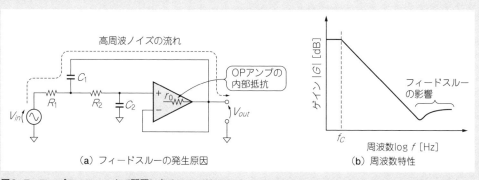

図8-E　ローパス・フィルタで問題になるフィードスルー
OPアンプの内部抵抗r_0の影響で高周波信号が減衰せず出力されてしまう

8-19 状態変数(ステート・バリアブル)型フィルタの値

万能!

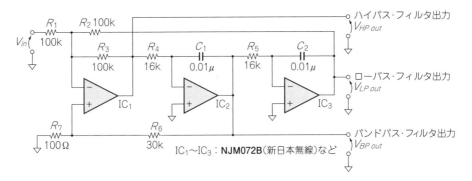

※数値例は1kHz, $Q=100$ の バンドパス・フィルタ. バンドパス・フィルタのゲイン($=Q$)は100倍もあるので飽和に注意

図8-20 回路と数式

■ 数式
簡単にするため $R_1=R_2=R_3=R$, $R_4=R_5=R_T$, $C_1=C_2=C_T$ とすると,
$$G_{LP(\omega=0)}=1, \quad G_{HP(\omega=\infty)}=-1, \quad G_{BP(\omega=\omega 0)}=\frac{R_6+R_7}{3R_7}$$
$$\omega_0=2\pi f_0\frac{1}{C_T R_T}, \quad Q=\frac{R_6+R_7}{3R_7}=G_{BP(\omega=\omega 0)}$$

図8-20に状態変数型フィルタを示します．1個のフィルタでローパス・フィルタ(LPF)，ハイパス・フィルタ(HPF)，バンドパス・フィルタ(BPF)の3種類の出力をもち，もう1個OPアンプを追加してLPFとHPF出力を加算すればバンドエリミネート・フィルタ(BEF)出力も得られます．ICメーカやフィルタ・メーカからユニバーサル・フィルタ(万能フィルタ)として出されているのは，この回路形式がほとんどです．

この回路の特徴は使用する抵抗の個数が多く，設計自由度が非常に高いことです．自由度が高すぎると設計しにくいため，図8-20では制約条件を入れて設計しやすくしてあります．その結果，カットオフ周波数に無関係な R_6 または R_7 を変更するだけで Q を変えられます．高い Q をもつBPFが欲しいときは，この状態変数型か次に紹介するバイカッド型が最適です．多重帰還型BPFで Q を30以上にすると発振しかかって不安定になり，安定な動作は期待できません．LPFやHPFで平坦部のゲインは1倍(0 dB)ですが，高 Q にするとカットオフ周波数でのゲインが Q 倍されます．

この回路は積分回路を使用しているため，正常に動作するのは正しく積分動作しているとき，言い換えればループ・ゲインが十分にあるときです．したがって，高い周波数(100 kHz程度)まで効果を出したい場合は，広帯域OPアンプの使用が必須です．

以前は万能フィルタ・モジュールを内製して用意し，使い回すようなこともありましたが，現時点で自作する場合は，高 Q のBPFが必要なときだけ状態変数型フィルタを採用し，ほかのフィルタはサレン・キー型や多重帰還型がよいでしょう．

状態変数(ステート・バリアブル)は制御工学の用語です．状態変数型の由来は制御系設計のため2次伝達関数をアナログ・コンピュータ・シミュレーションしたときの回路からきています．

2次フィルタの伝達関数と周波数特性

2次フィルタの伝達関数の特徴は，分母が2次多項式になっていることです．周波数特性はラプラス変数 s を $s=j\omega$ として伝達関数に代入し求めます．s を正確に表せば $s=\sigma+j\omega$ で，σ は包絡定数(envelope constant)と呼び過渡応答波形の包絡線を表します．伝達関数に入力信号波形をラプラス変換したものを掛けて，初期値を入れて逆ラプラス変換すれば各種フィルタの過渡応答を求めることができます．ここでは周波数特性だけを問題にしているため，逆ラプラス変換する必要もなく，$s=$

8-20 バイカッド(双2次)型フィルタの値

低ひずみ&万能

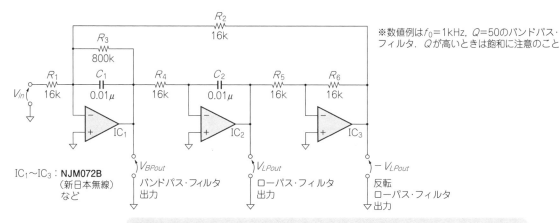

※数値例は$f_0=1\mathrm{kHz}$, $Q=50$のバンドパス・フィルタ. Qが高いときは飽和に注意のこと

$IC_1 \sim IC_3$: NJM072B (新日本無線)など

V_{BPout} バンドパス・フィルタ出力
V_{LPout} ローパス・フィルタ出力
$-V_{LPout}$ 反転ローパス・フィルタ出力

■ 数式
簡単にするため $R_1=R_2=R_4=R_T$, $C_1=C_2=C_T$, $R_5=R_6=R$とすると,
$$G_{BP(\omega=\omega_0)} = -\frac{R_3}{R_T}, \quad G_{LP(\omega=0)}=1, \quad \omega_0=2\pi f_0=\frac{1}{C_T R_T}, \quad Q=\frac{R_3}{R_T}=-G_{BP(\omega=\omega_0)}$$
ただし, R_T:周波数決定用の抵抗[Ω], R:$-V_{LPout}$のゲイン設定用の抵抗[Ω].

図8-21
回路と数式

　図8-21にバイカッド型フィルタを示します. バイカッド型フィルタは状態変数型フィルタの変形で, 1個のフィルタでLPF, BPFの2種類の出力をもち, もう1個OPアンプを追加して加算器を構成すればHPF, BEF出力も得られます. こちらもユニバーサル・フィルタとして使えます.

　特徴は, 状態変数型と異なりOPアンプの入力電圧がすべて0V(グラウンド・レベル)であることです. OPアンプのCMRRの影響を受けないため出力が低ひずみです. 3個の出力が得られます. 相互に位相が反転したLPF出力が2個とBPF出力が1個です.

　状態変数型と同様に使用する抵抗の個数が多く, 設計自由度が非常に高いです. 図8-21では制約条件を入れて設計しやすくしています. 高いQでも安定で, 高いQをもつBPFが欲しいときはこの回路か状態変数型が最適です. LPFで平担部のゲインは1倍(0 dB)ですが, Qを高くするとカットオフ周波数でのゲインがQ倍されるのでダイナミック・レンジに注意します.

　この回路も積分回路を使用しているため, 状態変数型と同様に, 高い周波数(100 kHz程度)まで使用したい場合は, 広帯域OPアンプの使用が必須です. 自作する場合も, 高QのBPFが必要なときだけ状態変数型かバイカッド型を採用し, ほかのフィルタはサレン・キー型や多重帰還型が良いでしょう.

コラム

$j\omega$として記号演算の知識だけで, 簡単にフィルタの周波数特性を求められます.

　$\omega=\omega_0$のときには, 分母の$(j\omega)^2$の項は$-\omega_0^2$となりω_0^2の項で打ち消されて, $j\omega_0$の1次の項だけが残ります. その項と分子多項式の関係からカットオフ周波数または中心周波数での伝達関数の値を求められます. カットオフ周波数または中心周波数での伝達関数の値はフィルタの特性を求めるときに重要です. 分母の2次多項式の根を極(ポール), 分子多項式の根は零点(ゼロ)と呼びます.

8-21 騒音測定用JIS-A特性フィルタの値と周波数特性

耳の特性をシミュレート

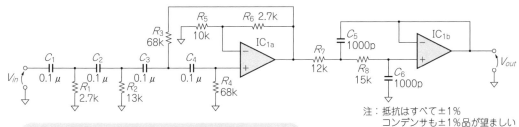

ノイズ測定用フィルタは，聴感補正曲線の規格変更に伴い変更された．これはJISC1509-1：2005(IEC61672-1：2002)に従ったA特性のフィルタである．

■ 数式

規格中心値のゲインGは下記のとおり．

$$G[\text{dB}] = 20\log\left|\frac{V_{out}}{V_{in}}\right|$$
$$= 20\log\left[\frac{f_4^2 f^4}{(f^2+f_1^2)(f^2+f_2^2)\sqrt{(f^2+f_3^2)(f^2+f_3^2)}}\right] + A_{1000}$$

ただし，$f_1 \sim f_4$は規格で定められているカットオフ周波数．A_{1000}は規格で定められている1kHzのゲイン．

ここで，f_1=20.60Hz, f_2=107.7Hz,
f_3=737.9Hz, f_4=12.194kHz, A_{1000}=2.000dB

従って，

$$f_1 = \frac{1}{2\pi\sqrt{C_3 C_4 R_3 R_4}}, \quad f_2 = \frac{1}{2\pi C_2 R_2}, \quad f_3 = \frac{1}{2\pi C_1 R_1},$$
$$f_4 = \frac{1}{2\pi\sqrt{C_5 C_6 R_7 R_8}}, \quad A_{1000} = 20\log\left(\frac{R_5+R_6}{R_5}\right)$$

図のように構成すると互いに影響し合うので，特性を見ながら値を微調整する．

図8-22 回路と数式

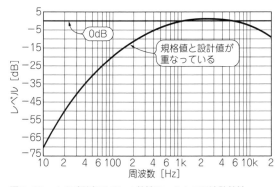

図8-23 ノイズ測定用JIS-A特性フィルタの周波数特性

以前のJIS-A特性フィルタは日本工業規格のJIS C 1502「普通騒音計」に沿って作られていましたが，聴感特性の変更が行われて新しい国際規格IEC61672-1：2002「Electroacoustitcs - Sound level meters - Part 1：Specifications」が定められ，それに沿ったJIS C1509-1「電気音響-サウンド・レベル・メータ(騒音計)-第1部：仕様」になり，旧規格は廃止されました．ここで紹介するJIS-A特性フィルタは新規格に沿っています．

図8-22が新しいJIS-A特性を満足するように設計したフィルタで，**図8-23**がその周波数特性です．規格値は1kHzで0dB±1.1dB，それ以外の周波数は250Hz～1250Hzは規格値に対し±1.4dB，それ以下とそれ以上の周波数の許容誤差はさらに緩くなっています．**図8-23**に，規格値と製作したフィルタのシミュレーション特性を示します．コンデンサはE6系列，抵抗はE24系列を使用しても誤差は±0.2dB以下とほとんどなく，使用部品の許容差を±1％とすれば，誤差が±1dBを超えることはありません．

設計は，**図8-22**中の式に従って行います．式から各段のQは0.5であり，f_1, f_2, f_3, f_4各段でOPアンプ1個ずつ，ゲイン設定で1個の合計5個のOPアンプが必要になります．コンデンサをE6系列，抵抗をE24系列に丸めれば誤差が出るため，どうせ誤差が出るなら簡略化しようと図のように2個のOPアンプで構成しました．f_1, f_2, f_3を1個のOPアンプで構成すると互いに影響し合うので，影響を少なくするために最もインピーダンスの小さいf_3の段を最初に置き，インピーダンスの順にf_2, f_1と配置しました．後は，シミュレーションで微調整して，20Hz～10kHzまでは規格中心値とほとんど重なる値が求まりました．

第9章　コンパレータ回路
入力信号の大小を高速に判別する

マイコンで入力信号の大小を判別するのに内蔵A-Dコンバータを使用すると，多くの機能レジスタを設定する必要があり，処理時間もかかり過ぎることが多いです．特に異常状態の検出では，高速に判別することが要求されます．コンパレータを使用すると，高速に判別することができます．

コンパレータは入力電圧と基準電圧を比較し，結果を"L/H"レベルで出力します．コンパレータはマイコン・システムとは非常に相性が良く，A-Dコンバータと違い処理時間が短くて，ソフトの負担も少ないです．ハードが固定されるため柔軟な変更はしにくいのですが，マイコンによっては基準電圧を変更できるコンパレータ内蔵品もあります．

ここでは，安価なマイコンに接続して処理時間の大幅な短縮や高性能化を可能とするコンパレータ回路を紹介します．

9-1　反転型と非反転型コンパレータの入力基準電圧

回路は簡単だが入力雑音に弱い

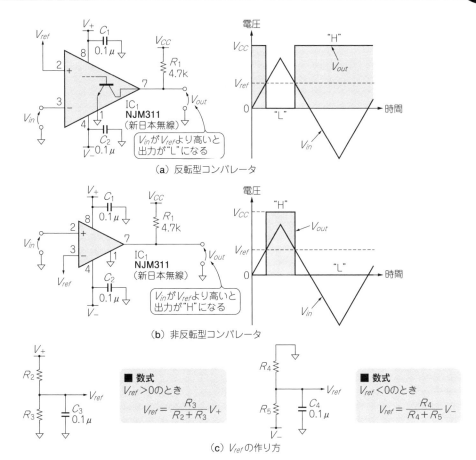

図9-1　回路と数式
入力電圧と基準電圧の大小を比べて"L/H"を出力する

図9-1(a)(b)に示すのは，コンパレータ回路です．日本語では電圧比較器といいます．入力電圧 V_{in} と基準電圧 V_{ref} を比較して出力状態を変えます．

反転型コンパレータでは，入力電圧が基準電圧よりも高ければ"H"から"L"へと変わり，非反転型コンパレータでは"L"から"H"へと変わります．基準電圧は図9-1(c)のように電源電圧から分圧して作るか，正確な電圧が必要なら第11章で紹介する基準電圧回路によって作ります．

コンパレータは無帰還状態のOPアンプのようなものです．ゲインが非常に高く，入力に雑音があると入力電圧と基準電圧がほぼ等しい点で出力の"L/H"が頻繁に変化して振動します．この現象はオシロスコープで観測できて，マルチプル・トリガと呼ばれています．コンパレータには雑音の少ない入力信号を加えることが必要です．

図9-1で使ったコンパレータ NJM311(新日本無線)は両電源用とはいっても，出力はディジタルICの入力条件に適合させるためオープン・コレクタとなっていて，"L"は約0V，"H"は約 V_{CC} です．

OPアンプICもコンパレータとして使えますが，コンパレータ専用のICと違って無帰還での使用が考慮されていないため，内部で飽和したときの復帰時間が長くなります．高速OPアンプを使ったとしても低速コンパレータのNJM2903(新日本無線)よりも大幅に遅くなります．

OPアンプをコンパレータとして使ったときの利点は，直流特性が優れていることです(入力オフセット電圧と入力バイアス電流が小さい)．コンパレータICは速度優先で直流特性がOPアンプICよりも劣ります．図9-2に示すように速度が速いことよりも直流電圧を精密に比べたいときにはOPアンプを使います．出力にはNPNトランジスタを入れてディジタルICの入力条件に適合させます．コンパレータとして使うOPアンプには，最大定格の差動入力電圧が電源電圧に等しいものを選択します．

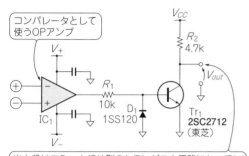

図9-2　直流特性を重視するときはコンパレータICではなくOPアンプを使う

オープン・コレクタ出力の高速化

コンパレータICは，電源電圧の異なるディジタル回路に適合させるためオープン・コレクタ(ドレイン)出力が多いです．

オープン・コレクタの場合，図9-Aのように"L"になるときは内部のトランジスタがONするため高速です．"H"になるときはCR積分回路になっているので速くありません．高速にするには C_A と R_A を小さくする必要があります． C_A の大きさは接続するICの入力数とパターンで決まり， R_A を小さくすると必要な電流が大きくなって消費電力が増加します．

"L"になる立ち下がりのときか，"H"になる立ち上がりのときか，どちらか一方のエッジを検出する必要がある場合には，高速"L"を検出するようにします．コンパレータの検出エッジが立ち下がりになるように，反転型か非反転型のコンパレータを選びます．

両エッジが必要なときは，図9-Bのように最短距離でTC7S14AF(東芝)のようなシュミット・トリガ・インバータ1個入りのICを接続し，その後で配線します． $C_A \fallingdotseq 10$ pF程度となり，プルアップ抵抗 $R_A = 4.7$ kΩとすれば遅れ時間は数十nsになります．

電源電圧が5Vのときは図9-7のようにエミッタ・フォロワで高速化することもできます．さらに高速化した

9-2 単電源反転型と非反転型コンパレータの入力基準電圧

片電源のときに使う

図9-3(a)に示すのは単電源の非反転型コンパレータです．動作は両電源用と同様です．

反転型コンパレータも両電源用と同様に動作します．ここでは負電圧の比較ができる電流加算型コンパレータを図9-3(b)に示します．

D_1は入力保護用のダイオードで，入力電圧がマイナスにならないようにします．C_1は浮遊容量により出力と反転入力が結合してコンパレータが発振するのを防ぐコンデンサです．非反転型の電流加算型コンパレータも同様に動作しますが，反転入力を接地するため，C_1は入れなくてもかまいません．

発振防止用のC_1はほかの形式のコンパレータでも非常に有効です．反転入力端子のインピーダンスが高いときには安全のため入れておきます．

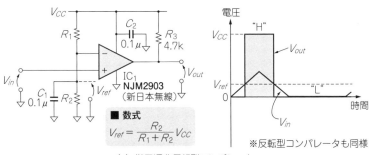

■ 数式
$$V_{ref} = \frac{R_2}{R_1+R_2} V_{CC}$$

(a) 単電源非反転型コンパレータ

※反転型コンパレータも同様

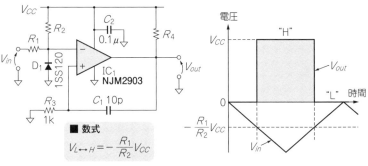

■ 数式
$$V_{L \leftrightarrow H} = -\frac{R_1}{R_2} V_{CC}$$

(b) 電流加算型コンパレータ

図9-3 回路と数式
片電源でコンパレータ回路を構成するときに使う

コラム

いときは，単電源用ですがCMOS出力の高速コンパレータを使います．

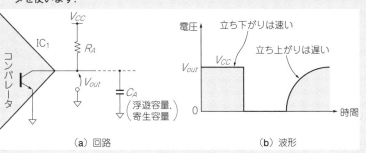

(a) 回路　　(b) 波形

図9-A　オープン・コレクタ出力は，立ち下がりは速く立ち上がりは遅い

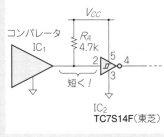

図9-B　オープン・コレクタ出力の高速化

9-3 ヒステリシス付き反転型コンパレータの入力基準電圧

雑音に強い①

コンパレータが入力雑音に弱い点を正帰還によって解決したのが，ヒステリシス付きコンパレータです．シュミット・トリガとも呼びます．

図9-4に示すのは単電源のヒステリシス付き反転型コンパレータです．入力信号が上昇して上側のスレッショルド電圧V_{TU}以上になると，出力が反転して"L"になります．逆に入力信号が下降して下側のスレッショルド電圧V_{TL}以下になると，出力は反転して"H"になります．

V_{TU}とV_{TL}の差がヒステリシス幅です．雑音がヒステリシス幅よりも小さければ，マルチプル・トリガと呼ばれる出力の振動は防止できます．

正帰還がかかるため出力の動作が高速化され，立ち上がり/立ち下がり時間はヒステリシスがないときよりも短くなります．ただし，応答はヒステリシス幅のぶんだけ遅れます．

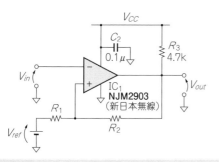
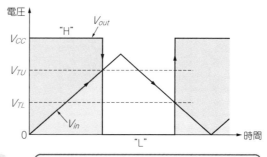

■ 数式
$R_2 \gg R_3$とするとヒステリシス幅V_{th}は次のようになる．
$$V_{th} = V_{TU} - V_{TL} = \frac{R_1}{R_1 + R_2} V_{CC}$$
ただし，
$$V_{TU} = \frac{R_1 V_{CC} + R_2 V_{ref}}{R_1 + R_2}$$
$$V_{TL} = \frac{R_2}{R_1 + R_2} V_{ref}$$

■ 計算例
$V_{CC}=5V$, $V_{ref}=2.5V$, $V_{th}=0.1V$, $R_1=10k\Omega$とすると次のようになる．
$$R_2 = \frac{V_{CC} - V_{th}}{V_{th}} R_1 = 490k\Omega \gg 4.7k\Omega (R_3)$$
$V_{TU}=2.55V$
$V_{TL}=2.45V$

図9-4 回路と数式
ヒステリシス動作で雑音に強い．出力は入力の反転波形

9-4 ヒステリシス付き非反転型コンパレータの入力基準電圧

雑音に強い②

図9-5に示すのは，単電源のヒステリシス付き非反転型コンパレータです．入力信号が上昇してV_{TU}以上になると出力が反転して"H"になります．逆に入力信号が下降してV_{TL}以下になると出力が反転して"L"になります．V_{TU}とV_{TL}の差がヒステリシス幅です．

ヒステリシス付き反転型コンパレータと同様に，雑音がヒステリシス幅よりも小さければマルチプル・トリガは防止でき，立ち上がり時間と立ち下がり時間はヒステリシスがないときよりも短くなります．応答はヒステリシス幅のぶんだけ遅れます．

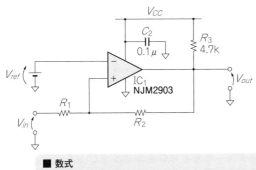
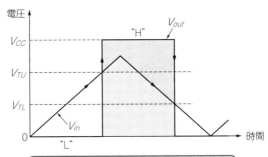

■ 数式

$R_2 \gg R_3$ とするとヒステリシス幅 V_{th} は次のようになる.

$$V_{th} = V_{TU} - V_{TL} = \frac{R_1}{R_2} V_{CC}$$

ただし,

$$V_{TU} = \frac{R_1 + R_2}{R_2} V_{ref}$$

$$V_{TL} = \frac{R_1 + R_2}{R_2} V_{ref} - \frac{R_1}{R_2} V_{CC}$$

■ 計算例

$V_{CC} = 5V$, $V_{ref} = 2.5V$, $V_{th} = 0.1V$, $R_1 = 10kΩ$ とすると次のようになる.

$$R_2 = \frac{R_1 V_{CC}}{V_{th}} = 500kΩ \gg 4.7kΩ (R_3)$$

$V_{TU} = 2.55V$
$V_{TL} = 2.45V$

図9-5 回路と数式
ヒステリシス動作で雑音に強い

9-5 ゼロ・クロス・コンパレータのヒステリシス幅

交流信号を方形波に整形

図9-6に示すのは単電源のゼロ・クロス・コンパレータです. 交流信号をマイコンのタイマ/カウンタの入力信号とするのに使えます. 保護ダイオードを付け, 正帰還で幅50 mVのヒステリシスを付加しています. 入力信号は1 V$_{P-P}$以上を想定していますが, これ以下の場合は, アンプで増幅してからゼロ・クロス・コンパレータに入れます.

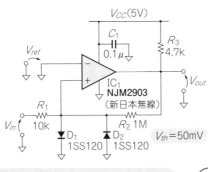
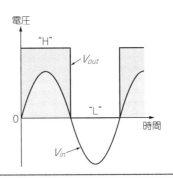

■ 数式

ゼロ・クロス・コンパレータなので
$V_{ref} = 0V$

ヒステリシス幅 V_h は次式で求まる.

$$V_h = \frac{R_1}{R_1 + R_2 + R_3} V_{CC} ≒ \frac{R_1}{R_2} V_{CC} (\because R_2 \gg R_1 R_3)$$

■ 計算例

$V_{ref} = 0V$, $V_{CC} = 5V$,
$R_1 = 10kΩ$, $R_2 = 1MΩ$, $R_3 = 4.7kΩ$ としてヒステリシス幅 V_h は次のとおり.

$V_h = 0.05V = 50mV$

図9-6 回路と数式
交流信号を方形波に整形する

9-6 パルス発生回路の出力周波数

大振幅の方形波を発生

図9-7に示すのはヒステリシス付きコンパレータを使用した無安定マルチバイブレータです.

Tr_1とD_4はスピード・アップ用の回路です. 出力が"L"→"H"に変化するとき, Tr_1がないと出力インピーダンス(抵抗)がR_4となって非常に大きいです. Tr_1のエミッタ・フォロワを付加すると出力インピーダンスはR_4/h_{FE}となって100Ω以下になります.

出力が"H"→"L"に変化するとき, D_1がないと, Tr_1はカットオフしていて出力インピーダンスが非常に大きくなります. D_1があると, 出力インピーダンスはD_1の順方向動作抵抗とIC_1の出力オン抵抗の和となって非常に小さくなります. 常に出力インピーダンスが小さくなるため, 波形の立ち上がり/立ち下がり時間が短くなり, きれいな方形波が出力されます.

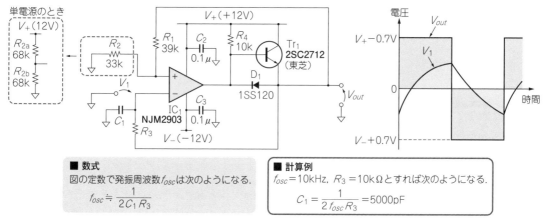

■ 数式
図の定数で発振周波数f_{osc}は次のようになる.
$$f_{osc} \fallingdotseq \frac{1}{2C_1 R_3}$$

■ 計算例
$f_{osc}=10\text{kHz}$, $R_3=10\text{k}\Omega$とすれば次のようになる.
$$C_1 = \frac{1}{2 f_{osc} R_3} = 5000\text{pF}$$

図9-7 回路と数式
方形波を出力する

9-7 リセット信号発生回路の出力波形

マイコン回路に必須

図9-8に示すのは, ヒステリシス付きコンパレータを応用したリセット信号発生回路です.

図9-8(a)に示すのは専用IC RNA51951B(ルネサス エレクトロニクス)を使ったパワー・オン・リセット信号発生回路です. R_1とR_2で正確なリセット電圧が設定できます. 出力とグラウンド間にスイッチを入れれば手動リセットも可能です. コンパレータICと基準電圧用ICを使用すれば同一機能の回路は作れますが, 部品点数が大幅に増加します.

リセット信号はパワー・オン直後から出力され, 電源電圧に比例した入力電圧が基準電圧よりも高くなってから約200μs後に解除されます. 瞬時停電などにより, 入力電圧が基準電圧よりも低くなると即座にリセット信号は出力され, 停電が復旧して入力電圧が基準電圧よりも高くなってから約200μs後に解除されます.

ルネサス エレクトロニクスの専用ICには, R_1とR_2を内蔵した品種や動作遅延時間を外部のコンデンサで設定可能な品種もあります.

図9-8(b)に示すのは, マイコン内蔵のリセット回路です. 図中のD_1はC_1に充電された電荷の急速放電用です. これがないと, AC電源が数十ms間瞬時停電したときに, パワー・オン・リセットによる再起動ができない場合もあります.

図9-8(c)に示すのはAC検出回路です. 一般的なフォトカプラを使うと, 外部に整流ダイオードが必要になるばかりでなく, LEDに流す電流を大きくする必要があり, R_1とR_2の電力損失が大きくなります.

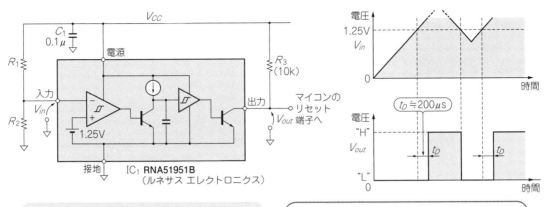

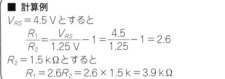

■ 数式
リセット検出電圧 V_{RS} は次式で求まる．
$$V_{RS} = \frac{R_1 + R_2}{R_2} 1.25\,\mathrm{V}$$

■ 計算例
$V_{RS} = 4.5\,\mathrm{V}$ とすると
$$\frac{R_1}{R_2} = \frac{V_{RS}}{1.25\,\mathrm{V}} - 1 = \frac{4.5}{1.25} - 1 = 2.6$$
$R_2 = 1.5\,\mathrm{k\Omega}$ とすると
$$R_1 = 2.6 R_2 = 2.6 \times 1.5\,\mathrm{k} = 3.9\,\mathrm{k\Omega}$$

(a) リセット専用IC

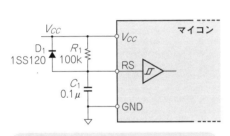

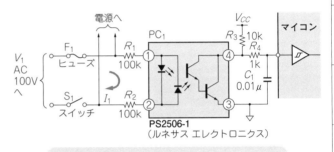

■ 数式
充電時定数 $\tau = R_1 C_1$

■ 計算例
$\tau = 10\,\mathrm{ms}$ とすると
$C_1 = 0.1\,\mu\mathrm{F}$ として
$$R_1 = \frac{\tau}{C_1} = \frac{10 \times 10^{-3}}{0.1 \times 10^{-6}} = 100\,\mathrm{k\Omega}$$

(b) マイコンのリセット回路

■ 数式
$$I_1 = \frac{V_1}{R_1 + R_2}$$

■ 計算例
$I_1 = 0.5\,\mathrm{mA}$ とすると
$$R_1 + R_2 = \frac{100}{0.5 \times 10^{-3}} = 200\,\mathrm{k\Omega}$$
よって $R_1 = R_2$ とすると
$$R_1 = R_2 = 100\,\mathrm{k\Omega}$$

(c) AC検出回路

図9-8 回路と数式

マイコン出力がAC動作のアクチュエータを制御しているときは，瞬時停電で電源電圧が低下せずリセット信号が発生しなかった場合に，初期化処理が必要なこともあります．その場合にはマイコンが瞬時停電を知る必要があります．

AC100Vがプリント基板上に入力されるので安全には十分留意します．R_1 と R_2 には不燃性塗装された酸化金属抵抗を使い，フォトカプラ挿入時のプリント基板上の1ピン-2ピン間と，3ピン-4ピン間の沿面距離は7mm以上とります．AC100Vに接続された部分と絶縁された部分の沿面距離と空間距離も7mm以上とします．

マイコンの入力ポート（シュミット・トリガ入力が望ましい）にAC50Hz/60Hzの2倍の周波数でパルスが入力されるので，ソフトウェアで10msごとにパルスが入力されているかどうか検出して，入力されていないときは瞬時停電と判断して処理を行います．

ここではAC対応のダーリントン・フォトカプラを使用しています．

9-8 ウィンドウ・コンパレータの入力基準電圧

特定の電圧範囲だけH出力

図9-9(a)に示すのが，ウィンドウ・コンパレータです．一般のコンパレータは入力電圧と基準電圧を比較しその大小の関係で出力を反転させますが，ウィンドウ・コンパレータは基準電圧を二つ備え，信号電圧が二つの基準電圧内にあるときだけ出力を反転させます．

図9-9(b)に出力電圧を示します．入力電圧V_{in}が$V_{refL} \leq V_{in} \leq V_{refH}$のときだけ，出力レベルが"H"になります．基準電圧V_{refL}の反転型コンパレータと基準電圧V_{refH}の非反転型コンパレータの出力をワイヤードOR接続した動作となります．

オープン・コレクタ出力のNJM2903（LM393同等）を使用すればこのようにワイヤードOR接続できますが，CMOS出力やOPアンプを使った場合は，AND

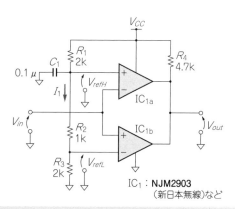

■ 数式

$$V_{refH} = \frac{R_2 + R_3}{R_1 + R_2 + R_3} V_{CC}$$

$$V_{refL} = \frac{R_3}{R_1 + R_2 + R_3} V_{CC}$$

R_4は経験的に4.7k〜47kΩとする．

■ 計算例

$V_{CC} = 5\,\mathrm{V}$, $V_{refH} = 3\,\mathrm{V}$, $V_{refL} = 2\,\mathrm{V}$, $I_1 = 1\,\mathrm{mA}$とすると

$R_3 = \dfrac{V_{refL}}{I_1} = \dfrac{2}{1 \times 10^{-3}} = 2\,\mathrm{k\Omega}$,

$R_2 = \dfrac{V_{refH} - V_{refL}}{I_1} = \dfrac{3-2}{1 \times 10^{-3}} = 1\,\mathrm{k\Omega}$,

$R_1 = \dfrac{V_{CC} - V_{refH}}{I_1} = \dfrac{5-3}{1 \times 10^{-3}} = 2\,\mathrm{k\Omega}$,

$R_4 = 4.7\,\mathrm{k\Omega}$

(a) 回路

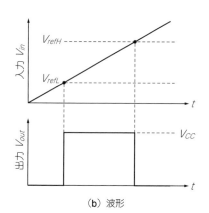

(b) 波形

図9-9 回路と数式

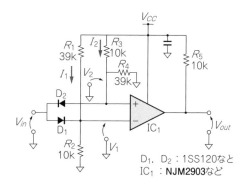

■ 数式

ダイオードの順方向電圧をV_Fとして次のとおり．

$V_{refL} = V_1 + V_F$
$V_{refH} = V_2 - V_F$
$V_1 = \dfrac{R_2}{R_1 + R_2} V_{CC}$
$V_2 = \dfrac{R_4}{R_3 + R_4} V_{CC}$

ただし，$V_{refH} - V_{refL} \geq 1.5\,\mathrm{V}$とする．
R_5は経験的に4.7k〜47kΩとする．

■ 計算例

$V_{CC} = 5\,\mathrm{V}$, $V_{refH} = 3.5\,\mathrm{V}$, $V_{refL} = 1.5\,\mathrm{V}$, $V_F = 0.5\,\mathrm{V}$として，$I_1 = I_2 = 0.1\,\mathrm{mA}$とすると，

$V_1 = V_{refL} - V_F = 1.5 - 0.5 = 1\,\mathrm{V}$,
$V_2 = V_{refH} + V_F = 3.5 + 0.5 = 4\,\mathrm{V}$

$I_1 = \dfrac{V_{CC}}{R_1 + R_2} = 0.1\,\mathrm{mA}$, $I_2 = \dfrac{V_{CC}}{R_3 + R_4} = 0.1\,\mathrm{mA}$より，

$R_2 = \dfrac{V_1}{I_1} = \dfrac{1}{0.1 \times 10^{-3}} = 10\,\mathrm{k\Omega}$

$R_1 = \dfrac{V_{CC} - V_1}{I_1} = \dfrac{5-1}{0.1 \times 10^{-3}} = 40\,\mathrm{k\Omega} \fallingdotseq 39\,\mathrm{k\Omega}$

同様に，
$R_3 = 10\,\mathrm{k\Omega}$, $R_4 = 39\,\mathrm{k\Omega}$, $R_5 = 10\,\mathrm{k\Omega}$

(c) コンパレータ1個のウィンドウ・コンパレータ
［波形は図(b)と同じ］

ゲートICが必要です.

図9-9(c)に示すのが,コンパレータ1個のウィンドウ・コンパレータです.ダイオードを使っているため,順方向電圧V_Fの電圧・電流特性と温度係数の影響を受け正確な基準電圧は実現不可能です.ウィンドウ幅($= V_{refH} - V_{refL}$)には1.5 V以上必要という制約が

あります.それほど精密さを要求しない用途も多々あるため,コンパレータ1個ですむこの回路は有用です.

図9-9(a)(c)は,$V_{refL} \leq V_{in} \leq V_{refH}$のときだけ出力レベルを"H"にしています."L"にしたいときはコンパレータ入力端子の反転と非反転を入れ替えます.

9-9 レベル検出回路の入力基準電圧

バー・グラフ表示も簡単

図9-10に示すのがレベル検出回路です.ウィンドウ・コンパレータを拡張して,一つの入力電圧範囲だけでなく,多くの電圧範囲で動作します.入力信号の電圧レベルに応じて,表9-1に示すように,出力は"H/L"に変化します.

図9-10はコンパレータ3個ですが,入力基準電圧V_{RN}とコンパレータ,Ex-ORゲートを増設すれば容易に拡張可能です.例えば,3ビットA-Dコンバータを作りたいときには,コンパレータを7個にして,Ex-NORゲート(HC266/HC7266など)の後にエンコーダ(HC147/HC148など)を接続します.

バー・グラフ表示器を製作するときは,Ex-ORゲートを取り去り,コンパレータの入力端子を入れ替え,入力信号を反転入力,入力基準電圧を非反転入力に接続します.オープン・コレクタのプルアップ抵抗にLEDを直列に入れれば,バー・グラフ表示器の完成です.分圧抵抗を調整して,入力基準電圧V_{RN}を対数特性にすれば,音量表示も行えます.

表9-1 入出力特性

入力電圧範囲	V_{OC1}	V_{OC2}	V_{OC3}	V_{OD1}	V_{OD2}	V_{OD3}	V_{OD4}
$0 \leq V_{in} \leq V_{R3}$	L	L	L	L	L	L	H
$V_{R3} \leq V_{in} \leq V_{R2}$	L	L	H	L	L	H	L
$V_{R2} \leq V_{in} \leq V_{R1}$	L	H	H	L	H	L	L
$V_{R1} \leq V_{in}$	H	H	H	H	L	L	L

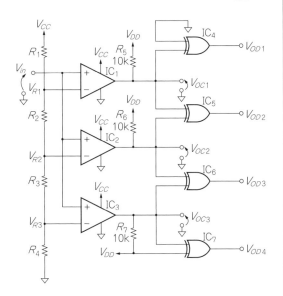

$IC_{1 \sim 3}$:NJM2903など,電源は0V~V_{CC}(5V~30V)
$IC_{4 \sim 7}$:74HC86(Ex-OR),電源は0V~V_{DD}(3.3V~5V)
R_5, R_6, R_7:4.7kΩ~10kΩ

■ 数式

NJM2903の入力電圧仕様から$V_{R1} \leq V_{CC} - 1.5V$とすると

$$R_1 \leq \frac{1.5}{V_{CC} - 1.5}(R_2 + R_3 + R_4)$$

$R_2 = R_3 = R_4 = R$とすれば

$$V_{R3} = \frac{R}{R_1 + 3R} V_{CC}$$

$$V_{R2} = 2V_{R3} = \frac{2R}{R_1 + 3R} V_{CC}$$

$$V_{R1} = 3V_{R3} = \frac{3R}{R_1 + 3R} V_{CC}$$

図9-10 回路と数式

第10章 ゲートICの応用回路
波形発生から立ち上がり／立ち下がり検出まで

ゲートICの中でアンバッファ型のインバータは，電源の中点電位にバイアスすれば，高周波までのアナログ・アンプとして便利に使えます．

ここではマイコン・システムの補助回路や簡単なジグ製作に役立つように，主としてインバータを使った発振回路と立ち上がり/立ち下がり検出回路を紹介します．

10-1 水晶/セラミック発振回路

マイコンのクロックに使える

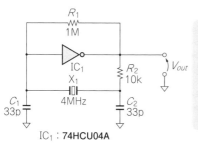

R_1：帰還抵抗（IC₁をバイアスする）
　　 X_1の周波数が低いときは大きくする
R_2：出力抵抗
　　 発振しにくいときは小さくする
C_1：入力コンデンサ
　　 発振周波数の微調整可
C_2：出力コンデンサ
　　 発振しにくいときは大きくする
X_1：水晶振動子またはセラミック振動子

振動子は機械的な振動を電気的に検出していて，電気的等価回路は定量的ではなく定性的といえる．
したがって値を求める式はなく，振動子メーカ指定の値を採用することが，信頼性上望ましい．

IC₁：**74HCU04A**

図10-1 回路
マイコンのクロックに使える矩形波を出力する

表10-1 発振回路のいろいろと特徴

種類	周波数				価格
	初期精度	温度係数	長期安定性	可変範囲	
水晶振動子	± 0.001 %	1 ppm/℃ 以下	非常に良い	非常に狭い	高価
セラミック振動子	± 0.5 %	10 ppm/℃	良い	狭い	安価
LC型	悪い（LCの精度による）		悪い	中	安価
CR型	悪い（CRの精度による）		悪い	広い	最も安価

図10-1に示すのがインバータIC 74HCU04Aによる水晶発振回路またはセラミック発振回路で，サバロフ発振回路と呼びます．水晶振動子やセラミック振動子は，発振周波数ではインダクタンスとなります．動作原理はLC発振回路のコルピッツ発振回路と同じです．

水晶振動子またはセラミック振動子発振回路と，LC型，RC型の比較を表10-1に示します．水晶振動子発振回路が圧倒的に優れていますが，セラミック発振回路は高精度な時間や周波数が必要な用途以外では十分使えます．

図10-1で，インバータの入力では正弦波が観測でき，V_{out}ではロジック・レベルの出力波形が得られます．V_{out}の立ち上がりと立ち下がり時間がややかかるため，もう1段インバータを追加して方形波とし，後続の回路のクロックとしています．

C_1とC_2の値は水晶振動子またはセラミック振動子の仕様に従います．R_1とR_2については図中の指示に従います．C_1をトリマ・コンデンサと固定コンデンサを並列にしたものに置き換えると，調整範囲は非常に狭いですが発振周波数の微調整が可能です．

マイコンは発振回路用のR_1とR_2を内蔵していて外部から調整できません．あり合わせの振動子を使って発振しにくいときはC_2を大きくしてみます．ただし，信頼性上の理由から，量産品にはマイコン・メーカ指定の振動子を採用し，C_1とC_2は振動子メーカ指定の値を採用します．C_1とC_2，特にC_2を大きくすると，振動子に加わる電力が増加して振動子の信頼性が低下します．振動子に加わる電力はメーカ指定の値を採用します．32.768 kHzの時計用水晶振動子は，特に許容電力が小さいため注意が必要です．

10-2　LC発振回路の発振周波数

LCともに接地できる

■ 数式
発振周波数 f_{osc} は次のように求まる.
$$f_{osc} = \frac{1}{2\pi\sqrt{L_1 C_3}}$$

■ 計算例
$$f_{osc} = \frac{1}{2\pi\sqrt{22\times 10^{-6} \times 220\times 10^{-12}}}$$
$$\approx 2.3\text{MHz}$$

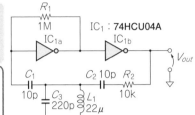

R_1：帰還抵抗（IC_{1a}をバイアスするため）
　　発振周波数が低いときは大きくする
R_2：出力抵抗
　　発振しにくいときは小さくする
C_1：入力コンデンサ
　　発振しにくいときは大きくする
C_2：出力コンデンサ
　　発振しにくいときは大きくする
C_3, L_3：共振回路

図10-2　回路と数式

図10-2に示すのは，インバータIC 74HCU04A 2段構成のフランクリン型LC発振回路です.

74HCU04A 1段のコルピッツ発振回路やハートレーのLC共振回路もありますが，1端接地で使えないばかりでなく，コンデンサが2個必要だったり，コイルにタップが必要だったりします.

フランクリン型発振回路はLCの並列共振回路を正帰還ループに入れて，正帰還量を並列共振周波数で増加させて発振させます. 並列共振回路以外の部分の発振周波数に対する影響が少ないため，並列共振回路の損失が少なければ高安定になります.

損失が多い並列共振回路を無理やり発振させる場合には，図中の説明によりC_1, C_2, R_1とR_2の値を変更します.

10-3　無安定マルチバイブレータの発振周波数①…シュミット・トリガIC使用

回路がシンプル

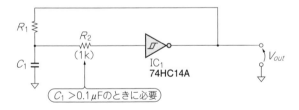

図10-3　回路と数式
シュミット・トリガICを使って矩形波を出力する

■ 数式
発振周波数 f_{osc} は次のとおり.
$$f_{osc} \approx C_1 R_1$$

■ 計算例
$f_{osc} = 100\text{kHz}$, $R_1 = 4.7\text{k}\Omega$とすると次のようになる.
$$C_1 = \frac{1}{f_{osc} R_1} = 2128\text{pF}$$
$C_1 \ll 0.1\mu\text{F}$より,
$R_2 = 0$

図10-3に示すのは，シュミット・トリガIC 74HC14Aによる無安定マルチバイブレータです. 74HC14Aは74HCシリーズのロジックICですが，見方によってはヒステリシス付きコンパレータとも言えます. 比較電圧は電源電圧V_{CC}の約50％，ヒステリシス幅はV_{CC}の20～30％となります.

図中のR_2は保護用の抵抗で，C_1が0.1μF以上で電源のパスコンが小さいときに必要です. 電源がOFFして電源電圧が急激に低下すると，C_1に充電されていた電荷はIC_1の入力から内蔵保護ダイオードを通って電源に放電されます. ダイオードを流れる電流のピーク値が最大定格の20mAを超えるときは，信頼性上好ましくないのでR_2を付加します.

10-4 無安定マルチバイブレータの発振周波数② …インバータIC使用

発振周波数が安定

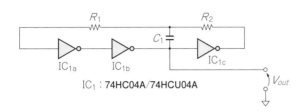

■ 数式
$R_1 \geq 3R_2$とすると発振周波数f_0は次のとおり.
$$f_0 \fallingdotseq \frac{1}{2.2 C_1 R_2}$$

■ 計算例
$f_0 = 1\text{kHz}$, $C_1 = 0.022\mu\text{F}$とすると次のようになる.
$$R_2 = \frac{1}{2.2 C_1 f_0} = 20.66\text{k}\Omega = 20\text{k}\Omega$$
$R_1 \geq 3R_2$なので
$R_1 = 68\text{k}\Omega$

図10-4 回路と数式
インバータICを使って矩形波を出力する

図10-4に示すのは，インバータIC 74HC04A 3段の無安定マルチバイブレータです．発振周波数が前述の図10-3よりも安定しています．

R_1がないと，発振波形がIC_{1a}入力部の保護ダイオードで電源とグラウンドにクランプされるため，発振周波数の誤差が大きくなります．

出力をIC_{1c}から取ると，発振周波数が変動する場合があるため，図のようにIC_{1b}から取り出すか，余ったインバータをIC_{1b}かIC_{1c}に接続し，そこから取り出します．

10-5 チャタリング防止回路の時定数

チャタリングを解消

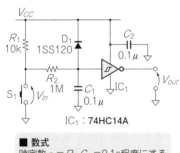

■ 数式
時定数 $\tau = R_2 C_1 = 0.1\text{s}$程度にする

図10-5 回路と数式
チャタリングによる誤動作を防ぐ

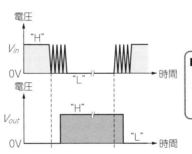

■ 計算例
$\tau = 100\text{ms}$, $R_2 = 1\text{M}\Omega$とすると次のようになる.
$$C_1 = \frac{\tau}{R_2} = 0.1\mu\text{F}$$

チャタリングとは，機械的接点でONまたはOFFするときに接点が振動し，数十ms間ON⇔OFFを繰り返す現象です．そのままディジタル・データとしてマイコンに取り込むと誤動作します．最近ではマイコンのソフトウェアでチャタリング防止処理を行うことが多いのですが，ここではハードウェアによる実現方法を紹介します．

図10-5がシュミット・トリガIC 74HC14Aによるチャタリング防止回路です．最初にスイッチが押されてから約100ms後にシュミット・トリガが動作し，出力が得られます．

10-6 パルス信号の立ち上がり/立ち下がり検出回路の出力波形

"L/H"が変わったときを知らせる

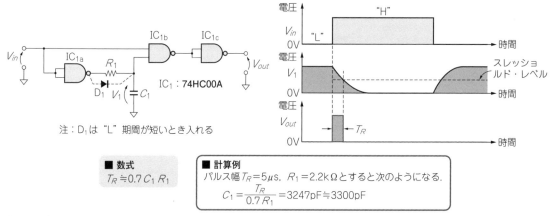

図10-6 立ち上がりを検出したらパルスを出力する回路と数式

■ 数式
$T_R ≒ 0.7 C_1 R_1$

■ 計算例
パルス幅 $T_R = 5\mu s$, $R_1 = 2.2k\Omega$ とすると次のようになる.
$C_1 = \dfrac{T_R}{0.7 R_1} = 3247 pF ≒ 3300 pF$

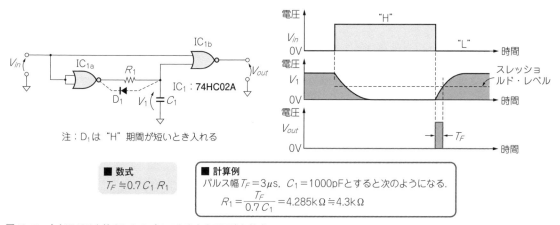

図10-7 立ち下がりを検出したらパルスを出力する回路と数式

■ 数式
$T_F ≒ 0.7 C_1 R_1$

■ 計算例
パルス幅 $T_F = 3\mu s$, $C_1 = 1000 pF$ とすると次のようになる.
$R_1 = \dfrac{T_F}{0.7 C_1} = 4.285 k\Omega ≒ 4.3 k\Omega$

　ゲートICで作る微分回路は，OPアンプで作る微分回路と異なり，ディジタル波形の立ち上がり，立ち下がりを検出してパルスを発生する働きがあります．

　CR微分回路ではなくCR積分回路を使っているためノイズに強くなっています．

　図10-6に示すのは，NANDゲートIC 74HC00Aによる立ち上がり検出回路です．入力波形の立ち上がりで決められた幅のパルスを出力します．

　図10-7に示すのは，NORゲートIC 74HC02Aによる立ち下がり検出回路です．入力波形の立ち下がりで決められた幅のパルスを出力します．

　図10-8に示すのは，Ex-ORゲートIC 74HC86Aによる立ち上がりと立ち下がりの検出回路です．入力波形の立ち上がりと立ち下がりで決められた幅のパルスを出力します．応用例として，ハーフ・ブリッジやフル・ブリッジのドライブ時のデッド・タイムの生成が挙げられます．デッド・タイム回路はブリッジ回路の上下が同時にONして貫通電流が流れることを防ぎます．

　図10-9に示すのは同期微分回路です．立ち上がりと立ち下がり検出での出力パルスの幅は，動作クロックの1周期ぶんです．

　ゲートICには伝搬遅延時間と呼ぶ応答の遅れ時間（約20 ns）があり，入力容量も10 pF程度あります．

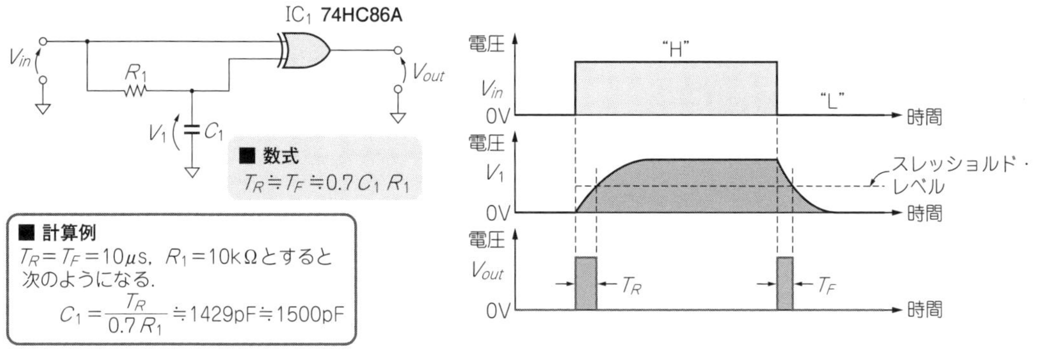

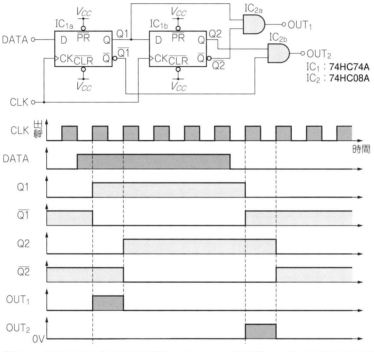

■ 数式
$T_R ≒ T_F ≒ 0.7 C_1 R_1$

■ 計算例
$T_R = T_F = 10\mu s$, $R_1 = 10k\Omega$とすると次のようになる.
$C_1 = \dfrac{T_R}{0.7 R_1} ≒ 1429pF ≒ 1500pF$

図10-8 立ち上がりと立ち下がりを検出したらパルスを出力する回路と数式

図10-9 立ち上がりと立ち下がりを検出したらクロックに同期してパルスを出力する回路

出力パルス幅が数μs以下の場合には，図中の計算値よりも大きくなるため，定数は測定しながらカット＆トライで決める必要があります．

ディジタル波形のパルス幅は，立ち上がりと立ち下がり検出回路の出力パルスの幅よりも十分大きいことが必要です．

図10-6で立ち上がりを検出するときに，ディジタル波形の"L"期間が出力パルス幅よりも十分大きくないときには，図中の点線で示したように1SS120（ルネサス エレクトロニクス）などのスイッチング・ダイオードD_1を，アノードをIC_{1a}側にしてR_1と並列に入れます．

図10-7で立ち下がりを検出するときに，ディジタル波形の"H"期間が出力パルス幅よりも十分大きくないときには，図中の点線で示したように1SS120などのスイッチング・ダイオードD_1を，カソードをIC_{1a}側にしてR_1と並列に入れます．

10-6 パルス信号の立ち上がり/立ち下がり検出回路の出力波形

10-7 ウイーン・ブリッジ型発振回路の発振周波数

インバータで簡単に正弦波を作る①

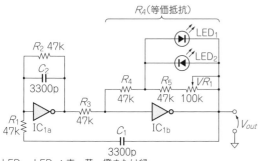

LED$_1$, LED$_2$：赤，黄，橙または緑
IC$_1$：TC74HCU04BP（東芝）

■ 数式
発振周波数 f_0 は $C_1=C_2=C$, $R_1=R_2=R$ として次式で求まる．
$$f_0 = \frac{1}{2\pi CR}$$
発振条件は上記合成抵抗を R_4 として次のとおり．
$R_4 = 3R_1$

■ 計算例
$C_1=C_2=3300\text{pF}$, $R_1=R_2=47\text{k}\Omega$ のとき
$f_0 \fallingdotseq 1.026\text{kHz}$

(a) インバータICを使用

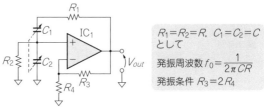

$R_1=R_2=R$, $C_1=C_2=C$ として
発振周波数 $f_0 = \dfrac{1}{2\pi CR}$
発振条件 $R_3 = 2R_4$

(b) 従来型

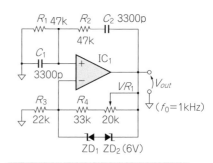

($f_0=1\text{kHz}$)

■ 数式
$C_1=C_2=C$, $R_1=R_2=R$ として
$$f_0 = \frac{1}{2\pi CR}$$
$R_4 + VR_1 = 2R_3$

ZD$_1$とZD$_2$は電源電圧が±12Vのときツェナー電圧6Vくらいとする．

(c) OPアンプ使用回路

図10-10　回路と数式

図10-10(a)に示すのが，インバータICを使ったウイーン・ブリッジ型発振回路です．数百kHz以下の低周波用です．

ウイーン・ブリッジ型発振回路は最初に実用化された正弦波出力のCR調和発振回路[注]です．図10-10(b)に示すのが従来型のウイーン・ブリッジ型発振回路です．考案者の名前からターマン型発振回路ともいわれていました．この回路では振幅を一定にするために，R_3にサーミスタを使用するかR_4にランプ（白熱電球）を使用していました．発振周波数の可変は，バリコンと呼ぶ2連可変コンデンサ（C_1, C_2）を使用して1～10倍の可変範囲とし，それ以上は抵抗（R_1, R_2）をスイッチで切り替えていました．2連可変抵抗ではなく2連バリコンを採用した理由は，ギャンギング・エラーが小さくて発振条件を維持しやすく，振幅制御回路にかかる負担が小さいからです．増幅回路は初期では真空管，後期ではトランジスタで作られていました．

トランジスタの入力端子は，ベースとエミッタを同時に使えば差動入力にできますが，インバータICには入力が1個しかないので，図10-10(a)に示すようにインバータを2個使用して差動出力とし，振幅を一

定にするための振幅制御回路は，LEDを使用したクランプ型としています．クランプ型はサーミスタやランプと異なり熱時定数を持たないため，振幅は瞬時に安定します．LEDとしては，順方向電圧が1.数Vの赤，橙，黄または緑色を2個使用します．青や白色は順方向電圧が3V以上あるため，ここでは使用できません．

従来型回路のように周波数を1～10倍可変する場合は，R_1とR_2を8.2kΩの固定抵抗と100kΩの可変抵抗（2連）を直列にしたものに変更します．2連可変抵抗のギャンギング・エラーが大きくて振幅制御回路が動作しにくいときは，R_4を調節します．

負荷インピーダンスが小さくて負荷を駆動しにくいときは，IC$_{1b}$に同じIC$_1$内の余っているインバータを並列に接続します．

図10-10(c)に示すのが，図10-10(a)をOPアンプに置き換えたウイーン・ブリッジ型発振回路です．差動入力のためOPアンプは1個ですみます．OPアンプの場合，電源電圧を高くできるので，振幅制御のクランプ素子にツェナー・ダイオードを使用すれば，出力電圧は高くすることができます．

注：調和発振回路とは，正弦波出力の発振回路のことで，発振回路内部の信号も正弦波となっています．

10-8 ブリッジT型発振回路の発振周波数

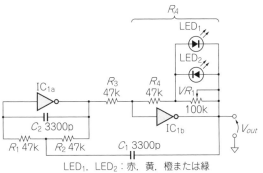

(a) インバータICを使用

■ 数式
$C_1=C_2=C$, $R_1=R_2=R$として発振周波数 f_0 は次式で求まる．
$$f_0=\frac{1}{2\pi CR}$$
R_4, VR_1, LED_1, LED_2の合成抵抗をR_Aとして発振条件は次のとおり．
$R_A=2R_3$

■ 計算例
$C_1=C_2=3300pF$, $R_1=R_2=47k$のとき
$f_0≒1.026kHz$

図10-11 回路と数式

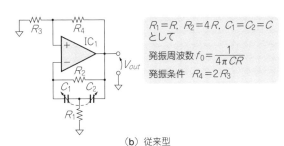

(b) 従来型

$R_1=R$, $R_2=4R$, $C_1=C_2=C$として

発振周波数 $f_0=\dfrac{1}{4\pi CR}$

発振条件 $R_4=2R_3$

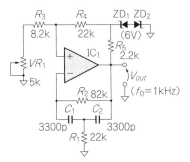

($f_0=1kHz$)

■ 数式
$C_1=C_2=C$, $R_1=R$, $R_2=4R$として
$$f_0=\frac{1}{4\pi CR}$$
$R_4=2(R_3+VR_1)$
$R_5≦\dfrac{R_4}{10}$

ZD_1とZD_2は電源電圧が±12Vのときツェナー電圧6V〜8Vくらいとする．

(c) OPアンプ使用回路

図10-11(a)に示すのが，インバータICを使ったブリッジT型発振回路です．数百kHz以下の低周波用です．

ブリッジT型発振回路は前項のウイーン・ブリッジ型発振回路に比べひずみが小さいことを特長としています．図10-11(b)が従来型のブリッジT型発振回路です．考案者の名前からザルツァー型発振回路といわれていました．発振周波数の可変は，2バリコン(C_1, C_2)を使用して1〜10倍の可変範囲とし，それ以上は抵抗(R_1, R_2)をスイッチで切り替えていました．2連可変抵抗ではなく2連バリコンを採用した理由は，ウイーン・ブリッジ型発振回路と同じです．増幅回路は初期では真空管，後期ではトランジスタで作られていました．

トランジスタの入力端子は，ベースとエミッタを同時に使えば差動入力にできますが，インバータICには入力が1個しかないので，図10-11(a)に示すようにインバータを2個使用して差動出力とし，振幅を一定にするための振幅制御回路は，LEDを使用したクランプ型としています．クランプ型はサーミスタやランプと異なり熱時定数を持たないため，振幅は瞬時に安定します．LEDとしては，順方向電圧が1.数Vの赤，橙，黄または緑色を2個使用します．青や白色は順方向電圧が3V以上あるため，ここでは使用できません．

従来型回路のように周波数を1〜10倍可変する場合は，R_1とR_2を8.2kΩの固定抵抗と100kΩの可変抵抗(2連)を直列にしたものに変更します．2連可変抵抗のギャンギング・エラーが大きくて振幅制御回路が動作しにくいときは，R_4を調節します．

負荷インピーダンスが小さくて負荷を駆動しにくいときは，IC_{1b}に同じIC_1内の余っているインバータを並列に接続します．

図10-11(c)に示すのが，図10-11(a)をOPアンプに置き換えたブリッジT型発振回路です．差動入力のためOPアンプは1個ですみます．電源電圧を高くして，振幅制御のクランプ素子にツェナー・ダイオードを使用すれば，出力電圧を高くすることができます．

10-9 バイカッド型発振回路の発振周波数

インバータで低ひずみ正弦波を作る

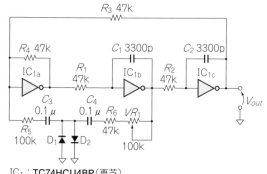

■数式
$C_1=C_2=C$, $R_1=R_2=R$ として発振周波数 f_0 は次式で求まる.
$$f_0 = \frac{1}{2\pi CR}$$
$C_3 = C_4 \geqq 10C$

■計算例
$C_1=C_2=3300\text{pF}$, $R_1=R_2=47\text{k}\Omega$ のとき
$f_0 \fallingdotseq 1.026\text{kHz}$
$C_3=C_4 \geqq 10 \times 3300 \times 10^{-12} = 0.033\mu\text{F}$ より
$C_3=C_4=0.1\mu\text{F}$

IC_1: **TC74HCU4BP**(東芝)
D_1, D_2: 1SS120(ルネサス エレクトロニクス)

(a) バイカッド型発振回路

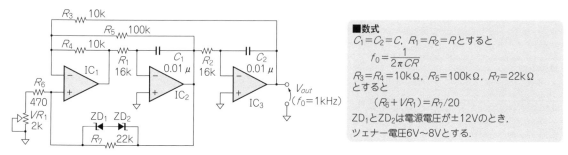

■数式
$C_1=C_2=C$, $R_1=R_2=R$ とすると
$$f_0 = \frac{1}{2\pi CR}$$
$R_3=R_4=10\text{k}\Omega$, $R_5=100\text{k}\Omega$, $R_7=22\text{k}\Omega$ とすると
$(R_6+VR_1)=R_7/20$
ZD_1 と ZD_2 は電源電圧が±12Vのとき,
ツェナー電圧6V〜8Vとする.

(b) OPアンプによる状態変数型発振回路

図10-12 回路と数式

図10-12(a)に示すのが，バイカッド型発振回路です．数百kHz以下の低周波用です．高Qバイカッド型バンドパス・フィルタに正帰還をかけて発振させているため，インバータICを使用したCR調和発振回路で最も低ひずみな回路となります．

図10-12(a)で，IC_{1a}の部分に差動入力の増幅回路を使用するとステート・バリアブル(状態変数)型発振回路になります．ステート・バリアブル型発振回路はときどき見かけますが，バイカッド型発振回路はほとんど見かけません．この理由を考えてみると，発振回路のひずみの原因で最も大きなものが振幅制御回路のひずみであり，バイカッド型発振回路は比較的ひずみの多いクランプ型振幅制御回路以外の採用が難しいためと思われます．ステート・バリアブル型発振回路の振幅制御回路はくふう次第で低ひずみにできるので，バイカッド型発振回路の採用はほとんどないと思われます．

バイカッド型発振回路のクランプ回路に使用するダイオードは，前述のウイーン・ブリッジ型発振回路やブリッジドT型発振回路と異なり，LEDではなく一般的な小信号スイッチング・ダイオードを使用します．これは持続的な発振をさせるための正帰還量がほかの発振回路よりも微少であるためです．

周波数を1〜10倍可変する場合は，R_1とR_2を8.2kΩの固定抵抗と100kΩの可変抵抗(2連)を直列にしたものに変更します．2連可変抵抗のギャンギング・エラーが大きくて振幅制御回路が動作しにくいときは，R_5を調節します．

負荷インピーダンスが小さくて負荷を駆動しにくいときは，IC_{1c}に同じIC_1内の余っているインバータを並列に接続します．

図10-12(b)に示すのが，図10-12(a)をOPアンプに置き換えて差動入力としたステート・バリアブル型発振回路です．振幅制御回路はクランプ型としていますが，くふう次第でさらに低ひずみ化が可能です．電源電圧を高くして，振幅制御のクランプ素子にツェナー・ダイオードを使用すれば，出力電圧を高くすることができます．

第11章 パワー回路
マイコンで大電流アナログ出力を実現する

10mA以下の小電流を扱う場合は，マイコンと周辺ディジタルIC，OPアンプICなどで容易にシステム構成が可能です．大電流出力可能なパワーOPアンプもありますが，出力電流以外の電気的特性は小電流出力のOPアンプに比べて劣ります．電気的特性の優れた小電流出力のOPアンプにエミッタ・フォロワの電流ブースタを付加した回路が価格的にも性能的にも優れています．

ここでは，10mA以上の電流を扱う電流ブースタを付加した，OPアンプ回路を重点的に取り上げて，応用回路の定電圧回路と定電流回路などともに，周辺回路の電圧⇔電流変換回路や基準電圧回路などを紹介します．

11-1 片極性電流ブースタの出力電流
片極性の出力電流を増やす

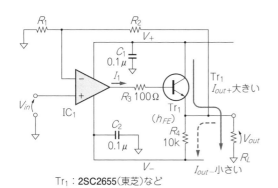
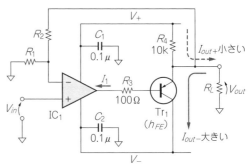

■ 数式

$$I_{out+pk} = I_{1max} h_{FE}$$
$$I_{out-pk} = \frac{V_- - V_{out-pk}}{R_4}$$

■ 計算例

$V_+ = 15V$, $V_- = -15V$, $V_{out-pk} = -10V$, $R_4 = 10k\Omega$, $I_{1max} = 10mA$, $h_{FE} = 100$とすると，
$$I_{out+pk} = 10 \times 10^{-3} \times 100 = 1A$$
$$I_{out-pk} = \frac{-15-(-10)}{10 \times 10^3} = -0.5mA$$

■ 数式

$$I_{out+pk} = \frac{V_+ - V_{out+pk}}{R_4}$$
$$I_{out-pk} = I_{1max} h_{FE}$$

■ 計算例

$V_+ = 15V$, $V_- = -15V$, $V_{out+pk} = +10V$, $R_4 = 10k\Omega$, $I_{1max} = -10mA$, $h_{FE} = 100$とすると，
$$I_{out+pk} = \frac{15-10}{10 \times 10^3} = 0.5mA$$
$$I_{out-pk} = -10 \times 10^{-3} \times 100 = -1A$$

図11-1 吐き出し電流を増大する回路

図11-2 吸い込み電流を増大する回路

OPアンプの最大出力電流以上の電流が必要な場合は，出力にエミッタ・フォロワを追加します．

吐き出し電流を増やすときは，図11-1に示すように，NPNトランジスタを追加します．

吸い込み電流を増やすときは，図11-2に示すように，PNPトランジスタを追加します．

図11-1の最大吐き出し電流と図11-2の最大吸い込み電流は，OPアンプIC_1の最大出力電流と追加したトランジスタTr_1のh_{FE}の積で決定されます．

トランジスタの電力損失も考慮する必要があります．例えば電源電圧（V_+/V_-）を±15Vとして，$V_{out} = +10V$（図11-1），$V_{out} = -10V$（図11-2）とすると，トランジスタの電力損失P_Dは，

$$P_D = (15-10V) \times 1A = 5W$$

となります．実用的に±1Aの出力電流を得るには，トランジスタの許容損失と放熱を考慮します．

11-2 両極性電流ブースタの出力電流

両極性の出力電流を増やす

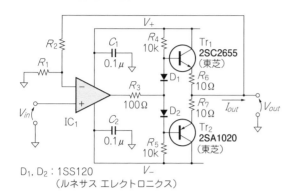

■ 数式

$$I_{out+pk} = \frac{V_+ - V_{BE(Tr1)} - V_{out+pk}}{R_4} h_{FE(Tr1)}$$

$$I_{out-pk} = \frac{V_- - V_{BE(Tr2)} - V_{out-pk}}{R_5} h_{FE(Tr2)}$$

■ 計算例

$V_+ = 15\,\text{V}$, $V_- = -15\,\text{V}$,
$V_{out+pk} = +10\,\text{V}$, $V_{out-pk} = -10\,\text{V}$,
$h_{FE(Tr1)} = h_{FE(Tr2)} = 100$,
$V_{BE(Tr1)} = 0.7\,\text{V}$, $V_{BE(Tr2)} = -0.7\,\text{V}$,
$R_4 = R_5 = 10\,\text{k}\Omega$とすると,

$$I_{out+pk} = \frac{15 - 0.7 - 10}{10 \times 10^3} \times 100 = 43\,\text{mA}$$

$$I_{out-pk} = \frac{-15 - (-0.7) - (-10)}{10 \times 10^3} \times 100 = -43\,\text{mA}$$

(a) クロスオーバひずみなし

図11-3 吐き出しと吸い込み両方の電流を増大する回路

OPアンプの最大出力電流以上の両極性電流が必要な場合は，出力にNPNとPNPのコンプリメンタリ・エミッタフォロワを追加します．

図11-3(a)はベース・バイアス回路を付加したコンプリメンタリ・エミッタフォロワを追加して，両極性の電流ブースタを構成しています．

図11-3(b)は，**図11-3(a)**からベース・バイアス回路を簡略化しています．出力電圧が0V近傍になるとベース-エミッタ間にバイアスが加わらないため，クロスオーバひずみが発生します．そこで，必要ならR_4を追加して，出力が0V近傍のときはOPアンプ出力を直接負荷に供給します．

図11-1の最大吸い込み電流と**図11-2**の最大吐き出し電流は電源電圧とR_4で決定されます．この電流を大きくするにはR_4を小さくしますが，無負荷時の損失が増えるので，ある程度の電流が必要な場合は，**図11-3(b)**を採用すると省エネになります．

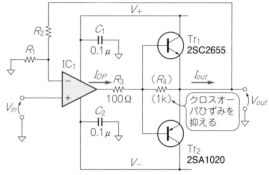

■ 数式
$I_{out\pm pk}$はIC_1とTr_1，Tr_2による．

$$I_{out+pk} = \left(I_{OP+pk} - \frac{V_{BE(Tr1)}}{R_4}\right) h_{FE(Tr1)}$$

ただし$I_{out+pk} < I_{Cmax(Tr1)}$とする

$$I_{out-pk} = \left(I_{OP-pk} - \frac{V_{BE(Tr2)}}{R_4}\right) h_{FE(Tr2)}$$

ただし$I_{out-pk} > I_{Cmax(Tr2)}$とする

■ 計算例

$V_+ = 15\,\text{V}$, $V_- = -15\,\text{V}$,
$V_{out+pk} = +10\,\text{V}$, $V_{out-pk} = -10\,\text{V}$,
$h_{FE(Tr1)} = h_{FE(Tr2)} = 100$,
$V_{BE(Tr1)} = 0.7\,\text{V}$, $V_{BE(Tr2)} = -0.7\,\text{V}$,
$R_4 = 1\,\text{k}\Omega$,
$I_{OP\pm pk} = \pm 5\,\text{mA}$, $I_{Cmax(Tr1)} = 100\,\text{mA}$, $I_{Cmax(Tr2)} = -100\,\text{mA}$
とすると,

$$I_{out+pk} = \left(5 \times 10^{-3} - \frac{0.7}{1 \times 10^3}\right) \times 100 = 430\,\text{mA}$$

ただし$I_{out+pk} < 100\,\text{mA}$なので
∴$I_{out+pk} = $数十$\,\text{mA} < 100\,\text{mA}$

$$I_{out-pk} = \left(-5 \times 10^{-3} + \frac{0.7}{1 \times 10^3}\right) \times 100 = -430\,\text{mA}$$

ただし$I_{out-pk} > -100\,\text{mA}$なので
∴$I_{out-pk} = -$数十$\,\text{mA} > -100\,\text{mA}$

(b) 簡略化版

図11-3(a)で出力電流を増やすには，R_4とR_5を小さくするか，Tr_1とTr_2をダーリントン接続のトランジスタに変更します．ダーリントン接続にするときには，D_1とD_2をそれぞれ2個のダイオードの直列接続でダイオードを合計4個使用します．そうしないと，クロスオーバひずみが発生します．

11-1項と同様に，**図11-3**でもトランジスタの電力損失と放熱に対する考慮が必要です．

11-3 双極性反転型電圧-電流変換回路の出力電流①

グラウンドから浮いた負荷用

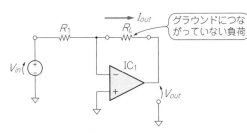

図11-4 回路と数式
入力電圧に比例(反転)した電流をグラウンドにつながっていない負荷に双極性で出力する

■ 数式

$$I_{out} = \frac{V_{in}}{R_1}$$

ただし，$|R_L I_{out}| \leq V_{out\,max}$

■ 計算例

$V_{in} = 10V$，$R_1 = 10k\Omega$とすると，

$$I_{out} = \frac{10}{10 \times 10^3} = 1mA$$

$V_{out\,max} = 10V$とすると

$V_{out} = 0V$のとき　$R_L = 0\Omega$
$V_{out} = 10V$のとき　$R_L = 10k\Omega$

よってR_Lは$0\Omega \sim 10k\Omega$の範囲で可能．

図11-4に反転型電圧-電流変換回路を示します．この回路は反転増幅回路そのものです．入力電圧V_{in}とR_1で出力電流I_{out}が決定され，帰還抵抗R_Lが負荷となります．最大電流はOPアンプの最大出力電流で制約されます．この回路ではグラウンドにつながっていない負荷抵抗が必要です．

11-4 双極性反転型電圧-電流変換回路の出力電流②

接地された負荷用

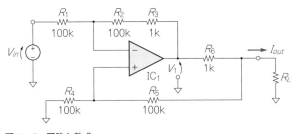

図11-5 回路と数式
入力電圧に比例(反転)して接地した負荷に電流を双極性で出力する

■ 数式

$\dfrac{R_2 + R_3}{R_1} = \dfrac{R_5 + R_6}{R_4}$ のとき

$$I_{out} = -\frac{R_2 + R_3}{R_1 R_6} V_{in}$$

V_1については本文参照．

■ 計算例

$R_1 = R_2 = R_4 = R_5 = 100k\Omega$，$R_3 = R_6 = 1k\Omega$とすると次のようになる．

$$I_{out} = -\frac{10^5 + 10^3}{10^5 \times 10^3} V_{in} \fallingdotseq -\frac{V_{in}}{990} \fallingdotseq -\frac{V_{in}}{1000}$$

$V_{in} = 1V$なので$I_{out} \fallingdotseq -1mA$
$V_{in} = 10V$なので$I_{out} \fallingdotseq -10mA$

図11-5に，一端を接地した負荷に対して入力電圧に比例した出力電流を供給する回路を示します．

OPアンプの出力電圧V_1はOPアンプの最大出力電圧によって制約されるため，負荷抵抗R_Lの大きさには制限があります．

マイコンのD-Aコンバータ出力または，PWMカウンタ出力をローパス・フィルタで平滑した直流信号を，反転型加算回路で$0V \sim \pm 10V$に変換して加えれば，マイコン制御の電圧-電流変換回路となります．

11-5 双極性非反転型電圧-電流変換回路の出力電流

接地された負荷用

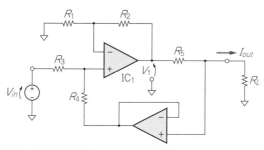

■ 数式

$\dfrac{R_2}{R_1} = \dfrac{R_4}{R_3}$ のとき

$$I_{out} = \dfrac{R_2}{R_1 R_5} V_{in}$$

■ 計算例

$R_1 = R_2 = R_3 = R_4 = 100\mathrm{k\Omega}$,
$R_5 = 1\mathrm{k\Omega}$ とすると次のようになる.

$I_{out} = \dfrac{10^5}{10^5 \times 10^3} V_{in} = \dfrac{V_{in}}{1000}$

$V_{in} = 1\mathrm{V}$ なので $I_{out} = 1\mathrm{mA}$

$V_{in} = 10\mathrm{V}$ なので $I_{out} = 10\mathrm{mA}$

図11-6 回路と数式
入力電圧に比例して接地した負荷に電流を双極性で出力する

図11-6に図11-5の回路を非反転型にした電圧-電流変換回路を示します.OPアンプが2個必要ですから,特に理由がない限り図11-5の回路を採用します.

負荷抵抗R_Lの大きさの制限や,マイコン制御の電圧-電流変換回路にできることも図11-5の回路と同様です.

11-6 片極性吸い込み型定電流回路の出力電流

正極性の高電圧で使える

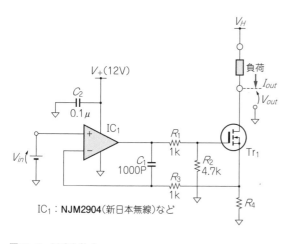

■ 数式

$$I_{out} = \dfrac{V_{in}}{R_4}$$

ただし,R_1, R_2, R_3, C_1 は図の定数にしておく.

■ 計算例

$V_H = 100\mathrm{V}$, $I_{out} = 0.1\mathrm{A}$, $V_{in} = 1\mathrm{V}$ とすると次のようになる.

$R_4 = \dfrac{V_{in}}{I_{out}} = \dfrac{1}{0.1} = 10\Omega$

Tr$_1$ は例えば**2SK3155**(ルネサス エレクトロニクス)とすると,
$V_{DSS} = 150\mathrm{V}$, $P_{ch} = 30\mathrm{W}$,
$R_{DS(ON)} = 0.15\Omega_{max}$(@$V_{GS} = 4\mathrm{V}$)

なのでV_+は5Vでも使える.
$V_{out} ≒ 100\mathrm{V}$のときに損失P_Dは,

$P_D = 100\mathrm{V} \times 0.1\mathrm{A} = 10\mathrm{W}$

となるため,大きなヒートシンクが必要.

図11-7 回路と数式
一定の電流を吸い込む定電流回路

図11-7に示すのが吸い込み型定電流回路です.パワーMOSFETに高耐圧品を採用すればV_Hを高圧にできます.パワーMOSFETの損失に注意し,損失が1W以上になるときはヒートシンクが必要です.

11-7 双極性定電流回路の出力電流増大

接地された負荷用

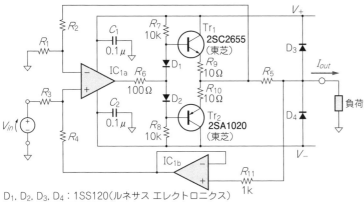

■ 数式

$\dfrac{R_2}{R_1} = \dfrac{R_4}{R_3}$ のとき

$I_{out} = \dfrac{R_2}{R_1 R_5} V_{in}$

■ 計算例

$R_1 = R_2 = R_3 = R_4 = 100\text{k}\Omega$,
$R_5 = 100\Omega$ とすると次のようになる.

$I_{out} = \dfrac{V_{in}}{100}$

$V_{in} = 1\text{V}$ なので $I_{out} = 10\text{mA}$
$V_{in} = 10\text{V}$ なので $I_{out} = 100\text{mA}$

D_1, D_2, D_3, D_4：1SS120（ルネサス エレクトロニクス）
IC_1：NJM072B（新日本無線）

図11-8 回路と数式
入力電圧に比例（反転）した電流を双極性で出力する

図11-8に示すのは，双極性定電流回路です．反転型電圧-電流変換回路にコンプリメンタリ・エミッタ・フォロワの双極性電流ブースタを追加したものです．図には最大出力電流を100 mA程度としたときの値が示されています．

D_3とD_4，R_{11}は，負荷として誘導性のアクチュエータなどを接続した場合の逆起電力に対する保護回路です．抵抗と容量性負荷の場合には不要です．

11-4項の回路と同じようにマイコン制御の電圧-電流変換回路にできます．

放熱器の選び方　　　　　　　　　　　　　　　　　　　コラム

本章で紹介する電力を扱う回路では，損失が大きくなるので半導体の温度が上昇します．半導体の信頼性は内部のジャンクション温度に大きく影響されます．例えば25℃のときの故障率に対し，100℃のときは160倍にもなります．ほかの部品でも，温度が上昇すると故障率が上昇します．設計に当たっては1℃でも温度を下げるくふうが必要です．

温度を下げるには，回路をくふうして損失を減らすことと，熱エネルギーに変換された損失を速やかに大気中に捨てる「放熱」が必要です．本章では取り上げていませんが，最近の電力を扱う回路はスイッチング動作を採用して損失を減らしています．

放熱設計のためには，半導体素子が消費する損失を計算する必要があります．損失計算は半導体素子に加わる直流電圧と直流電流から次のように求められます．

　　損失＝直流電圧×直流電流

問題は直流電圧と直流電流をどの程度に設定するのかということです．装置の使用条件の最大値で放熱設計をすると，大きすぎるヒートシンクが必要になり，装置の形状も大きくなってコスト・アップにつながります．しかし，ヒートシンクのサイズを小さく設定すると，使用条件の最大値でジャンクション温度が半導体素子の絶対最大定格を超えたりします．

最適な設定は経験を積まないと難しいところですが，最初は装置の使用条件の最大値で最高ジャンクション温度を120℃以下にするのがよいと思います．

放熱設計といえば，放熱器つまりヒートシンクの選択です．TO-220パッケージの半導体素子で損失が1 W以下ならヒートシンクを使わずにすむことが多いです．本章で紹介する回路ではファンのない自然空冷を前提としていますが，そのときのヒートシンクは表面をアルマイト処理することが必要で，形状もフィン間隔が6～12 mmで，フィンの方向が対流を阻害しないように取り付けます．

放熱設計は参考文献(7)のような電源回路設計の実務書で取り上げられているので参照してください．

11-8 片極性吐き出し型定電流回路の出力電流

接地された負荷で使える

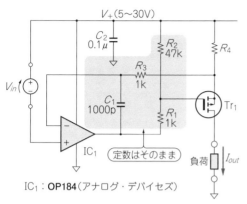

■ 数式

$$I_{out} = \frac{V_{in}}{R_4}$$

ただし，R_1，R_2，R_3，C_1 は図の定数にしておく．

■ 計算例

V_+=24V，I_{out}=0.1A，V_{in}=1Vとすると次のようになる．

$$R_4 = \frac{V_{in}}{I_{out}} = 10\Omega$$

Tr_1が2SJ539(ルネサス エレクトロニクス)の場合，次のとおり．
V_{DSS}=−60V，P_{ch}=40W，$R_{DS(ON)}$=0.36Ω_{max}(@ V_{GS}=4V)

IC_1：OP184(アナログ・デバイセズ)

図11-9 回路と数式
一定の電流を吐き出す定電流回路

　図11-9に示すのは，吐き出し型定電流回路です．
　高圧が必要なときは，制御用の電源は別電源とし，高圧側に制御用電源のプラス側を接続します．ただし，PチャネルのパワーMOSFETの耐圧は，Nチャネルの耐圧に比べて低いので，耐圧を超えた高圧が必要なときはOPアンプのグラウンドを負荷のグラウンドと分けるなどのくふうが必要です．

11-9 高精度基準電圧回路の出力電圧

A-D/D-Aコンバータ用

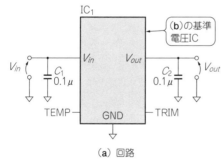

IC_1	V_{out}	V_{in}
ADR01B	10.0V	12〜36V
ADR02B	5.0V	7〜36V
ADR03B	2.5V	4.5〜36V
ADR06B	3.0V	5〜36V

- 出力電圧精度　±0.05％
- 出力電圧温度係数　3ppm/℃

(a) 回路　　(b) 基準電圧IC(アナログ・デバイセズ)

図11-10 回路
高精度な基準電圧を生成する

　図11-10に示すのは，高精度A-D/D-Aコンバータの基準電圧に最適な高精度基準電圧回路です．シャント・レギュレータICは，直流特性が良いものほどノイズ特性が悪いのですが，シリーズ・レギュレータ型ではノイズ特性は良くなっています．
　ADR0XBシリーズ(アナログ・デバイセズ)はよく使う出力電圧仕様のものがそろっているシリーズ・レギュレータICです．TRIM端子で出力電圧の微調整が可能です．初期精度が±0.05％のため，ほとんどの用途が無調整で使えます．調整するには高精度電圧計が必要です．

11-10 低消費電流基準電圧回路の出力電圧

電池動作に最適

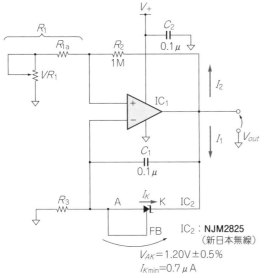

■ 数式

$$V_{out} = \frac{R_1 + R_2}{R_2} V_{AK}$$

$$I_1 = \frac{V_{out} - V_{AK}}{R_3} > 0.7 \mu A$$

$$I_2 = \frac{V_{AK}}{R_2}$$

■ 計算例

$V_+ \fallingdotseq 3V$(1.5V乾電池2個), $V_{out}=1.5V$,
$I_1 = I_2 = 1.2\mu A$とすると次のようになる.
$R_2 = 1M\Omega$, $R_1 = R_3 = 250k\Omega$
よってE24系列に丸めると,
$R_{1a} = 240k\Omega$, $VR_1 = 20k\Omega$, $R_3 = 240k\Omega$
$$I_1 = \frac{1.5 - 1.2}{240 \times 10^3} = 1.25\mu A > 0.7\mu A$$
IC_1は, $V_+ = 1.8 \sim 5.5V$, 電源電流 $1\mu A$の
AD8500(アナログ・デバイセズ)とする.

(a) $V_{AK} > (V_{out} - V_{AK})$のとき

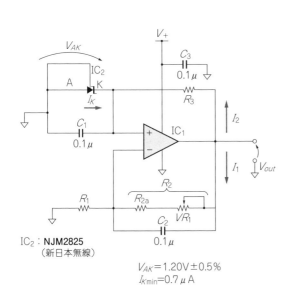

■ 数式

$$V_{out} = \frac{R_1 + R_2}{R_1} V_{AK}$$

$$I_1 = \frac{V_{out}}{R_1 + R_2} = \frac{V_{AK}}{R_1}$$

$$I_2 = \frac{V_{out} - V_{AK}}{R_3} > 0.7\mu A$$

■ 計算例

$V_+ = 12V$, $V_{out} = 10V$, $I_1 = I_2 = 25\mu A$とすると,
$$R_1 = \frac{V_{AK}}{I_1} = 48k\Omega \fallingdotseq 47k\Omega$$
$$R_2 = \frac{V_{out} - V_{AK}}{V_{AK}} R_1 = 344.7k\Omega$$
よって, 次のようになる.（入手不可なので50kΩ品を使う）
$R_{2a} = 330k\Omega$, $VR_1 = 30k\Omega \fallingdotseq 50k\Omega$
$$R_3 = \frac{V_{out} - V_{AK}}{I_2} = 344.7k\Omega \fallingdotseq 330k\Omega$$
$$I_1 = \frac{V_{AK}}{R_1} = 25.5\mu A, \quad I_2 = \frac{V_{out} - V_{AK}}{R_3} = 26.7\mu A > 0.7\mu A$$
IC_1は $V_+ = 1.6 \sim 36V$, 電源電流 $40\mu A$の**OP290**(アナログ・デバイセズ)とする.

(b) $V_{AK} < (V_{out} - V_{AK})$のとき

図11-11 回路と数式
電源電圧が変動してもカソード電流が変わらず低消費電流

　電源電圧が変動してもカソード電流が変動しない回路を**図11-11**に示します.
　シャント・レギュレータICは最小カソード電流が規定されています. 電源電圧の変動が大きいところで使う場合, 最低電圧での最小カソード電流を抵抗を使って確保すると, 最高電圧ではカソード電流が増加します. カソード電流の変動で出力電圧も変動します.
　図11-11(a)と**図11-11**(b)の回路を使う場合, OPアンプの同相入力電圧が低いほうを選択します. その理由は, 安価な単電源用の低消費電流OPアンプは同

相入力電圧が低いものが多いからです．使用するシャント・レギュレータICはNJM2825（新日本無線）で，最小カソード電流が0.7 μA，基準電圧は1.20 V ± 0.5 %です．低消費電流の基準電圧回路に最適なICです．OPアンプは，低消費電流品から選択します．ここではアナログ・デバイセズ社の低消費電流OPアンプの中から選択しました．

図12-11(a)に示すのは，3 V動作の1.5 V基準電圧回路で，概算の消費電流は5 μA以下です．同相入力電圧は0.3 Vで設計しています．

図12-11(b)に示すのは，12 V動作の10 V基準電圧回路で消費電流は約100 μAです．同相入力電圧はシャント・レギュレータICの基準電圧1.20 Vで設計しています．図12-11(a)の回路と比べると，I_1とI_2が20倍になっています．これはOPアンプOP290の入力バイアス電流が25 nAであることから，影響を受けないようにその1000倍(25 μA)にしたためです．

11-11 低消費電流基準電流回路の出力電流

電池動作に最適

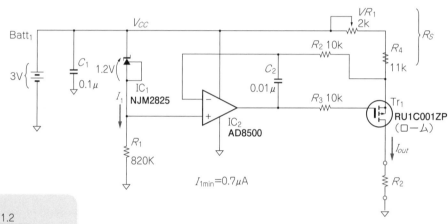

■ 数式

$$I_{out} = \frac{1.2}{R_S}$$

$$I_1 = \frac{V_{CC} - 1.2}{R_1}$$

■ 計算例

$V_{CC} = 1.8V \sim 3V$, $I_{out} = 100 \mu A$とすると

$$R_S = \frac{1.2}{100 \times 10^{-6}} = 12 k\Omega$$

より$R_4 = 11 k\Omega$, $VR_1 = 2 k\Omega$とする．

$$R_1 = \frac{1.8 - 1.2}{0.7 \times 10^{-6}} \fallingdotseq 860 k\Omega なので，820 k\Omega$$

$$I_1 = \frac{1.8 - 1.2}{820 \times 10^3} \fallingdotseq 0.73 \mu A \text{ ただし} I_1 > 0.7 \mu A$$

$$= \frac{3 - 1.2}{820 \times 10^3} \fallingdotseq 2.2 \mu A \text{ ただし} I_1 > 0.7 \mu A$$

図11-12 回路と数式

図11-12に示す回路は，超低消費電流の基準電流回路です．安価なディジタル・テスタの電流計のチェックや，抵抗測定回路に使用できます．

単三形1.5 Vアルカリ乾電池2個を電源として動作させる場合を考慮して，消費電流を徹底的に抑えた設計となっています．

電流計のチェックや抵抗測定回路に使用する場合には，出力端子は常時開放され，使用時だけ電流が出力されます．出力端子が開放されたときに消費電流を抑えるため，出力段にはPチャネルMOSFETを採用します．ここにPNPバイポーラ・トランジスタを採用すると，出力開放時に最大のベース電流が流れます．

OPアンプは消費電流が1 μAのAD8500（アナログ・デバイセズ），基準電圧素子には最小カソード電流が0.7 μAのNJM2825（新日本無線）を採用し，抵抗値も大きくして回路の消費電流を徹底的に少なくします．

11-12 双極性定電圧回路の出力電流増大

出力電圧を正⇔負連続可変

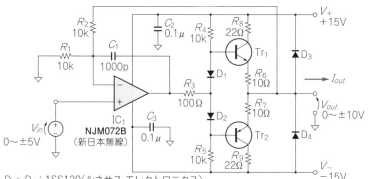

■ 数式

$$V_{out} = \frac{R_1 + R_2}{R_1} V_{in}$$

■ 計算例

図の定数で次のとおり．
$V_{in} = 0 \sim \pm 5V$ のとき，
$V_{out} = 0 \sim \pm 10V$
$I_{out} = \pm 0.1 A_{max}$

$D_1 \sim D_4$：1SS120（ルネサス エレクトロニクス）
Tr_1：2SC2655，Tr_2：2SA1020（いずれも東芝）

図11-13 回路と数式
電流の吸い込みもできる出力電圧が可変のレギュレータ

図11-13に示すのは，出力可変シリーズ・レギュレータ回路です．非反転型増幅回路にコンプリメンタリ・エミッタ・フォロワによる双極性電流ブースタを追加し，入力信号を可変直流電圧としています．過電流保護回路などがないので出力を短絡すると破損します．

マイコンのD-AコンバータまたはPWMカウンタ出力をローパス・フィルタで平滑した直流信号を，反転型加算回路で0～±5Vに変換して加えれば，マイコン制御の双極性定電圧回路となります．

11-13 ORing（オアリング）ダイオードの逆電圧と順方向電圧

1番高い電圧を出力する

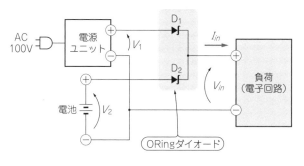

ORingダイオードには，次のショットキー・バリア・ダイオードを選ぶ．
逆電圧V_{RRM}：V_1，V_2の高い方の電圧値を1.25倍した値．
順方向電流：I_{in}の2倍以上

■ 選択例

$V_1 = V_2 = 12V$，$I_{in} = 1A$とすると，
D_1，D_2にRB051M-2Y（ローム，20V，3A）を選ぶと，
順方向電圧V_Fは接合部温度 $T_j = 25℃$のとき
$V_F = V_1 - V_{in} = 0.3V$（$I_{in} = 1A$，$T_j = 25℃$）

図11-14 回路
二つ以上の電源のうち出力電圧の高いほうが自動的に選択される

電源として電池と商用電源を使う電子機器には入力切り替えスイッチがあり，商用電源が有効ならば電池が接続されていても商用電源を電源として選ぶように動作します．ここで使われているのが，図11-14に示すORingダイオードです．二つの電源のORをとることからこのように呼ばれています．

電池と商用電源の自動切り替えばかりでなく，高信頼性を確保するために常に二つ以上の電源を接続させる，いわゆる「冗長電源」でも使われています．

ダイオードには，低耐圧で順方向電圧が約0.3V以下のショットキー・バリア・ダイオードを使うことが多いです．この0.3Vが無視できない用途では専用の制御ICとパワーMOSFETを使います．この専用の制御ICは各社から出ており，TPS2413（テキサス・インスツルメンツ）などがあります．

11-14 レール・スプリッタの設計

単電源を正負両電源に変換

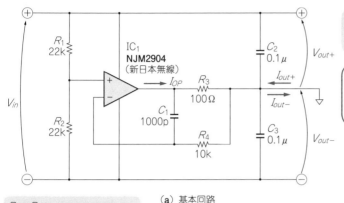

(a) 基本回路

$R_1 = R_2$
V_{in}は12～24Vで動作．
出力電流は10mA程度まで可能．

■ 数式
$V_{out+} = |V_{out-}| = V_{in}/2$
$I_{out \pm pk}$はIC₁の最大出力電流$I_{OP \pm pk}$に等しい．

■ 計算例
$V_{in} = 24V$, $I_{OP \pm pk} = \pm 10mA$とすると，
$V_{out+} = |V_{out-}| = 24/2 = 12V$
$I_{out \pm pk} = I_{OP \pm pk} = \pm 10mA$

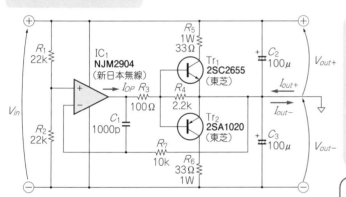

(b) 応用回路

$R_1 = R_2$
V_{in}は12～24Vで動作．
出力電流は100mA程度まで可能．

■ 数式
$V_{out+} = |V_{out-}| = V_{in}/2$
$I_{out \pm pk}$はIC₁とTr₁，Tr₂による．

$$I_{out+pk} = \left(I_{OP+pk} - \frac{V_{BE(Tr1)}}{R_4}\right) h_{FE(Tr1)}$$

ただし$I_{out+pk} < \frac{V_{out+}}{R_5}$, $I_{Cmax(Tr1)}$

$$I_{out-pk} = \left(I_{OP-pk} - \frac{V_{BE(Tr2)}}{R_4}\right) h_{FE(Tr2)}$$

ただし$I_{out-pk} > \frac{V_{out-}}{R_6}$, $I_{Cmax(Tr2)}$

■ 計算例
$V_{in} = 24V$, $h_{FE(Tr1)} = h_{FE(Tr2)} = 100$,
$V_{BE(Tr1)} = 0.7V$, $V_{BE(Tr2)} = -0.7V$,
$I_{OP \pm pk} = \pm 10mA$, $I_{Cmax(Tr1)} = 2A$,
$I_{Cmax(Tr2)} = -2A$, $R_4 = 2.2k\Omega$, $R_5 = R_6 = 33\Omega$
とすると，
$V_{out+} = |V_{out-}| = V_{in}/2$
$$I_{out+pk} = \left(10 \times 10^{-3} - \frac{0.7}{2.2 \times 10^3}\right) \times 100$$
$= 968mA$
$\frac{V_{out+}}{R_5} = \frac{12}{33} \fallingdotseq 364mA$, $I_{Cmax(Tr1)} = 2A$より
∴$I_{out-pk} \fallingdotseq 300mA$なので約100mA
$$I_{out-pk} = \left(-10 \times 10^{-3} + \frac{0.7}{2.2 \times 10^3}\right) \times 100$$
$= -968mA$
$\frac{V_{out-}}{R_6} = -\frac{12}{33} \fallingdotseq -364mA$,
$I_{Cmax(Tr2)} = -2A$より
∴$I_{out-pk} \fallingdotseq -300mA$なので約-100mA

図11-15　回路と数式
両電源用のICを単電源で使う

図11-15(a)に示すのは，OPアンプNJM2904(新日本無線)を使ったレール・スプリッタです．グラウンド電流は±10mA程度まで使えます．

図11-15(b)は，NJM2904に電流ブースタを追加したレール・スプリッタで，グラウンド電流は±100mA程度まで使えます．

両電源用のICを単電源で使うときは，入力端子をバイアスします．そのときは出力の最低電位が出力端子の基準電位になります．

これに対して電源電圧の中間電圧を仮想グラウンドとすれば，単電源を両電源として使えます．この機能を実現する回路をレール・スプリッタと呼びます．レール(rail)とは電源線のことで，それを分割(split；スプリット)して仮想グラウンドを発生させることから名付けられています．

11-15 ロード・スイッチの設計

負荷をON/OFFする

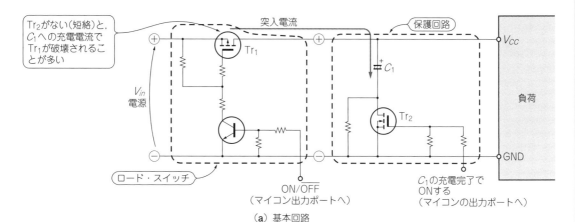

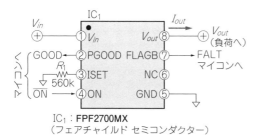

■ 数式
V_{in}：2.8〜36Vのとき，最大出力電流はデータシートから次式で求まる．

$$I_{out\,max}[A] = \frac{277.5}{R_1[k\Omega]} \leq 2A$$

■ 計算例
$V_{in}=3.3V$，$I_{out\,max}=0.5A$とすると，
$$R_1 = \frac{277.5}{I_{out\,max}} = 555k\Omega \approx 560k\Omega$$

ピン	動作
$\overline{ON}$	"H"=OFF，"L"=ON
PGOOD	$V_{out} \geq 0.9 V_{in}$で"H"レベル，オープン・ドレイン出力
FLAGB	入出力異常のとき"L"レベル，オープン・ドレイン出力

・オープン・ドレイン出力はマイコン入力ポートのところでV_{CC}にプルアップする

図11-16 回路
回路と電源間をON/OFFするスイッチ　　　　（b）実用回路

図11-16(a)に示すのは，直流電源をON/OFFする，ロード・スイッチと呼ばれる回路です．マイコン・システムでは，省エネを図るため使っていない回路部分の電源をOFFし，使うときにはONすることがよくあります．この用途に使う回路をロード・スイッチと呼びます．

パワーMOSFETを使ってON/OFFするとき，各回路の電源部分に大きな容量の電解コンデンサがあると，パワーMOSFET Tr_1は突入電流（=入力電圧÷オン抵抗）で破壊します．そこでパワーMOSFET Tr_2の突入電流防止回路で破壊を防止します．Tr_2のドライブ・タイミングはC_1の電圧を検出するか，十分に時間をとらなくてはいけないため非常に面倒です．

図11-16(b)は過電流保護などの各種保護回路を内蔵したロード・スイッチFPF2700MX（フェアチャイルド セミコンダクター）を使った回路です．面倒な動作はICがすべて行ってくれます．このICにはオープン・ドレインのフラグ出力があって，動作状態をマイコンに知らせることができます．

低圧で1A以下の回路の場合は，パワーMOSFET内蔵のロード・スイッチICを使うのが簡単です．

電源電圧V_{in}が12V以上で出力電流I_{out}が1A以上の場合には，例えばTPS2490（テキサス・インスツルメンツ）に大電流用Nチャネル・パワーMOSFETを外付けして使うのが安心です．

11-16 反転型電流-電圧変換回路の出力電圧

小電流の測定に使う

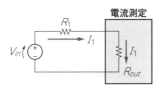
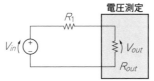

$$I_1 = \frac{V_{in}}{R_1 + R_{out}}$$

$R_{out}=0$ならば，

$$I_1 = \frac{V_{in}}{R_1}$$

と正しい電流が測定できる

$$V_{out} = \frac{R_{out}}{R_1 + R_{out}} V_{in}$$

$R_{out}=\to\infty$ならば，

$$V_{out} = V_{in}$$

と正しい電圧が測定できる

図11-17
正確に測定できる測定器の条件

(a) 電流測定　　　　　　　(b) 電圧測定

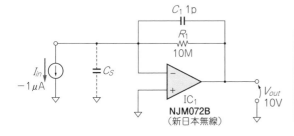

■ 数式

$$V_{out} = -I_{in} R_1$$

C_1は発振防止用.
IC_1のゲイン・バンド幅GBWより次のようになる.

$$C_1 > \sqrt{\frac{C_S}{2\pi R_1 \, GBW}}$$

■ 計算例

$I_{in} = -1\mu A$, $V_{out}=10V$, $C_S=10pF$とすると次のようになる.

$$R_1 = \frac{V_{out}}{-I_{in}} = 10M\Omega$$

IC_1にNJM072Bを採用すると$GBW = f_T \fallingdotseq 3MHz$

$$\therefore C_1 > \sqrt{\frac{10 \times 10^{-12}}{2\pi \times 10 \times 10^6 \times 3 \times 10^6}} \fallingdotseq 0.23pF$$

$C_1 \fallingdotseq 1pF$

図11-18　回路と数式
グラウンドに流れ込む電流を正確に測れる

　電圧や電流を正確に測定するための第一の条件は，測定器が被測定回路に影響を与えないことです．

　正確な電流測定の条件は，図11-17(a)に示すように測定回路の入力インピーダンスが0Ωであることです．同じように正確な電圧測定の条件は，図11-17(b)に示すように測定回路の入力インピーダンスが∞Ωであることです．

　図11-17(a)の条件を実際の回路で実現したのが，図11-18に示すトランスインピーダンス・アンプと呼ばれている反転型電流-電圧変換回路です．入力インピーダンスはOPアンプのバーチャル・ショートでほぼ0Ωになります．欠点は，最大電流がOPアンプの最大出力電流で制約されることです．微小電流の測定には，バイアス電流の少ないFET入力のOPアンプが適しています．

　フォトダイオードやLCRメータなどのグラウンドに流れ込む電流の測定に使います．

　図11-18のC_1は，入力に接続されるフォトダイオードなどの寄生容量や配線などによる浮遊容量C_Sによって微分回路となり，動作が不安定になるのを防止する役割をします．OPアンプによっては，ゲイン帯域幅積GBWの記載がなく，ゲインが0 dBになる周波数f_Tが記載されている場合もあります．その場合には，GBWの代わりにf_Tを採用して図中の計算を行ってください．

11-17 電流検出回路の出力電圧

モータなどの数十m～数Aの電流測定に使う

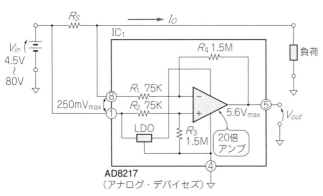

■ 数式
$V_{out} = 20 I_O R_S$
ただしV_{out}は5V以下になるようにR_Sを決める

■ 計算例
$V_{in}=12V$, $I_O=5A_{max}$, $V_{out}=2.5V_{max}$とすると
$$R_S = \frac{V_{out}}{20 I_O} = \frac{2.5}{20 \times 5} = 25 m\Omega$$

(a) 差動増幅回路による電流検出回路

図11-19 回路と数式
グラウンドから浮いた負荷に流れる電流を測れる

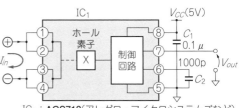

IC_1: ACS712(アレグロ・マイクロシステムズなど)

IC_1	I_{in}	感度	フルスケール(注)
ACS712ELCTR-05B-T	±5A	185mV/A	±0.925V
ACS712ELCTR-20A-T	±20A	100mV/A	±2.00V
ACS712ELCTR-30A-T	±30A	66mV/A	±1.98V

(注): $I_{in}=0A$のとき, $V_{out}=2.5V=\frac{V_{CC}}{2}$

(b) 双方向電流検出回路

　中小レベルの電流の測定は，電流経路に入れたシャント抵抗両端の微小電圧をOPアンプで増幅することが多いです．被測定回路に影響を与えないためと省エネのため，シャント抵抗両端の電圧はできるだけ小さくします．

　シャント抵抗の両端電圧を単電源用OPアンプで増幅すればグラウンド側やマイナス電源側の中小レベルの電流を測定できます．ただし，プラス電源側の電流測定は少し面倒です．図11-19に専用ICを使ったプラス電源側の電流測定回路を示します．

　大電流の測定は，ホール素子を使って電流による磁界を検出して行うことが多いです．

　図11-19(a)はAD8217(アナログ・デバイセズ)を使った電流検出回路で，シャント抵抗とゲイン20倍の差動増幅回路で構成されています．高精度OPアンプと精密抵抗で差動増幅回路を作るのではなく，専用ICを使えば，高精度OPアンプでは不可能な80Vという高い同相電圧での動作が可能です．しかも安価で小型に作れます．

　AD8217の最小検出電圧は約1mVとなっていて，図11-19(a)の計算例の最小検出電流は40mA(=1mV÷25mΩ)です．

　モータが回生動作をしているときの電流は，負荷(モータ)から電源に逆流します．回生電流も検出したいときは，図11-19(b)に示すような双方向電流検出回路を使います．ACS712(アレグロ・マイクロシステムズ)は，ホール素子が検出する磁界から電流値を得ます．

　出力電圧は入力電流I_{in}が0Aのとき2.5V($V_{CC}/2$)で，5V(V_{CC})と0Vが±フルスケールです．入力電流は図中の表で示すようにICの品種によります．入力と出力は磁気的に結合されていて電気的には絶縁され，入力(ピン1～4側)と出力(ピン5～8側)間の耐圧はAC2.1 kV$_{RMS}$です．

　数A以上の電流検出で問題になるのは，電流検出抵抗で生じる損失です．30Aのとき2V出力とすると図11-19(a)では損失が3Wです．図11-19(b)では導体部分の抵抗が1.2mΩなので，30Aときの損失は1.08Wと約1/3です．

第12章　電源回路
リニア・レギュレータからDC-DCコンバータまで

マイコン・システムだけでなくすべての電子回路を動作させるためには電源が必須です．電源回路は便利なICが数多く出されているため一見簡単そうですが，電力を扱うアナログ回路です．アナログ回路一般の問題としては，負帰還安定度や雑音があります．電力を扱うことから生じる問題として，熱として出てくる損失をいかに少なくするのか，いかに処理するのかということがあります．電源回路を安定に動作させるためには，これらの問題を解決する必要があります．

ここでは，便利な電源ICの選び方と周辺部品の改良技法を中心に説明します．

12-1　リニア・レギュレータの損失

電源は効率が大切

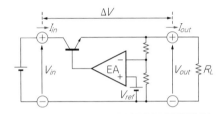

■ 数式
入力電力　$P_{in} = V_{in} I_{in}$
出力電力　$P_{out} = V_{out} I_{out}$
内部損失　$P_{loss} = P_{in} - P_{out}$
入出力電位差　$\Delta V = V_{in} - V_{out}$
$I_{in} = I_{out}$ とすれば
　　$P_{loss} = \Delta V I_{out}$
効率　$\eta = \dfrac{P_{out}}{P_{in}} = \dfrac{V_{out}}{V_{in}} = 1 - \dfrac{\Delta V}{V_{in}}$

(a) シリーズ・レギュレータ

図12-1　回路と数式

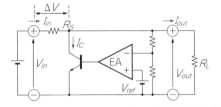

■ 数式
$I_{in} = I_C + I_{out}$ で一定
$P_{in} = V_{in} I_{in} = V_{in}(I_C + I_{out})$ で一定
$P_{loss} = R_S I_{in}^2 + I_C V_{out}$
　　　　$= R_S I_{in}^2 + (I_{in} - I_{out}) V_{out}$
$\eta = \dfrac{P_{out}}{P_{in}} = \dfrac{V_{out} I_{out}}{V_{in}(I_C + I_{out})} = \dfrac{V_{out}}{V_{in}} \dfrac{1}{(1 + I_C/I_{out})}$

$I_{out\,max}$ のとき，$I_C = 0$ とする．このとき
$\dfrac{V_{out}}{V_{in}} = \dfrac{R_L}{R_S + R_L}$
$\eta = \dfrac{V_{out}}{V_{in}}$
となって η は最大となる．

(b) シャント・レギュレータ

図12-1に示すようにリニア・レギュレータには，大別してシリーズ・レギュレータとシャント・レギュレータの2種類があります．リニア・レギュレータは，図に示すように基準電圧 V_{ref} と抵抗で分圧された出力電圧を比較し，その誤差をEA（Error Amplifier，誤差増幅回路）で増幅してパワー・トランジスタに加え，出力電圧が一定になるように制御しています．

電源の重要なパラメータである効率は
　　（効率）=（出力電力）÷（入力電力）
であり，電力はすべて有効電力です．入力電力は
　　（入力電力）=（出力電力）+（内部損失）

であり，効率の向上には内部損失を少なくする必要があります．リニア・レギュレータの損失を考えるとき，図のEA部分の損失は少なく無視できます．

シリーズ・レギュレータは，図12-1(a)に示すように制御用のパワー・トランジスタが負荷と直列（series）に接続されるのでそのように呼ばれます．損失は，図12-1(a)に示すように入出力電位差 ΔV が支配的で，出力電流に比例します．入力電流は出力電流と制御回路部分の電流の和になり，出力電流が増加すれば増加します．出力が短絡すると大電流が流れ Tr_1

が破損するので，何らかの過電流保護機能が必須です．
　シャント・レギュレータのシャント(shunt)とは分流するという意味で，図12-1(b)に示すように入力電流を出力電流と分流して制御用のパワー・トランジスタに流すことからそのように呼ばれます．入力電流は，図12-1(b)に示すように出力電流によらず一定で，入力電力も一定になります．損失は出力電流が最大のときが最小で，無負荷のときが最大になります．出力が短絡するとTr_1には電流が流れず，最大入力電流はV_{in}/R_Sとなり回路が破損することはありません．
　一般に電源の出力電流変動は大きく，効率の点でシリーズ・レギュレータが多用されます．シャント・レギュレータは，出力電流が小さくて変動がほとんどない基準電圧発生回路に使われることが多いです．

12-2　LDOレギュレータの損失

LDOレギュレータを高効率で使う

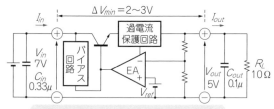

■ 数式　EA部分の損失を無視すると
$P_{loss} = \Delta V I_{in}$
$\eta = \dfrac{V_{out}}{V_{in}}$

■ 計算例
NJM7805(新日本無線)にて
$V_{in}=7V$, $V_{out}=5V$, $I_{out}=0.5A$ とすると
$P_{loss}=(7-5)\times 0.5=1W$
$\eta = \dfrac{5}{7} \fallingdotseq 0.71 = 71\%$

(a) 標準型レギュレータ

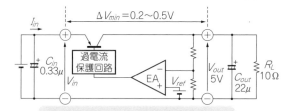

■ 数式　EA部分の損失を無視すると
$P_{loss} = \Delta V I_{in}$
$\eta = \dfrac{V_{out}}{V_{in}}$

■ 計算例
NJM2396F05(新日本無線)にて
$V_{out}=5V$, $I_{out}=0.5A$ とすると

V_{in}	7V	6V	5.5V	5.2V
P_{loss}	1W	0.5W	0.25W	0.1W
η	71%	83%	91%	96%

(b) LDOレギュレータ

図12-2　回路と数式

　図12-2に示すようにシリーズ・レギュレータには，μA7800シリーズに代表される標準型レギュレータと高効率なLDOレギュレータ(low dropout regulator)の2種類があります．回路的な違いは出力トランジスタの接地方式で，図12-2(a)に示すように標準型レギュレータはコレクタ(MOSFETではドレイン)接地で，図12-2(b)に示すようにLDOレギュレータはエミッタ(MOSFETではソース)接地です．コレクタ接地は，エミッタ・フォロワ(MOSFETではソース・フォロワ)と呼ぶことが多いです．

　入出力電位差の最小値は，コレクタ接地の場合ベース-エミッタ間電圧にバイアス回路の最小動作電圧を加えた値となり，μA7800シリーズでは出力電流が0.5Aのとき2～3Vです．エミッタ接地の場合はコレクタ-エミッタ間ON電圧に近くなります．ICによって異なりますが，最小入出力電位差は0.1～0.5V程度です．

　図中の計算例は，標準型レギュレータがNJM7805(新日本無線)，LDOレギュレータがNJM2396F05(新日本無線)で，出力電流が0.5Aのときの値です．これを見るとわかるように，LDOレギュレータを高効率で使うには，入出力電位差をできるだけ小さくすることが必要です．標準型レギュレータと同じ入力電圧で使っても，損失は同じで高効率にはなりません．入出力電位差が小さくなれば，効率はDC-DCコンバータよりも高くなり，しかも回路が簡単で低ノイズという大きなメリットがあります．

　LDOレギュレータを使うときに注意すべき点は，周辺のコンデンサです．図中の容量はデータシートの値です．非固体アルミ電解コンデンサを使用します．セラミック・コンデンサを使用するときは，データシートで「セラミック・コンデンサ対応」と書かれているICを選択します．

12-3 ツェナー・ダイオードとトランジスタで作る大電力ツェナー・ダイオード

~数十W タイプ

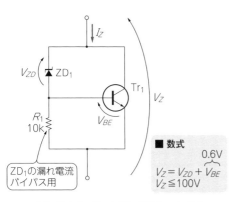
(a) バイポーラ・トランジスタ・タイプ

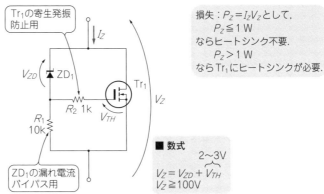
(b) パワーMOSFETタイプ

図12-3 回路と数式
許容損失が大きいツェナー・ダイオードを作る

図12-3に示すのはツェナー・ダイオードの大電力化回路です．回路はツェナー・ダイオードに電流ブースタのNPNパワー・トランジスタ［図12-3(a)］やNチャネルのパワー MOSFET［図12-3(b)］を追加した構成です．

高耐圧ツェナー・ダイオードは電流が増加するとツェナー電圧V_{ZD}も大幅に増加しますが，図12-3(b)は電流がほとんど変わらないため，ツェナー電圧の変動が抑えられ，優れた特性の大電力高圧ツェナー・ダイオードになります．使用するパワー MOSFETは，できるだけSOA（安全動作領域）の広いタイプが望ましいです．最近のパワー MOSFETはスイッチング特性重視でSOAが狭いものが多いので，選択には注意します．

この回路の用途としては，回路の実験中に高エネルギーのサージ・パルスが発生して，使用している半導体の耐圧オーバによる破損が頻繁に起きるときの保護などです．このとき許容損失の大きな大電力ツェナー・ダイオードが欲しくなります．実際の回路に組み込んでもかまいませんが，定常的なサージ・パルスに対しては，一般的には共振回路や可飽和リアクトル（電流によって急激に飽和するコイル）の採用などで対策を行うのが常道です．

直流電源の種類　　コラム

　直流安定化電源には，大別して2種類があります．リニア・レギュレータとスイッチング・レギュレータです．レギュレータ(regulator)は安定化電源を意味します．

　リニア・レギュレータは出力電圧の制御を連続的に行っています．リニア(linear)とは直線的という意味です．前述のように，リニア・レギュレータには，シリーズ・レギュレータとシャント・レギュレータの2種類があります．シリーズ・レギュレータには，標準型レギュレータと高効率なLDOレギュレータの2種類があります．

　スイッチング・レギュレータは出力電圧の制御をスイッチングで断続的に行っています．スイッチング・レギュレータには，入力電源により直流入力のDC-DCコンバータと交流入力のAC-DCコンバータの2種類があります．入出力間の関係により，トランスで絶縁されている絶縁型コンバータ（オフライン・コンバータとも言う）と，絶縁されていない非絶縁型コンバータの2種類があります．AC-DCコンバータはほとんどが絶縁型コンバータです．

12-4 シャント・レギュレータの出力電圧

ツェナー・ダイオードよりも高精度

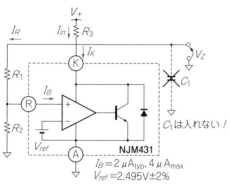

（a）シャント・レギュレータ回路

（b）回路記号

図12-4 回路と数式
基準電圧を生成する（シャント・レギュレータIC使用）

■ 数式

$I_K \geq 1\mathrm{mA}$ にする.

$$V_Z = \frac{R_1+R_2}{R_2} V_{ref} + R_1 I_B$$

$I_R \geq 1\mathrm{mA}$ とすると

$$V_Z \fallingdotseq \frac{R_1+R_2}{R_2} \times 2.5\mathrm{V}$$

$$I_{in} = \frac{V_+ - V_Z}{R_3} = I_K + I_R$$

■ 計算例

$V_+ = 12\mathrm{V}$, $V_Z = 5\mathrm{V}$, $I_k \fallingdotseq 5\mathrm{mA}$, $I_R \fallingdotseq 1\mathrm{mA}$, とすると次のようになる.

$R_1 = R_2 = 2.4\mathrm{k}\Omega$

$$I_R = \frac{V_Z}{R_1+R_2} \fallingdotseq 1.04\mathrm{mA}$$

$$R_3 = \frac{V_+ - V_Z}{I_k + I_R} \fallingdotseq \frac{12-7}{(5+1.04)\times 10^{-3}}$$

$\fallingdotseq 828\Omega \fallingdotseq 820\Omega$

図12-4(a)に示すのはシャント・レギュレータIC を使った定電圧回路です．図中の出力電圧を求める式は，6-1項の出力オフセット電圧を求める式と同じです．NJM431（新日本無線）はオリジナルがTL431（テキサス・インスツルメンツ）で，各社から同等品が出ています．内部等価回路は基準電圧V_{ref}(2.5 V．正確には2.495 V)とEA，出力トランジスタで構成されていますが，入力バイアス電流I_BはOPアンプよりも大きくなっています．

シャント・レギュレータICの回路記号は，図12-4(b)に示すようにツェナー・ダイオードの記号に制御電極(R)が付いた記号になります．ツェナー・ダイオードは，以前は基準電圧素子としてよく使われていましたが，ツェナー電圧のばらつきと変動が大きいので，最近ではほとんど使われません．

図12-5(a)に示すのはシャント・レギュレータICを使った高精度定電圧回路で，図12-5(b)に示すのはシャント・レギュレータICを使った定電流回路です．

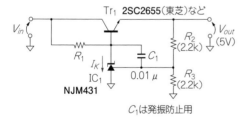

■ 数式

$$V_{out} = \frac{R_2 + R_3}{R_3} V_{ref}$$

R_1は，$I_K \geq 1\mathrm{mA}$になるように設定する．
（ ）内の値は$V_{out} = 5\mathrm{V}$のとき

（a）高精度定電圧回路

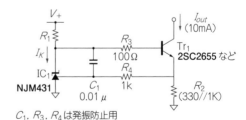

■ 数式

$$I_{out} = \frac{V_{ref}}{R_2}$$

R_1は，$I_K \geq 1\mathrm{mA}$になるように設定する．
T_{r1}は，h_{FE}をできるだけ大きくする．
（ ）内の値は$I_{out} = 10\mathrm{mA}$のとき

（b）定電流回路

図12-5 NJM431nの応用回路

12-5 シャント・レギュレータの大電流化と高電圧化

高精度・大電流/高電圧タイプ

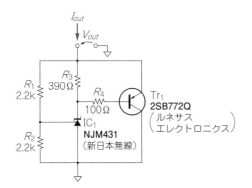

■ 数式
IC_1の最小カソード電流I_{Kmin}を確保する必要がある.
$I_{Kmin} R_3 = 0.4\,V < V_{BE(Tr1)}$
$R_4 = 10 \sim 220\,\Omega$（ベース保護用）
$3.3\,V \leqq V_{out} \leqq 35\,V$
$V_{out} = \dfrac{R_1 + R_2}{R_2} \times 2.5\,V$

■ 計算例
$V_{out} = 5\,V$, $I_{out} = 1\,A$, $I_{Kmin} = 1\,mA$のとき,
$R_3 = \dfrac{0.4}{I_{Kmin}} = \dfrac{0.4}{10^{-3}} = 400\,\Omega$なので390Ω
$R_4 = 100\,\Omega$, $R_1 = R_2 = 2.2\,k\Omega$
Tr_1の損失は約5Wだからヒートシンクが必要.

(a) 大電流化

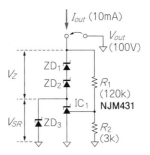

[ZD_1, ZD_2: Z2039U(SEMITEC)]
ZD_3は保護用でZ2027U(SEMITEC)

■ 数式
$2.5\,V \leqq V_{SR} \leqq 30\,V$とする.
$V_Z = V_{out} - V_{SR}$
ZD_1, ZD_2の許容損失(1W)から品番を決定する.

■ 計算例
$V_{out} = 100\,V$, $I_{out} = 10\,mA$のとき,
$V_Z = 39\,V \times 2 = 78\,V$として
ZD_1, ZD_2は39V・1W品を選定する.
$V_{SR} = V_{out} - V_Z = 22\,V$
$V_{SR} \leqq 30\,V$を満たしている.

(b) 高電圧化

図12-6 回路と数式
シャント・レギュレータ最大出力電流が100mAと小さい弱点をトランジスタで補う

図12-6(a)は，シャント・レギュレータICの出力電流を増加させる回路です．シャント・レギュレータに電流ブースタのPNPパワー・トランジスタを追加した回路となっています．NJM431単体では最大出力電流が100mAであり，常用出力電流は許容損失と温度上昇による基準電圧変動を考慮すると10mA以下しか取れません．Tr_1を追加して大電流はTr_1に流して損失を負担させ，NJM431には最小電流の1mAにTr_1のベース電流を足して流すようにします．

図12-6(a)の最低出力設定電圧は，NJM431の最低設定電圧2.5Vとパワー・トランジスタのベース-エミッタ間電圧0.7Vから，3.2〜3.5V程度になります．最大出力設定電圧はNJM431の規格上は36Vですが，信頼性上ディレーティングを考えると30V以下での使用が望ましいです．出力電流はパワー・トランジスタによりますが，ベース電流がNJM431に流れることを考えるとこの回路構成では数Aです．

図12-6(b)は，シャント・レギュレータICの出力電圧を増加させる回路です．シャント・レギュレータにツェナー・ダイオードを直列に入れて，出力電圧の大部分をツェナー・ダイオードに負担させています．ツェナー・ダイオードの許容損失からくる電流制限があり，出力電流を10mAとすると，ツェナー・ダイオード2個使用で最大出力電圧は120Vくらいです．最大出力電圧を大きくするには，出力電流を減らす必要があり，実用的にはシリーズ・レギュレータを採用したほうがよいでしょう．

最近は面実装品以外のツェナー・ダイオードの入手が困難になっています．ここではSEMITECのVRD（サージ・アブソーバ）で「Z2Uタイプ（許容損失1W）」を使用します．ZD_3は本来不要ですが，何らかの原因でNJM431に30V以上の電圧が加わったときの保護として，ツェナー電圧27VのZ2027Uを入れておきます．

12-6 出力電圧可変のシリーズ・レギュレータ

抵抗1本で電圧を変える

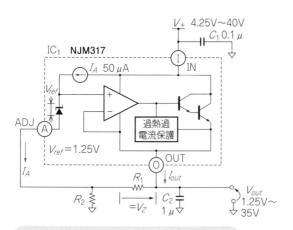

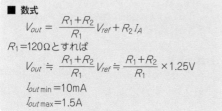

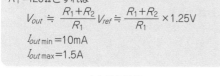

(a) NJM317

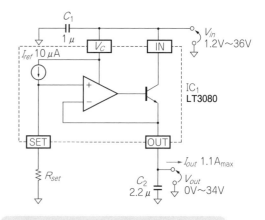

(b) LT3080

図12-7 回路と数式

図12-7に示すのは出力電圧可変のシリーズ・レギュレータです．

図12-7(a)は最もよく使われているNJM317(新日本無線，オリジナルはテキサス・インスツルメンツのLM317)による回路です．図中のコンデンサの値はデータシートに従った最小値です．実用上は，負荷電流(I_{out})の変動が大きいため，より大きな値が望ましいです．

動作は内蔵基準電圧(1.25 V)とR_2の電圧降下を比較し，両者を等しくするように制御しています．

使用時に注意するべき点は，無負荷時でも最小出力電流(10 mA)を流さないと動作しないことです．また，出力電圧を決定する「ADJ」端子の流出電流が大きいため，分圧抵抗R_1，R_2を小さくする必要があります．

図12-7(b)は出力電圧設定が抵抗1本で行えるLT3080(リニア・テクノロジー)による回路です．図中のコンデンサの値はデータシートに従った最小値です．実用上は，負荷電流(I_{out})の変動が大きいため，より大きな値が望ましいです．

動作は内蔵基準電流(10 μA)をR_{set}に流し，これの電圧降下と出力電流を比較して，両者を等しくするように制御しています．

使用時に注意するべき点は，無負荷時でも最小出力電流(1 mA)を流さないと動作しないことです．ただし，最小出力電流がNJM317の1/10というのは，大きなメリットです．

NJM317は基準電圧と抵抗分圧した出力電圧との比較ですから，出力電圧設定には抵抗が2個必要です．LT3080は基準電流を抵抗に流して，電圧降下と出力電圧を比較するので，出力電圧設定の抵抗は1個ですみます．この点もLT3080のメリットです．

12-7 DC-DCコンバータの入力電力

直流電力は平均値を使う

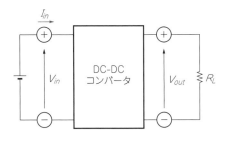

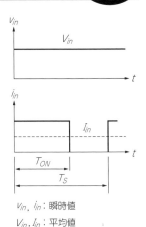

■ 数式

入力電力 P_{in} は

$$P_{in} = \frac{1}{T_S}\int_0^{T_S} v_{in} i_{in} dt$$

v_{in} は一定で V_{in} だから

$$P_{in} = V_{in}\frac{1}{T_S}\int_0^{T_S} i_{in} dt$$

ここで

$$\underbrace{\frac{1}{T_S}\int_0^{T_S} i_{in} dt}_{平均値} = \underbrace{I_{in}}_{平均値}$$

より

$$P_{in} = \underbrace{V_{in}}_{\substack{一定\\電圧}} \underbrace{I_{in}}_{\substack{電流\\平均値}}$$

v_{in}, i_{in}：瞬時値
V_{in}, I_{in}：平均値
T_S：スイッチング周期
T_{ON}：ON時間

図12-8 回路と数式

図12-8に示すのはDC-DCコンバータの入力電力の計算法です．つまり直流電力は

（直流電力）＝（一定電圧）×（電流平均値）

となります．電力というと，電圧と電流の実効値を求めてかけ合わせるものだと誤解する人がいますが，一定の直流電圧に対する直流電力は，電流平均値との積になることを覚えておく必要があります．

電流の実効値を使用するのは，配線やコイルの抵抗による損失計算（＝ I^2R）のときです．このときには電流平均値は使用できません．

3端子レギュレータの保護　　　　　　　　　コラム

3端子レギュレータは，電源電圧を安定化するときによく使われています．使うときのコツは，入出力の電圧を逆転させないことです．プラス出力の場合は，最低電位（0V，グラウンド）よりも出力電圧が低くならないようにします．マイナス出力についても同様です．

図12-A(a)に示すように入出力間の保護ダイオードを追加します．入力側よりも出力側コンデンサの容量が多いと，入出力の電圧が逆転することがあるからです．図12-A(b)は出力-グラウンド（0V）間の保護ダイオードで，±両電源で両電源間に負荷が接続されるときに，プラス側出力電圧が0Vよりも低く，マイナス側出力電圧が0Vよりも高くならないように追加します．

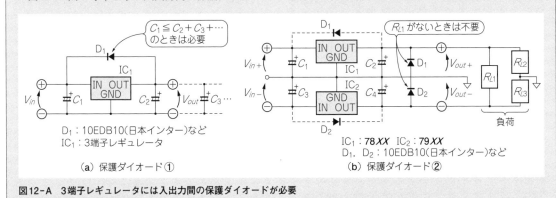

(a) 保護ダイオード①　　　　　　(b) 保護ダイオード②

図12-A　3端子レギュレータには入出力間の保護ダイオードが必要

5大DC-DCコンバータ設計早見図　　　コラム

名称	降圧型	昇圧型	反転型
英語名称	buck converter / step-down converter	boost converter / step-up converter	buck-boost converter / inverting-converter
回路	(回路図)	(回路図)	(回路図)
電圧変換率	D	$1/(1-D)$	$-D/(1-D)$
スイッチ電圧最大値	V_{in}	V_{out}	$V_{in}+|V_{out}|$
ダイオード電圧最大値	V_{in}	V_{out}	$V_{in}+|V_{out}|$
入力リプル電流	大（パルス）	小	大（パルス）
出力リプル電流	小	大（パルス）	大（パルス）
備考	最も高効率．出力電流リプルは小さいが，入力電流リプルが大きい	入力電流リプルは小さいが，出力電流リプルが大きい．効率の面でDは80%以下が望ましい	入力電流リプルも出力電流リプルも大きい．効率の面でDは80%以下が望ましい

名称	SEPIC	Cuk（チューク，人名）
英語名称	SEPIC (Single Ended Primary Inductance Converter) converter	Cuk converter
回路	(回路図)	(回路図)
電圧変換率	$D/(1-D)$	$-D/(1-D)$
スイッチ電圧最大値	$V_{in}+V_{out}$	$V_{in}+|V_{out}|$
ダイオード電圧最大値	$V_{in}+V_{out}$	$V_{in}+|V_{out}|$
入力リプル電流	小	小
出力リプル電流	大（パルス）	小
備考	入力電流リプルは小さいが，出力電流リプルが大きい．昇降圧型よりも大きくなりがちである	入力電流リプルも出力電流リプルも小さい．

注）
- すべてコイル電流は連続のとき
- 電圧変換率 $= \dfrac{V_{out}}{V_{in}}$
- DはスイッチS_1の，オン・デューティ
- S_1はトランジスタ

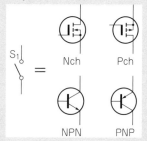

- D_1はMOSFETを使うことが多い（同期整流）

- S_1とD_1の最大電圧にはスパイクを含まない
  出力リプル電流はC_1(C_2)に流れる電流

図12-B　いろいろなDC-DCコンバータ

　DC-DCコンバータにはさまざまな回路形式があります．代表的なものを図12-Bに示します．一般的には，入力電圧V_{in}と出力電圧V_{out}の関係から次のように選ばれます．

- V_{in}がV_{out}よりも高い：降圧型コンバータ
- V_{in}がV_{out}よりも低い：昇圧型コンバータ
- V_{in}がV_{out}の逆極性　：反転型コンバータ

　図12-Bを見るときに忘れがちな点は，入力リプル電流です．これが大きいときには入力側に大きな容量を入れないと，思わぬノイズに悩まされます．

12-8 降圧型DC-DCコンバータの出力コンデンサとリプル電圧

標準的設計

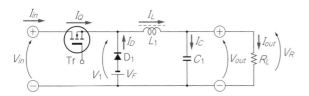
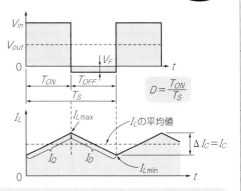

■ 数式

スイッチング周波数f_S，コイル電流のリプル率 $k = \Delta I_L / I_L = 0.3$，効率 $\eta = 0.9$ を与えると，

$$D = \frac{V_{out} + V_F}{V_{in} + V_F}, \quad I_{in} = \frac{V_{out} I_{out}}{\eta V_{in}}, \quad I_L = \frac{I_{out}}{\eta}$$

$$L_1 = \frac{V_{in} - V_{out}}{\Delta I_L} T_{ON} = \frac{V_{in} - V_{out}}{k I_L} \frac{D}{f_S}$$

$$I_{Lmax} = I_L + \frac{\Delta I_L}{2} = I_L + \frac{V_{in} + V_{out}}{2L_1} \frac{D}{f_S}$$

図12-9 回路と数式

■ 数式

出力リプル電圧 V_R [V$_{P-P}$] は，

- C_1 の ESR R_{ESR} が大きいとき（電解コンデンサなど）
  $$V_R = \Delta I_L R_{ESR}$$
- C_1 の ESR が無視できるとき（セラミック・コンデンサなど）
  $$V_R = \frac{1}{8}(1-D)\frac{V_{out}}{f_S^2 L_1 C_1}$$

降圧型は，出力電圧が入力電圧よりも低いときに使う，最も基本的なDC-DCコンバータです．

図12-9にコイルのインダクタンスとリプル電圧を求める数式を示します．

12-9 昇圧型DC-DCコンバータの出力コンデンサとリプル電圧

標準的設計

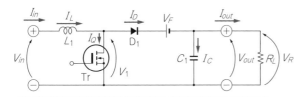
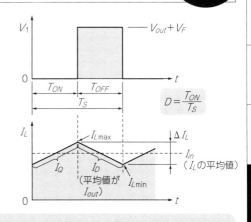

■ 数式

降圧型コンバータと同様に f_S，$k = 0.3$，$\eta = 0.9$ を与えて，

$$D = \frac{V_{out} + V_F - V_{in}}{V_{out} + V_F}, \quad I_{in} = \frac{V_{out} I_{out}}{\eta V_{in}}$$

$$L_1 = \frac{V_{in}}{k I_{in}} \frac{D}{f_S}$$

$$I_{Lmax} = I_{in} + \frac{V_{in}}{2L_1} \frac{D}{f_S} = I_{Dmax}$$

図12-10 回路と数式

■ 数式

出力リプル電圧 V_R [V$_{P-P}$] は，

- C_1 の ESR R_{ESR} が大きいとき（電解コンデンサなど）
  $$V_R = I_{Dmax} R_{ESR} = \left(I_{in} + \frac{V_{in}}{2L_1} \frac{D}{f_S}\right) R_{ESR}$$
- C_1 の ESR が無視できるとき
  $$V_R = \frac{I_{out}}{C_1} \frac{D}{f_S}$$

昇圧型は，入力電圧よりも高い出力電圧が必要なときに使います．図12-10にコイルのインダクタンスとリプル電圧を求める数式を示します．

12-10　SEPICコンバータのコイルとコンデンサの値　標準的設計

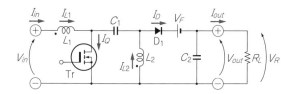

■ 数式

出力リプル電圧 V_R [V_{P-P}] は，

- C_2 の ESR が大きいとき（電解コンデンサ）
  $V_R = (I_{L1max} + I_{L2max}) R_{ESR}$
- C_2 の ESR が無視できるとき（セラミック・コンデンサなど）
  $V_R = \dfrac{I_{out}}{C_2} \dfrac{D}{f_S}$

■ 計算例

● コイル L_1, L_2 とコンデンサ C_1 の決定
$L_1 = L_2 = L$ とし f_S, $k_1 = k_2 = 0.3$, $\eta = 0.9$ を与える.

$$I_{in} = \frac{V_{out} I_{out}}{\eta V_{in}}, \quad D = \frac{V_{out} + V_F}{V_{in} + V_{out} + V_F}$$

I_{L1}（平均値）$= I_{in}$, I_{L2}（平均値）$= \dfrac{1-D}{D} I_{in}$

$$L = \frac{V_{in}}{k_1 I_{in}} \frac{D}{f_S}$$

$I_{L1max} = I_{in} + \dfrac{V_{in}}{2L} \dfrac{D}{f_S}$, $I_{L2max} = \dfrac{1-D}{D} I_{in} + \dfrac{V_{in}}{2L} \dfrac{D}{f_S}$

$I_{Qmax} = I_{Dmax} = I_{L1max} + I_{L1max}$

$C_1 \geq \dfrac{100}{\pi^2 L} \dfrac{1}{f_S^2}$

図12-11　回路と数式

SEPICコンバータは，入力電圧 V_{in} の変動範囲内に出力電圧 V_{out} があるときに使います．図12-11に回路と計算式を示します．

SEPICコンバータの制御ICには，昇圧型コンバータの制御ICを使えます．SEPICコンバータは，コイルを2個または2巻き線のコイルを1個使うため，10W以上の出力では形状が大きくなります．小さく作りたいときには，コイルが1個ですむHブリッジ形式の昇降圧コンバータを使います．ただし，Hブリッジ形式の昇降圧コンバータは入力リプル電流が大きいため，入力にはフィルタが必要です．

2巻き線のコイルは，SEPIC/Cukコンバータ用のカップルド・インダクタ（Coupled Inductor）として，コイル・メーカから市販されているので，それを使えばコイルを2個使うよりも小型になります．

リニア・レギュレータICの選び方　　コラム

リニア・レギュレータICといえば，以前は3端子レギュレータ7800シリーズ一色でしたが，最近では最低入出力電圧差を7800シリーズの約2Vから約0.2Vへと大幅に改善したLDO（Low DropOut：低電圧降下）と呼ばれる低損失型レギュレータが使われるようになりました．

● まずICのスペックをチェック

LDOレギュレータは各社から出されていて選択に困るほどですが，下記の使用条件から適当なものを選択します．

▶入力電圧範囲

信頼性の問題から最高入力電圧を決め，正常動作範囲から最低電圧を決めて，当該ICがその仕様を満足するか見ます．

▶出力電圧

LDOレギュレータは出力電圧が何種類も用意されているので，よほど特殊な電圧でない限り該当するICがあります．特殊な場合は，出力電圧可変のICを採用します．

▶出力電流

正常動作時最大出力電流の約2倍の定格電流のICを採用します．

▶放熱条件

最近は面実装外形が多いのですが，基板に付けたときのパターン・サイズや熱抵抗がデータシートに記載されていると設計が楽です．

▶出力コンデンサの種類

面実装部品ではアルミ電解コンデンサよりもセラミック・コンデンサのほうが組み立てやすいので，セラミック・コンデンサの使用可否を調べます．

データシートでセラミック・コンデンサの使用について書かれていないものには使えません．セラミック・コンデンサだけを使うと発振してしまいます．

実際に使用するときは，データシートに載っているセラミック・コンデンサの容量は安定に動作する最低の容量のため，倍以上の容量にしておけば安心です．セラミ

12-11　Cukコンバータのコイルとコンデンサの値　標準的設計

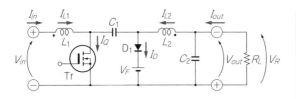

■ 数式
出力リプル電圧 V_R [V_{P-P}] は,
- C_2 の ESR が大きいとき（電解コンデンサ）
  $V_R = (I_{L1max} + I_{L2max})R_{ESR}$
- C_2 の ESR が無視できるとき（セラミック・コンデンサなど）
  $V_R = \dfrac{(1-D)f_S{}^2}{8LC_2}V_{out}$

■ 計算例
- コイル L_1, L_2 とコンデンサ C_1 の決定
  $L_1 = L_2 = L$ とし f_S, $k_1 = k_2 = 0.3$, $\eta = 0.9$ を与える.

$$I_{in} = \frac{V_{out}I_{out}}{\eta V_{in}}, \quad D = \frac{V_{out}+V_F}{V_{in}+V_{out}+V_F}$$

$$I_{L1}(\text{平均値}) = I_{in}, \quad I_{L2}(\text{平均値}) = \frac{1-D}{D}I_{in}$$

$$L = \frac{V_{in}}{k_1 I_{in}}\frac{D}{f_S}$$

$$I_{L1max} = I_{in} + \frac{V_{in}}{2L}\frac{D}{f_S}, \quad I_{L2max} = \frac{1-D}{D}I_{in} + \frac{V_{in}}{2L}\frac{D}{f_S}$$

$$I_{Qmax} = I_{Dmax} = I_{L1max} + I_{L2max}$$

$$C_1 \geq \frac{100}{\pi^2 L}\frac{1}{f_S{}^2}$$

図12-12　回路と数式

　Cukコンバータは，出力電圧の極性を反転するときに使います．普通の反転型よりも入出力リプル電流が小さく低雑音です．**図12-12**に回路と計算式を示します．
　Cukコンバータの制御ICには昇圧型コンバータの制御ICが使えますが，出力電圧がマイナスなので，定電圧制御のための帰還端子が負電圧に対応していないと少し面倒です．Cukコンバータ対応の制御ICもあるので，それを使うと簡単です．Cukコンバータは，コイルを2個または2巻き線のコイルを1個使うため，10 W以上の出力では形状が大きくなります．2巻き線のコイルは，SEPIC/Cukコンバータ用のカップルド・インダクタを使えばコイルを2個使うよりは小型になります．小さく作りたいときには，コイルが1個ですむ反転型コンバータを使いますが，負電圧でそれほど高出力を要求する用途は少ないので，低ノイズを要求するときはCukコンバータを薦めます．

ック・コンデンサの場合，直流電圧を加えると容量が低下するので，できるだけ大きめの容量にします．

● 選んでみる

　例として，次の使用条件に合うICを探してみます．
- 入力電圧範囲　：5±0.5 V（4.5～5.5 V）
- 出力電圧　　　：3.3 V±5 %
- 出力電流　　　：最大 0.5 A
- 出力コンデンサ：セラミック・コンデンサ

新日本無線のウェブ・サイトで検索してみます．品種が多すぎてどれを選べばよいかわからないのですが，とりあえず次の2種類を選んで，特徴の欄を比べてみます．

▶ NJM2391DL1-33
- 入力電圧範囲　：3.3 + 1.2 V = 4.5 ～ 10 V
- 出力電圧　　　：3.3 V±1 %（10 mA）
- 出力電流　　　：最大 1 A
- 出力コンデンサ：セラミック・コンデンサが使用
  　　　　　　　　可能かどうか記載なし

▶ NJM2855DL1-33
- 入力電圧範囲　：3.3 + 0.28 V = 3.58 ～ 10 V
- 出力電圧　　　：3.3 V±1 %（30 mA）
- 出力電流　　　：最大 1 A
- 出力コンデンサ：「2.2 μFセラミック・コンデンサ
  　　　　　　　　対応（$V_O \geq 2.7$ V）」と明記

つまり，NJM2391DL1-33は出力にセラミック・コンデンサだけを付けると発振し，NJM2855DL1-33はセラミック・コンデンサだけでも正常動作することがわかります．
　NJM2855DL1-33は，データシートの絶対最大定格の欄に基板実装時の最大消費電力も記載があり，76.2 × 114.3 × 1.6 mm（4層 FR-4）のとき3.125 Wです．使用時の最大電力は次のとおり十分満足しています．

　最大電力 = （入出力電圧差）×（最大出力電流）
　　　　　 = （5.5 - 3.3）× 0.5 = 1.1 W

従ってここではNJM2855DL1-33を選択します．
　NJM2855DL1-33のノイズ特性（typ値）は次のようになっていました．（ ）内はNJM2391DL1-33のデータで，参考値です．
- リプル除去比：75 dB（62 dB）
- ロー・ノイズ：45 μV_{RMS}（100 μV_{RMS}）

数W以上ならSEPICよりも昇降圧型DC-DCコンバータ　　コラム

V_{in}の変動範囲にV_{out}が含まれる場合に使われる昇降圧型コンバータがあります．

数W以下の小出力の場合には，図12-6にあるSEPICコンバータが使えます．ただし数W以上では，コイルが2個または大きな2巻き線のコイルが1個となり，多くの場合，形状的に大きすぎます．このため，コイルが1個の昇降圧型コンバータが使われる場合が多いようです．

図12-C(a)に昇降圧型コンバータを示します．等価回路は降圧型コンバータと昇圧型コンバータを合体させたものです．

実際の回路を図12-C(b)に示します．この回路のパワー部は同期整流になっていて，MOSFETの接続からHブリッジと呼ばれています．MOSFET Tr_1～Tr_4の制御は図12-C(c)に示すように非常に面倒で，ほとんどの場合は専用ICを使って制御します．

制御ICとしてはMOSFET外付けで数100 W出力可能なLT3780(リニアテクノロジー)やMOSFET内蔵で小出力用のTPS63001(テキサス・インスツルメンツ)などがあります．

ICメーカの評価基板で評価し，評価基板の基板パターンと周辺部品を参考に作るのがよいでしょう．

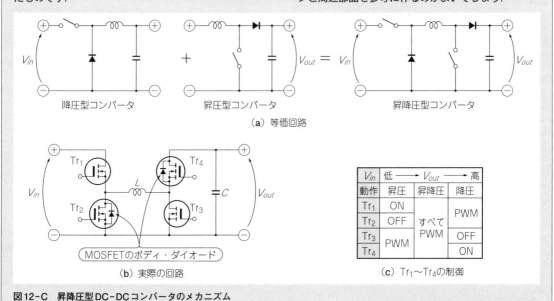

図12-C　昇降圧型DC-DCコンバータのメカニズム

DC-DCコンバータのノイズ除去　　コラム

DC-DCコンバータはスイッチング動作をしているため，図12-Dに示すような大きな出力ノイズを発生します．微少信号を扱うアナログ回路の電源としては，そのままでは採用できないことがあります．

図12-Dに示すノイズのうち①成分は，図12-Eに示すようなLCフィルタやLDOレギュレータあるいは12-13項の低損失リプル・フィルタで大部分を除去できますが，②のスパイク・ノイズはほとんど除去できません．この理由はスパイク・ノイズの導通経路が図12-Fに示すような電源線と大地間であり，コモン・モード・ノイズと呼ばれている成分だからです．なお，①成分はノーマル・モード・ノイズと呼ばれていて，電源線の「＋」

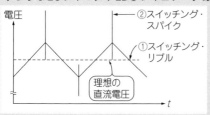

図12-D　DC-DCコンバータの出力ノイズ

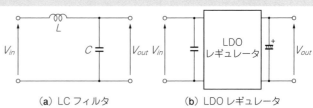

図12-E　ノイズ・フィルタ

12-12 コイルの抵抗ぶんを利用した電流検出回路の設計

DC-DCコンバータの保護に

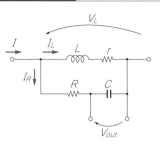

■ 数式

平滑用コイルに流れる電流は，次式で求まる．

$$I_L = \frac{V_L}{j\omega L + r}, \quad I_R = \frac{V_L}{\frac{1}{j\omega C} + R}$$

ただし，r：巻き線抵抗[Ω]
ところで，

$$I = I_L + I_R \fallingdotseq I_L \quad (\because I_L \gg I_R)$$

よって，出力電圧は次のように表せる．

$$V_{out} \fallingdotseq \frac{r + j\omega L}{1 + j\omega CR} I = \frac{1 + j\omega L \frac{1}{r}}{1 + j\omega CR} rI$$

ここで，

$$CR = \frac{L}{r}$$

とすると，

$$V_{out} = rI$$

となって巻き線抵抗により電流検出ができる．

■ 参考　銅線の温度特性

T_1℃で測定した巻き線抵抗をR_1Ωとすると，T_2℃での抵抗値R_2Ωは，

$$R_2 = \frac{234.5 + T_2}{234.5 + T_1} R_1 \, [\Omega]$$

書き直して温度係数TCR[ppm/℃]を求めると，

$$TCR = \frac{R_2 - R_1}{R_1} \frac{1}{T_2 + T_1} = \frac{1}{234.5 + T_1} \times 10^6 \text{ppm/℃}$$

例えば25℃のときのTCRは，

$$TCR = \frac{1}{234.5 + 25} \times 10^6 = 3853 \text{ppm/℃}$$

図12-13 回路と数式

過電流保護のために低抵抗を使用して電流を検出する場合があります．抵抗を使用すると損失が発生し，効率が悪化します．図12-13に示すのは，抵抗ではなく平滑用コイルの巻き線抵抗を使用して，高効率で電流検出を行う回路です．

この回路は4-8項の定抵抗回路（図4-9）の応用です．ただし定抵抗条件が$rR = L/C$と定抵抗回路の条件と異なっています．使用するときにはRに流れる電流をできるだけ小さくします．

図中の巻き線の温度特性に示すように，銅線の温度係数は大きいので，そのままでは過電流保護のための電流検出程度にしか使えません．しかし，検出レベルが小さいので，増幅するときに温度係数を打ち消すような抵抗（例えばKOAのリニア正温度係数抵抗器）で温度係数が3600 ppm/℃をコイルの直近において熱結合させて使えば，電流値のモニタにも使えます．

増幅回路の構成としては，図5-14に示す基本差動増幅回路としてR_2とR_4にリニア正温度係数抵抗器を使用するか，初段を図5-2に示す反転増幅回路として，非反転入力端子（図5-2ではグラウンド）を出力に接続し，R_2にリニア正温度係数抵抗器を使用します．その後に基本差動増幅回路を接続して，グラウンド基準の電流信号とします．

と「-（GND）」間に流れます．

スパイク・ノイズの対策には，「コモン・モード・チョーク」と呼ばれているノイズ対策部品を採用します．DC-DCコンバータのスイッチング周波数は高速ロジック回路に比べて低いので，高インダクタンスのAC用コモン・モード・チョークを採用します．

図12-Gに示すのは，DC-DCコンバータに後置するノイズ除去回路です．コモン・モード・チョークとコンデンサ，LDOレギュレータで構成されます．スパイク・ノイズは高い周波数成分を含むため，空中に電磁波として放射されます．微少信号アナログ回路はDC-DCコンバータからできるだけ離すことと，必要ならシールド・ケースで覆います．

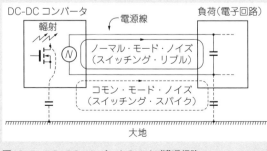

図12-F　DC-DCコンバータのノイズ導通経路

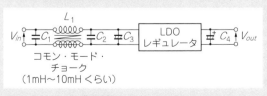

図12-G　アナログ回路用ノイズ・フィルタ

12-13 低損失リプル・フィルタの設計

出力リプルの除去

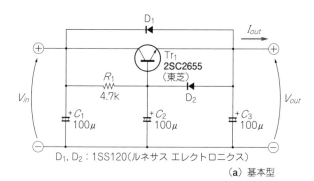

(a) 基本型

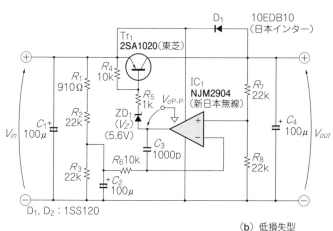

(b) 低損失型

図 12-14 回路と数式
電源電圧の脈流を除去するフィルタ

■ 数式

$$\Delta V = V_{in} - V_{out}$$
$$R_1 = \frac{\Delta V(R_7 + R_8)}{V_{out}}$$
$V_Z > V_{in} - V_{OP\text{-}P} = 1.5\text{V}$
(IC$_1$のデータシートより)
出力電流は100mA程度まで可能．

■ 計算例

V_{in}=15V，ΔV=0.3Vとする．
 V_{out}=14.7V
 R_1=898Ω≒910Ω
 V_Z=5.6V>1.5V
ZD$_1$はHZS6A3(ルネサス エレクトロニクス)とする．

　電源ノイズに敏感なアナログ回路の電源にはリプル・フィルタを入れます．50Hz/60Hzの商用周波数以上で大きな減衰が必要ですが，受動部品で作るLCリプル・フィルタは周波数が低いためコイルが大きくなりすぎます．そこで，能動素子を使った小型で高性能なアクティブ・リプル・フィルタを紹介します．

　図12-14(a)に示すのは，エミッタ・フォロワによるリプル・フィルタです．このリプル・フィルタでは，ベースに入れた容量C_2のh_{FE}倍がエミッタ側から見た容量となり，非常に大きくなります．入出力間電位差は，出力電流50mAで約1Vとなり，電流の増加とともに大きくなります．出力電流を100mAにするときはR_1≒2.2kΩとします．C_3を例えば10μFのように小さくすると，保護ダイオードのD$_1$とD$_2$は不要です．

　図12-14(b)に示すのは，エミッタ接地によるリプル・フィルタです．この回路は，入出力間電位差を小さくするためにLDOレギュレータの構成を参考にして，入出力間電位差を約0.3Vとしています．出力電流は100mAまでを想定していますが，それ以上流す場合は，Tr$_1$を許容損失の大きなものに変えて，ヒートシンクに取り付けます．ZD$_1$は，OPアンプIC$_1$の最大出力電圧(V_{CC}−1.5V)が電源電圧からTr$_1$のV_{BE}を引いた値(V_{CC}−V_{BE}≒V_{CC}−0.5V)よりも低いときに，OPアンプでTr$_1$をカットオフまで十分ドライブできるように入れます．この手法はLDOレギュレータを自作するときに役立ちます．

12-14 大容量電源用の微小消費電流測定回路の保護

壊れにくい

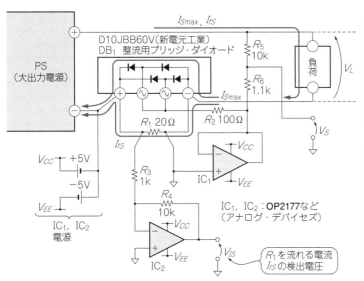

図12-15 回路と数式
出力短絡時などで，電流検出用の抵抗器や電流計が破損するのを防ぐ

■ 数式

V_Lの検出電圧V_Sは，$R_1 I_{fS} \leq 0.2$ Vとして，次式で求まる．

$$V_S = \frac{R_6}{R_5 + R_6} V_L, \quad V_{IS} = R_1 I_{fS} \frac{R_4}{R_3}$$

ただし，I_{Smax}：PSの最大電流 [A]，I_{fS}：最大検出電流 [A]，V_{IS}：I_{fS}の検出電圧 [V]
DB₁はI_{Smax}以上の電流定格とする．

■ 計算例

$I_{Smax} = 10$ A，$I_{fS} = 10$ mAとして，

$$R_1 = \frac{0.2 \text{ V}}{10 \text{ mA}} = 20 \text{ Ω}$$

$$V_{IS} = R_1 I_{fS} \frac{R_4}{R_3} = 2 \text{ V}$$

$V_L = 24$ Vとして，

$$V_S = \frac{R_6}{R_5 + R_6} V_L = 2.4 \text{ V}$$

大電流を出力できる電源で消費電流の小さい電子回路を駆動することはよくありますが，直列抵抗を入れて消費電流を測定しているときに，電子回路の電源部分が短絡して大電流が流れると，直列抵抗がヒューズ代わりになって焼損します．直列抵抗を入れずに電流計を入れて測定する場合は，電流計が破損します．

図12-15に示すのが，このような短絡事故のときに電流測定回路を保護する過電流保護回路です．これは電源の短絡電流でも壊れない，大電流整流用ブリッジ・ダイオードを使用した保護回路です．ダイオードだけを使うとダイオードに微小の順方向電流が流れ検出誤差になりますが，ここではIC₁でダイオードの中点をグラウンド・レベルで駆動することにより，ダイオードの微小電圧時の順方向電流を無視できるようにしています．正常動作時の電流測定は，被測定電流をR_1に流して10 mAのときの最大電圧降下を0.2 Vとし，これをIC₂で増幅します．図の定数では電流検出電圧V_{IS}は10 mAのとき$V_{IS} = 2$ Vです．高精度測定のためには，R_1，R_3，R_4に高精度抵抗を使用します．順方向電圧が0.2 Vでは順方向電流はほとんど流れず，IC₁で順方向電流のキャンセルが可能です．

高精度測定のときには負荷(電子回路)の電源電圧も測定する場合が多いです．IC₁出力がグラウンド・レベルであることを利用して，電源電圧検出用分圧器のR_5とR_6による電流をグラウンドに流さず，電流測定の誤差になることも防止しています．このようにするためIC₁とIC₂の電源の中点はグラウンドに接続せず，入力電源のマイナス側に接続します．

電源電圧検出電圧V_Sは，図の定数で電源電圧を0.099に分圧しているため，電源電圧が10 Vのとき$V_S = 0.99$ Vです．

大電流整流用ブリッジ・ダイオードは商用電源の整流に広く使われていて最も入手が容易です．ここを単体のダイオード2個にするときは，耐圧が100～600 Vの一般整流用ダイオードにします．ショットキー・バリア・ダイオード(SBD)は高価であるばかりでなく，サージ電流に弱く順方向電圧が低すぎて使えません．高速ダイオード(FRD)は高価で，サージ電流耐量も，一般整流用ダイオードに比べて劣ります．一般整流用ダイオードがFRDに劣る点は逆回復時間だけです．ここでの用途から考えると，保護動作の開始時間に関係するのは順回復時間で，逆回復時間は無視してかまいません．

付録 基本関数や基本単位
信号のふるまいや特性を数値で表すツール

三角関数

● 基本公式
● 倍角の公式
$$\sin(2\theta) = 2\sin\theta\cos\theta$$
$$\cos(2\theta) = 1 - 2\sin^2\theta = 2\cos^2\theta - 1$$
● 半角の公式
$$\sin\frac{\theta}{2} = \pm\sqrt{\frac{1-\cos\theta}{2}}, \quad \cos\frac{\theta}{2} = \pm\sqrt{\frac{1+\cos\theta}{2}}$$
● ピタゴラスの定理
$$\cos^2\theta + \sin^2\theta = 1$$
● オイラーの公式
$$e^{\pm j\theta} = \cos\theta \pm j\sin\theta$$
● n倍角の公式
$$(\cos\theta + j\sin\theta)^n = \cos n\theta + j\sin n\theta$$
$$\sin\theta = \frac{e^{j\theta} - e^{-j\theta}}{2j}$$
$$\cos\theta = \frac{e^{j\theta} + e^{-j\theta}}{2}$$
$$a\sin\theta \pm b\cos\theta = \sqrt{a^2+b^2}\sin\left(\theta \pm \tan^{-1}\frac{b}{a}\right)$$

図A-1 三角関数

● 変換式

SI単位　非SI単位
● $2\pi\,\text{rad} = 360°$
$$1\,\text{rad} = \frac{180°}{\pi} \approx 57.296°, \quad 1° = \frac{\pi}{180}\,\text{rad} = 0.01745\,\text{rad}$$
● 特殊角に対する値

°	0	30	45	60	90	120	135	150	180
rad	0	$\frac{\pi}{6}$	$\frac{\pi}{4}$	$\frac{\pi}{3}$	$\frac{\pi}{2}$	$\frac{2\pi}{3}$	$\frac{3\pi}{4}$	$\frac{5\pi}{6}$	π
sin	0	$\frac{1}{2}$	$\frac{1}{\sqrt{2}}$	$\frac{\sqrt{3}}{2}$	1	$\frac{\sqrt{3}}{2}$	$\frac{1}{\sqrt{2}}$	$\frac{1}{2}$	0
cos	1	$\frac{\sqrt{3}}{2}$	$\frac{1}{\sqrt{2}}$	$\frac{1}{2}$	0	$-\frac{1}{2}$	$-\frac{1}{\sqrt{2}}$	$-\frac{\sqrt{3}}{2}$	-1
tan	0	$\frac{1}{\sqrt{3}}$	1	$\sqrt{3}$	∞	$-\sqrt{3}$	-1	$-\frac{1}{\sqrt{3}}$	0

● $\tan\theta = \dfrac{\sin\theta}{\cos\theta}$ ● $\cos(-\theta) = \cos\theta$

● $\sin(-\theta) = -\sin\theta$ ● $\cos\left(\theta - \dfrac{\pi}{2}\right) = \sin\theta$

交流信号を扱う場合に最も重要なことは，位相を正しく認識することです．位相の問題は図A-1に示す三角関数を用いて解くことができます．

三角関数で最も基本的なのはオイラーの公式で，ほかの公式はオイラーの公式から導くことができますが，いちいち計算しなくてもすむように重要な公式を掲載しました．

交流信号の位相は，周波数が等しい正弦波信号で問題になります．周波数が異なる正弦波信号では，ほとんど問題になりません．まずは周波数が等しい入出力正弦波信号の位相の変化を正しく認識することが重要です．

位相の問題は図A-1の三角関数の公式を用いて解けます．注意するべき点として，位相を問題にする正弦波信号は定常信号と考えます．つまり無限の過去から無限の未来まで，振幅と周波数が一定の正弦波信号と考えて位相を計算します．

正弦波信号の位相は時間的に先行する方向をプラス，遅れる方向をマイナスとしています．正弦波信号をオシロスコープで観測するときは，位相0°の基準の信号（一般に入力信号）を決めて，その信号が0V（平均値）から立ち上がるときを0°とします．ほかの信号（一般に出力信号）を見て，0Vから立ち上がるときが基準の信号の右側だったら遅れ，左側だったら進み位相とします．位相差は信号の1周期を360°として，基準の信号に対する立ち上がり時間の差を周期で割って，360°を掛ければ求まります．

問題は正弦波信号が周期関数波形であることです．同一位相といっても，360°遅れているとも，360°進んでいるともいえます．正確に求めるには入出力の伝達関数から計算する必要があります．同一位相だったら0°，反転していたら180°とします．180°の場合に＋180°か−180°かはその後の位相変化で決めます．高次フィルタの伝達関数は平坦域の位相を0°または180°として周波数とともに連続的に変化するものとします．例えば，ロー・パス・フィルタでは超低周波で0°または180°とし，高周波で3次では270°遅れとして90°進みとはせず，4次では360°遅れとして0°とはしません．

微分公式

● 公式

$$\frac{d(f \pm g)}{dx} = \frac{df}{dx} \pm \frac{dg}{dx}$$

$$\frac{d(af)}{dx} = a\frac{df}{dx}$$

$$\frac{d(fg)}{dx} = f\frac{dg}{dx} + g\frac{df}{dx}$$

$$\frac{d\left(\frac{f}{g}\right)}{dx} = \frac{g\frac{df}{dx} - f\frac{dg}{dx}}{g^2}$$

$$\frac{d\{F(f)\}}{dx} = \frac{dF(f)}{df}\frac{df}{dx}$$

$$\frac{dx}{df} = \frac{1}{df/dx}$$

※ f と g は x の関数,F は f の関数,a は定数

● 導関数の例

名称	関数	導関数
定数	a	0
べき関数	x^n	nx^{n-1}
	x	1
	x^2	$2x$
	x^{-1}	$-x^{-2}$
	x^{-2}	$-2x^{-3}$
指数関数	e^x	e^x
	e^{ax}	ae^{ax}
	a^{bx}	$(b\ln a)a^{bx}$
対数関数	$\ln x$	$\frac{1}{x}$
	$\log x$	$\frac{1}{(\ln 10)x}$
三角関数	$\sin ax$	$a\cos ax$
	$\cos ax$	$-a\sin ax$
	$\tan ax$	$a\cos^{-2}ax$

図A-2 微分公式と導関数

電気・電子回路を扱う場合に,微分演算は三角関数ほど必要としません.本来なら微積分方程式を解かなければ求められない回路の応答を,微分演算子 $j\omega$ を使った記号法や微分演算子 s を使ったラプラス変換法を用いて四則演算(足し算,引き算,掛け算,割り算)だけで解けるからです.微分演算を必要とするのは,インダクタンスの端子電圧を求める($V = Ldi/dt$)ような簡単な問題か,記号法もラプラス変換法も使えない非常に複雑な問題のどちらかです.

図A-2にまとめた微分公式は,簡単な問題を解くときに公式集をいちいち参照しなくてもすむことを目的にしています.複雑な問題は,最近は回路シミュレータで出力波形を確認するのが一般的です.ただし,代数式は求められないので,条件を変えながら確認する必要はあります.

積分公式

● 基本公式

$$\int (f \pm g)dx = \int f dx \pm \int g dx$$

$$\int af dx = a\int f dx$$

$$\int f\frac{dg}{dx}dx = \int f dg = fg - \int g\frac{df}{dx}dx$$

$$\int F(y)dx = \int \frac{F(y)}{dy/dx}dx$$

※ a は定数,f,g,y は x の関数

● 三角関数の定積分

$$\sin\theta \text{ の平均値} = \frac{1}{2\pi}\int_0^{2\pi}\sin\theta d\theta = 0$$

$$|\sin\theta| \text{ の平均値} = \frac{1}{\pi}\int_0^{\pi}\sin\theta d\theta = \frac{2}{\pi} \fallingdotseq 0.6366$$

$$\sin\theta \text{ の実効値} = \sqrt{\frac{1}{\pi}\int_0^{\pi}\sin^2\theta d\theta} = \frac{1}{\sqrt{2}} \fallingdotseq 0.7071$$

● ひずみ波

$$\int_0^{2\pi}\sin\theta \sin n\theta \, d\theta = \begin{cases} \pi \, (n=1) \\ 0 \, (n \neq 1) \end{cases}$$

● 不定積分の例

名称	$f(x)$	$\int f(x)dx \, (+C)$
べき関数	1	x
	$x^n (n \neq -1)$	$\frac{x^{n+1}}{n+1}$
	x	$\frac{x^2}{2}$
	$\frac{1}{\sqrt{x}}$	$2\sqrt{x}$
	$\frac{1}{x}$	$\ln x$
有理関数	$(ax+b)^n (n \neq -1)$	$\frac{(ax+b)^{n+1}}{a(n+1)}$
	$\frac{1}{(ax+b)}$	$\frac{1}{a}\ln(ax+b)$
指数関数	e^x	e^x
	e^{ax}	$\frac{1}{a}e^{ax}$
	a^{bx}	$\frac{a^{bx}}{b\ln a}$
三角関数	$\sin(\omega t + \phi)$	$-\frac{1}{\omega}\cos(\omega t + \phi)$
	$\cos(\omega t + \phi)$	$\frac{1}{\omega}\sin(\omega t + \phi)$
	$\tan(\omega t + \phi)$	$-\frac{1}{\omega}\ln\cos(\omega t + \phi)$
	$\sin^2(\omega t + \phi)$	$\frac{t}{2} - \frac{1}{4\omega}\sin 2(\omega t + \phi)$
	$\cos^2(\omega t + \phi)$	$\frac{t}{2} + \frac{1}{4\omega}\sin 2(\omega t + \phi)$

図A-3 積分公式と不定積分

積分演算は実効値や電力損失を求めるときに使用されるので,微分演算よりは使用頻度は高いです.図A-3に1-12項,1-13項で紹介した交流信号の実効値と電力の計算に使った定積分を含めて,使用頻度の高い積分公式をまとめました.

フーリエ級数

表A-1 フーリエ級数
高調波のレベルを見ながらフィルタを作るときに使う

信号名	波形	フーリエ級数
方形波	(図)	$v(t) = \dfrac{4}{\pi}\left[\cos\omega t - \dfrac{1}{3}\cos3\omega t + \dfrac{1}{5}\cos5\omega t - \cdots + \dfrac{(-1)^{n+1}}{2n-1}\cos(2n-1)\omega t + \cdots\right]$
三角波	(図)	$v(t) = \dfrac{8}{\pi^2}\left[\cos\omega t + \dfrac{1}{9}\cos3\omega t + 25\cos5\omega t + \cdots + \dfrac{1}{(2n-1)^2}\cos(2n-1)\omega t + \cdots\right]$
のこぎり波	(図)	$v(t) = \dfrac{2}{\pi x_1(1-x_1/\pi)}\left[\sin x_1 \sin\omega t + \dfrac{1}{4}\sin 2x_1 \sin 2\omega t + \cdots + \dfrac{1}{n^2}\sin n x_1 \sin n\omega t + \cdots\right]$
全波整流波	(図)	$v(\omega t) = \dfrac{2}{\pi} + \dfrac{4}{\pi}\left[\dfrac{1}{3}\cos 2\omega t - \dfrac{1}{15}\cos 4\omega t + \dfrac{1}{35}\cos 6\omega t - \cdots + \dfrac{(-1)^{n+1}}{4n^2-1}\cos 2n\omega t + \cdots\right]$
パルス波	(図)	$v(t) = D + \dfrac{2}{\pi}\sin(\pi D)\cos\dfrac{2\pi t}{T} + \dfrac{2}{2\pi}\sin(2\pi D)\cos\dfrac{4\pi Dt}{T} + \dfrac{2}{3\pi}\sin(3\pi D)\cos\dfrac{6\pi Dt}{T} + \cdots + \dfrac{2}{n\pi}\sin(n\pi D)\cos\dfrac{2n\pi t}{T} + \cdots$ ただし $D = T_{on}/T$

表A-1に各種波形のフーリエ級数を示します.

三角波とのこぎり波は実効値は同じで,表中の図では $1/\sqrt{3} = 0.557\,V_{RMS}$ ですが,傾斜角度によって高次高調波の含有量が大幅に異なります.

必要な信号が正弦波や直流分の場合は,高次高調波のレベルを見ながら,後続のフィルタの設計を行います.

> 表A-1よりパルス波のフーリエ級数を書き直して周波数スペクトルを描くと下図となる.
>
> $v(t) = \underbrace{D}_{\text{直流分}} + \sum_{n=1}^{\infty}\left[\underbrace{\left\{2D\dfrac{\sin(n\pi D)}{n\pi D}\right\}}_{\text{周波数スペクトル}}\cos(2\pi Dt)\right]$
>
> つまり,パルス波の周波数スペクトルはsinc関数となる.

● パルス波(PWM波)の周波数スペクトル

表A-1のパルス波のフーリエ級数はDC-DCコンバータでよく見られます.出力リプル電圧の概算のために,Dを変化させて周波数スペクトルを描くと図A-4のようになります.

図A-4を見るとわかるように,周波数スペクトルのエンベロープ(包絡線)は,サンプリング信号を扱うときに出てくるsinc(シンク)関数:$\mathrm{sinc}(x) = (\sin x)/x$になっています.

$f_s = \dfrac{1}{T}$ とする

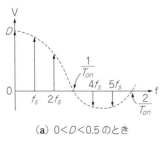
(a) $0 < D < 0.5$ のとき

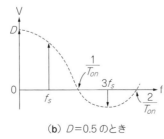
(b) $D = 0.5$ のとき

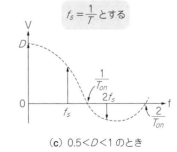
(c) $0.5 < D < 1$ のとき

図A-4 パルス波(PWM波)の周波数スペクトル

テイラー展開と近似公式

$$f(x) = \sum_{n=0}^{\infty} \frac{f^{(n)}(a)}{n!}(x-a)^n$$
$$= f(a) + f'(a)(x-a) + \frac{f''(a)}{2!}(x-a)^2 + \cdots$$

- $|x| \ll 1$ のときの近似式

$(1+x)^n \fallingdotseq 1+nx$ $\qquad$ $(1+x)^2 \fallingdotseq 1+2x$
$(1+x)^{-1} \fallingdotseq 1-x$ $\qquad$ $\sqrt{1+x} \fallingdotseq 1+0.5x$
$\dfrac{1+x_1}{1+x_2} \fallingdotseq 1+x_1-x_2$ $\qquad$ $\dfrac{1}{\sqrt{1+x}} \fallingdotseq 1-0.5x$

$\sin x \fallingdotseq x \fallingdotseq x - \dfrac{x^3}{6}$ (30°のとき0.06%) [rad]，[°]では近似式が成立しない

$\cos x \fallingdotseq 1 \fallingdotseq 1 - \dfrac{x^2}{2}$ (30°のとき0.35%)

$\tan x \fallingdotseq x \fallingdotseq x + \dfrac{x^3}{3}$ (30°のとき1.03%)

$e^x \fallingdotseq 1+x \fallingdotseq 1+x+\dfrac{x^2}{2}$ $\qquad$ $\ln(1+x) \fallingdotseq x \fallingdotseq x - \dfrac{x^2}{2}$

■ テイラー展開の例（n は整数）

$(1+x)^n = 1 + nx + \dfrac{n(n-1)}{2!}x^2 + \dfrac{n(n-1)(n-2)}{3!}x^3 + \cdots$

$e^x = 1 + x + \dfrac{1}{2!}x^2 + \dfrac{1}{3!}x^3 + \cdots$

$\sin x = x - \dfrac{1}{3!}x^3 + \dfrac{1}{5!}x^5 - \dfrac{1}{7!}x^7 + \cdots$

$\cos x = 1 - \dfrac{1}{2!}x^2 + \dfrac{1}{4!}x^4 - \dfrac{1}{6!}x^6 + \cdots$

$\dfrac{1}{1-x} = 1 + x + x^2 + x^3 + x^4 + \cdots$

$\dfrac{1}{1+x} = 1 - x + x^2 - x^3 + x^4 - \cdots$

$\ln(1 \pm x) = \pm x - \dfrac{1}{2}x^2 \pm \dfrac{1}{3}x^3 + \dfrac{1}{4}x^4 \pm \cdots$

図A-5 テイラー展開と近似公式

　回路設計や回路解析の場合，設計式や動作を表す式を1次関数で近似すると，扱いやすく，また理解しやすくなります．電気・電子回路ではほとんどの場合に誤差が±1%以下ならば問題なく動作し，±10%以下でも大丈夫な場合がほとんどです．これが近似式の有用性の根拠となっています．

　近似式を求めるときに役立つのがテイラー展開です．図A-5ではテイラー展開と簡単でよく使う近似公式をまとめました．

よく使う物理定数

　表A-2は基本的な物理定数です．実際に使用する場合には，光速は3×10^8 m/s，常温は300 K，ボルツマン定数は1.38×10^{-23} J/K，熱電圧は26 mVとして計算すればほとんどの場合に十分です．

● 周波数，光速，波長の関係…配線パターンのインピーダンスなどを求める

　周波数f [MHz]，光速$c = 3 \times 10^8$ m/s，波長λ [m]の関係は，次式のとおりです．

$$\lambda\,[\text{m}] = \frac{c}{f} = \frac{300 \times 10^6\,\text{m/s}}{f\,[\text{Hz}]} = \frac{300\,\text{m/s}}{f\,[\text{MHz}]}$$

　1 MHzのときは$\lambda = 300$ m，100 MHzのときは$\lambda = 3$ mとなります．

　波長短縮率Kは真空中の波長をλ_0として，次式で求まります．

表A-2 物理定数

名称	記号	値
真空中の光速度	c, c_0	$2.99\,792\,458 \times 10^8$ m/s
真空の透磁率	μ_0	$4\pi \times 10^{-7}$ N/A^2
真空の誘電率	ε_0	$8.854\,187\,817 \times 10^{-12}$ F/m
ボルツマン定数	k	$1.380\,6488 \times 10^{-23}$ J/K
電子の電荷	q	$1.602\,176\,565 \times 10^{-19}$ C
0℃	−	273.15 K
熱電圧	V_T	$= kT[\text{K}]/q = T \times 0.086173$ mV
$T = 300$ Kの熱電圧	$V_{T(300\text{K})}$	25.8519 mV

注 $C_0 = 1/\sqrt{\varepsilon_0 \mu_0}$

$$K = \frac{\lambda}{\lambda_0} = \frac{c}{c_0} = \frac{1/\sqrt{\varepsilon\mu}}{1/\sqrt{\varepsilon_0\mu_0}} = \frac{1}{\sqrt{\varepsilon_r}} \quad (\because \mu_0 = \mu)$$

　プリント基板の比誘電率ε_rはFR-4で4.7，CEM-3で4.3程度です．

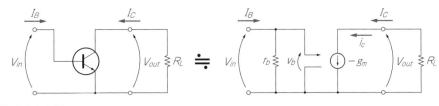

I_B, I_C は直流バイアス電流

■ 数式

$r_b = \dfrac{V_T}{I_B}$ （ベース入力抵抗）

$g_m = \dfrac{i_c}{v_b} = \dfrac{I_C}{V_T}$ （相互コンダクタンス）

$\therefore G = \dfrac{V_{out}}{V_{in}} = -g_m R_L$

■ 計算例

$I_B = 10\mu A$, $I_C = 1mA$, $R_L = 4.7k\Omega$ のとき温度300K, $V_T = 26mV$ とすれば,

$r_b = \dfrac{26mV}{10\mu A} = 2.6k\Omega$

$g_m = \dfrac{1mA}{26mV} = 38mS$

$\therefore G = -38mS \times 4.7k\Omega = -180$ 倍

図A-6　熱電圧V_Tを使ったトランジスタ・アンプのゲイン計算

よってKは，FR-4のときに$K = 0.46$，CEM-3のときに$K = 0.48$と半分程度になり，波長が短縮されます．

集中定数回路として扱えるのは$\lambda/(20 \sim 50)$以下で，高速回路や高周波回路では要注意です．負帰還ループが長くなると1波長で360°位相が遅れるため，高周波では極力短くしないと思わぬ発振に悩まされそうです．

FR-4はよく使用されているガラス・エポキシで，CEM-3はガラス・コンポジットです．具体的なε_rの値はメーカに確認する必要があります．周波数が高くなるとε_rは低下しますが，問題になるのは配線パターンの特性インピーダンスを計算するときで，$\lambda/(20 \sim 50)$を推定するには1MHzの値で十分です．

● 熱電圧とトランジスタの簡易等価回路…トランジスタのゲインの概算

図A-6に示すのは表中の熱電圧V_Tを使用したトランジスタの簡易型小信号等価回路です．この等価回路を用いれば，h_{FE}を測定せずゲインの概算が簡単にできます．

g_mは真空管時代からの伝統ある記号で，（出力電流）÷（入力電圧）で定義されることから相互コンダクタンスと呼びます．周波数特性も含めて順伝達アドミタンスy_{fs}と呼ぶのがふさわしいと思いますが，長年の習慣で使われています．

● 金属の導電率，熱伝導率

表A-3に，金属の導電率σと熱伝導率λを載せてあります．大電流を流す導体やヒートシンクに金属板を使うときに参考にします．

● 半導体の物性定数

表A-4によく使われているシリコンSiと最近話題の炭化珪素4H-SiC（4Hは結晶構造の名前），窒化ガリウムGaN（ガンと読む）半導体の物性定数をまとめました．4H-SiCとGaNはSiに比べバンドギャップが大きいことから高温動作が可能なことがわかります．

絶縁破壊電界が大きいことから構造を薄くできてオン抵抗を下げられることもわかります．面白いのはキャリア移動度で，4H-SiCとGaNはSiに比べ電子移動度に対し正孔移動度が極端に小さくなっています．このことからNチャネルMOSFETはできても，実用的なPチャネルMOSFETはできない可能性が高いです．

表A-3　金属の導電率と熱伝導率

材質	導電率 [S/m]	熱伝導率 [W/m・K]
銀	6.14×10^7	418
銅	5.90×10^7	386
金	4.55×10^7	295
アルミニウム	3.74×10^7	204
純鉄	0.99×10^7	67

表A-4　半導体の物性定数

項目	Si	4H-SiC	GaN
バンドギャップ [eV]	1.1	3.3	3.4
比誘電率：ε_r	11.8	10.0	9.5
絶縁破壊電界：E_c [MV/cm]	0.3	3.0	3.3
飽和電子速度：V_{sat} [10^7cm/s]	1.0	2.0	2.5
電子移動度：μ_e [cm^2/V・s]	1500	1000	1200
正孔移動度：μ_h [cm^2/V・s]	600	115	~ 10
熱伝導率：λ [W/cm・K]	1.5	4.9	2.1

電気・磁気量の単位と対応関係

表A-5 電気量と磁気量の対応

対応する電気量					対応する磁気量				
名称	記号	単位	単位の分解	定義式	名称	記号	単位	単位の分解	定義式
電荷	Q	C	A・s	$\int I dt$	磁荷	M	Wb	−	（磁極の強さ）
電束	Ψ	C	−	$\int_S D dS$, Sは面積	磁束	Φ	Wb	V・s	$U = -d\Phi/dt$
電圧	V	V	W/A	$E = -\nabla \cdot V$, $\int E dl$, lは距離	電流	I	A	−	$\int J dS$
電位	V	V	W/A		磁位	U	A	−	$U = -d\Phi/dt$
起電力	V	V	W/A		起磁力	F	A	−	$\int H dl$, lは距離
電界	E	V/m	N/C	F/Q, Fは力	磁界	H	A/m	−	$\nabla \times H = J + \partial D/\partial t$
電束密度	D	C/m²	−	$\rho = \nabla \cdot D$	磁束密度	B	T	Wb/m²	$\int_S B dS$
抵抗	R	Ω	V/A	V/I	磁気抵抗	R_m	1/H	A/Wb	$l/\mu S$
静電容量	C	F	C/V	Q/V	インダクタンス	L	H	Wb/A = Ω・s	Φ/I
誘電率	ε	F/m	−	$D = \varepsilon E$	透磁率	μ	H/m	Wb/A・m = Ω・s/m	$B = \mu H$

表A-5に示すのが電気量と磁気量のSI単位で，対応関係を持たせているため，どちらかというとわかりやすい電気学からわかりにくい磁気学を類推できます．ただし，抵抗には損失がありますが磁気抵抗には損失がありません．

SI単位の接頭語とギリシャ文字

表A-6 SI単位の接頭語

10^n	名称	表示	読み	10^n	名称	表示	読み
10^{18}	exa	E	エクサ	10^{-1}	deci	d	デシ
10^{15}	peta	P	ペタ	10^{-2}	centi	c	センチ
10^{12}	tera	T	テラ	10^{-3}	mili	m	ミリ
10^9	giga	G	ギガ	10^{-6}	micro	μ	マイクロ
10^6	mega	M	メガ	10^{-9}	nano	n	ナノ
10^3	kilo	k	キロ	10^{-12}	pico	p	ピコ
10^2	hecto	h	ヘクト	10^{-15}	femto	f	フェムト
10	deca	da	デカ	10^{-18}	atto	a	アト

表A-7 SI単位外だがよく用いられる長さの単位

読み	表示	長さ
オングストローム	Å	10^{-10}m = 10^{-7}mm
ミクロン	μ	10^{-6}m = 10^{-3}mm
インチ	inch	25.4 mm
ミル	mil	10^{-3}inch

1 mm = 0.03937 inch

表A-8 数を表す接頭語

数	ギリシャ語	ラテン語
1	mono	uni
2	di	bi
3	tri	ter
4	tri	quadri
5	penta	quinque
6	hexa	sexa
7	hepta	septa
8	octo	octa
9	ennea	novem
10	deca	decem

表A-6にSI単位の接頭語を示します．**表A-7**によく用いられる長さの単位を追加してあります．この中で米国の技術資料によく出てくるのは，インチとミルです．

表A-8にラテン語とギリシャ語の数を表す接頭語を示します．英語の文献にはよく出てきます．

表A-9にギリシャ文字の一覧を示します．特定の使い方をするギリシャ文字として，π（円周率），ε（誘電率），μ（透磁率），η（効率），θ（角度），ϕ（磁束），Φ（総磁束）などがあります．

ギリシャ文字に限らず，記号は，技術書や技術資料を見てできるだけ多く使われている記号を採用すると，ほかの文献を見たときに違和感なく読めて思考の生産性が向上します．独自記号が多いと，いちいち確認する必要があり，思考が途切れて理解に時間がかかります．

表A-9 ギリシャ文字

小文字	大文字	読み	小文字	大文字	読み
α	A	アルファ	ν	N	ニュー
β	B	ベータ	ξ	Ξ	グザイ
γ	Γ	ガンマ	o	O	オミクロン
δ	Δ	デルタ	π	Π	パイ
ε	E	イプシロン	ρ	P	ロー
ζ	Z	ジータ	σ	Σ	シグマ
η	H	イータ	τ	T	タウ
θ	Θ	シータ	υ	Y	ウプシロン
ι	I	イオタ	ϕ	Φ	ファイ
κ	K	カッパ	χ	X	カイ
λ	Λ	ラムダ	ψ	Ψ	プサイ
μ	M	ミュー	ω	Ω	オメガ

参考文献

(1) 川上正光；改版　基礎電気回路Ⅰ，2000年6月，コロナ社．
(2) 川上正光；改版　基礎電気回路Ⅱ，2000年6月，コロナ社．
(3) 川上正光；改版　基礎電気回路Ⅲ，2000年6月，コロナ社．
(4) 遠坂俊昭；計測のためのアナログ回路設計，1997年11月，CQ出版社．
(5) 遠坂俊昭；計測のためのフィルタ回路設計，1998年9月，CQ出版社．
(6) 馬場清太郎；OPアンプによる実用回路設計，2004年5月，CQ出版社．
(7) 馬場清太郎；電源回路設計成功のかぎ，2009年5月，CQ出版社．
(8) SLR-342データシート，2010年12月，ローム．
(9) 2SC2712データシート，2010年6月，東芝．
(10) 2SA1162データシート，2007年11月，東芝．
(11) 2SK2158データシート，1993年8月，ルネサスエレクトロニクス．
(12) 2SA1020データシート，2010年11月，東芝．
(13) 2SJ461データシート，1997年7月，ルネサスエレクトロニクス．
(14) 2SC2655データシート，2009年11月，東芝．
(15) TK8S06K3Lデータシート，2012年1月，東芝．
(16) 1SS226データシート，2007年11月，東芝．
(17) 1SS120データシート，2005年3月，ルネサスエレクトロニクス．
(18) 定電圧ダイオード-CDZVシリーズ データシート，2015年6月，ローム．
(19) ATサーミスタ・データシート，2015年3月，SEMITEC．
(20) NJM072Bデータシート，2009年9月，新日本無線．
(21) AD8023データシート，1999年9月，アナログ・デバイセズ．
(22) NJU7001データシート，2003年3月，新日本無線．
(23) NJM4580データシート，2011年9月，新日本無線．
(23) NJM5532データシート，2014年7月，新日本無線．
(24) AD7693データシート，2011年6月，アナログ・デバイセズ．
(25) OP07Dデータシート，2011年2月，アナログ・デバイセズ．
(27) NJM2904データシート，2014年3月，新日本無線．
(28) LT1028データシート，1992年，リニアテクノロジー．
(29) LT1792データシート，1999年，リニアテクノロジー．
(30) LT1007データシート，1985年，リニアテクノロジー．
(31) TL072データシート，2005年3月，日本テキサス・インスツルメンツ．
(32) NJM4558データシート，2013年11月，新日本無線．
(33) NJM431データシート，2007年2月，新日本無線．
(34) AD823データシート，1999年1月，アナログ・デバイセズ．
(35) LTC1967データシート，2004年，リニアテクノロジー．
(36) AD8656データシート，2013年，アナログ・デバイセズ．
(37) AD8436データシート，2015年，アナログ・デバイセズ．
(38) NJM353データシート，2003年3月，新日本無線．
(39) AD8616データシート，2008年9月，アナログ・デバイセズ．
(40) NJM311データシート，2003年3月，新日本無線．
(41) NJM2903データシート，2007年5月，新日本無線．
(42) RNA51951A,Bデータシート，2014年2月，ルネサスエレクトロニクス．
(43) PS2506-1データシート，2009年9月，ルネサスエレクトロニクス．
(44) TC74HC86Aデータシート，2014年3月，東芝．
(45) TC74HCU04Aデータシート，2014年3月，東芝．
(46) TC74HC14Aデータシート，2014年3月，東芝．
(47) TC74HC04Aデータシート，2014年3月，東芝．
(48) TC74HC00Aデータシート，2014年3月，東芝．
(49) TC74HC02Aデータシート，2014年3月，東芝．
(50) TC74HC74Aデータシート，2014年3月，東芝．
(51) TC74HC08Aデータシート，2014年3月，東芝．
(52) 2SK3155データシート，2006年3月，ルネサスエレクトロニクス．
(53) OP184データシート，1999年1月，アナログ・デバイセズ．
(54) 2SJ539データシート，2006年3月，ルネサスエレクトロニクス．
(55) ADR01データシート，2008年11月，アナログ・デバイセズ．
(56) NJM2825データシート，2009年11月，新日本無線．
(57) AD8500データシート，2006年8月，アナログ・デバイセズ．

(58) OP290データシート，2009年4月，アナログ・デバイセズ．
(59) RU1C001ZPデータシート，2012年8月，ローム．
(60) RB051M-2Yデータシート，2011年5月，ローム．
(61) FP2700データシート，2010年，フェアチャイルドセミコンダクタージャパン．
(62) TPS2413データシート，2015年11月，日本テキサス・インスツルメンツ．
(63) AD8217データシート，2010年8月，アナログ・デバイセズ．
(64) ACS712データシート，2012年10月，アレグロ・マイクロシステムズ（LLC）．
(65) NJM7800データシート，2013年11月，新日本無線．
(66) NJM2396データシート，2006年2月，新日本無線．
(67) TL431データシート，2001年11月，日本テキサス・インスツルメンツ．
(68) 2SB772データシート，1986年7月，ルネサス エレクトロニクス．
(69) VRD Z2U タイプ・データシート，2011年3月，SEMITEC．
(70) NJM317データシート，2003年7月，新日本無線．
(71) LT3080データシート，2007年，リニアテクノロジー．
(72) 10EDB10データシート，2013年7月，日本インター．
(73) NJM2391データシート，新日本無線．
(74) NJM2855データシート，2012年10月，新日本無線．
(75) OP2177データシート，2009年，アナログ・デバイセズ．
(76) D10JBB60Vデータシート，2011年2月，新電元工業．
(77) 引田 正洋ほか；GaNパワーデバイス，パナソニック技報2009年7月号，パナソニック．

> 注：リード線挿入型個別半導体の入手について
>
> 　最近の個別半導体は，パワー半導体を除けばほとんどが面実装品になっており，実験や機能試作に便利なリード線挿入型の国産個別半導体は入手が困難になっています．メーカに問い合わせれば，リード線挿入型廃番半導体の面実装外形の同等品があるので，「面実装→リード線挿入」の変換基板を購入するか製作して実験や機能試作を行います．
> 　海外製半導体には下記のようにリード線挿入型があるので，変換基板を用いずに実験や機能試作を行うことができます．
> - 小信号スイッチング・ダイオード：1N4148
> - 小信号PNPトランジスタ：2N3906
>   （ピン配置に注意）
> - 小信号NPNトランジスタ：2N3904
>   （ピン配置に注意）
>
> 本書の回路でいうと，3-3項の図3-4を除けば，ほとんどの回路で置き換え可能です．3-3項の図3-4では，保証外のベース-エミッタ間接合のブレークダウン特性を使用し，特性は半導体メーカの製造プロセスに依存するため，ユーザが実験で確認することが必須です．

著者略歴

馬場 清太郎（ばば・せいたろう）

1971 年　　　　東京工業大学電子物理工学科卒業
1971 年以降　　メーカ勤務．以来，各種の電子回路設計に従事．
　　　　　　　「トランジスタ技術」誌などに寄稿多数．

● 主な著書
「OP アンプによる実用回路設計」（CQ 出版社発行）

- ●本書記載の社名，製品名について ── 本書に記載されている社名および製品名は，一般に開発メーカの登録商標または商標です．なお，本文中では ™，®，© の各表示を明記していません．
- ●本書掲載記事の利用についてのご注意 ── 本書掲載記事は著作権法により保護され，また産業財産権が確立されている場合があります．したがって，記事として掲載された技術情報をもとに製品化をするには，著作権者および産業財産権者の許可が必要です．また，掲載された技術情報を利用することにより発生した損害などに関して，CQ 出版社および著作権者ならびに産業財産権者は責任を負いかねますのでご了承ください．
- ●本書に関するご質問について ── 文章，数式などの記述上の不明点についてのご質問は，必ず往復はがきか返信用封筒を同封した封書でお願いいたします．勝手ながら，電話でのお問い合わせには応じかねます．ご質問は著者に回送し直接回答していただきますので，多少時間がかかります．また，本書の記載範囲を超えるご質問には応じられませんので，ご了承ください．
- ●本書の複製等について ── 本書のコピー，スキャン，デジタル化等の無断複製は著作権法上での例外を除き禁じられています．本書を代行業者等の第三者に依頼してスキャンやデジタル化することは，たとえ個人や家庭内の利用でも認められておりません．

JCOPY 〈(社)出版者著作権管理機構委託出版物〉
本書の全部または一部を無断で複写複製（コピー）することは，著作権法上での例外を除き，禁じられています．本書からの複製を希望される場合は，(社)出版者著作権管理機構（TEL：03-3513-6969）にご連絡ください．

エレクトロニクス数式事典

2016 年 5 月 1 日　初 版 発 行　　　　　　　　　　　　　　　　　　　　© 馬場清太郎 2016
2018 年 5 月 1 日　第 2 版発行

　　　　　　　　　　　　　　　　　　著　者　　馬　場　清 太 郎
　　　　　　　　　　　　　　　　　　発行人　　寺　前　裕　司
　　　　　　　　　　　　　　　　　　発行所　　Ｃ Ｑ 出 版 株 式 会 社
　　　　　　　　　　　　　　　　　　〒 112-8619　東京都文京区千石 4-29-14
　　　　　　　　　　　　　　　　　　　　　　　電話　編集　03-5395-2123
　　　　　　　　　　　　　　　　　　　　　　　　　　販売　03-5395-2141

ISBN978-4-7898-4531-1
定価はカバーに表示してあります

無断転載を禁じます　　　　　　　　　　　　　　　　　　　　編集担当　平岡志磨子
Printed in Japan　　　　　　　　　　　　　　　　　　DTP・印刷・製本　三晃印刷株式会社
　　　　　　　　　　　　　　　　　　　　　　　　　　乱丁，落丁本はお取り替えします